应用型高等院校教学改革创新教材

高等数学

（上册）

主　编　白　莉　秦红兵

副主编　商曰丽　吕秀敏　胡小璠　王胜寨

中国水利水电出版社
www.waterpub.com.cn
·北京·

内 容 提 要

本书参照教育部非数学类专业数学基础课程教学指导分委员会最新的《工科类本科数学基础课程教学基本要求》(2004，修订稿)，按照新形势下教材改革的精神，由多位教师结合多年教学中积累的丰富经验共同编写完成。

《高等数学》分为上、下两册，本书为上册，包括函数与极限、导数与微分、微分中值定理与导数的应用、不定积分、定积分、定积分的应用、微分方程。本书每节均配有足量例题与习题，每章均配有在线测试模式的总测试题。为了更好地满足学习需要，本书还附有几种常见的曲线，部分章节中插有二维码，对部分知识进行了拓展。本书文字流畅，讲解透彻；内容安排合理，重点突出，由浅入深，便于理解。

本书可作为工科院校本科非数学类各专业的教材或教学参考书。

图书在版编目（CIP）数据

高等数学．上册 / 白莉，秦红兵主编．-- 北京 ：中国水利水电出版社，2020.7
应用型高等院校教学改革创新教材
ISBN 978-7-5170-8629-1

Ⅰ．①高… Ⅱ．①白… ②秦… Ⅲ．①高等数学－高等学校－教材 Ⅳ．①O13

中国版本图书馆CIP数据核字(2020)第104786号

策划编辑：杜 威 责任编辑：高 辉 加工编辑：刘 瑜 封面设计：梁 燕

书 名	应用型高等院校教学改革创新教材 高等数学（上册） GAODENG SHUXUE
作 者	主 编 白 莉 秦红兵 副主编 商曰丽 吕秀敏 胡小播 王胜寨
出版发行	中国水利水电出版社 （北京市海淀区玉渊潭南路 1 号 D 座 100038） 网址：www.waterpub.com.cn E-mail：mchannel@263.net（万水） sales@waterpub.com.cn 电话：（010）68367658（营销中心）、82562819（万水）
经 售	全国各地新华书店和相关出版物销售网点
排 版	北京万水电子信息有限公司
印 刷	三河市航远印刷有限公司
规 格	170mm×227mm 16 开本 16.5 印张 308 千字
版 次	2020 年 7 月第 1 版 2020 年 7 月第 1 次印刷
印 数	0001—3000 册
定 价	45.00 元

前　　言

高等数学是近代数学的基础，是工科各专业学生的必修课，也是当代科学技术、经济管理、人文科学中应用最广泛的一门课程。

本书参照教育部非数学类专业数学基础课程教学指导分委员会最新的《工科类本科数学基础课程教学基本要求》(2004，修订稿)，根据新形势下教材改革的精神，由多位教师结合多年教学中积累的丰富经验共同编写完。

为了便于学生自学，培养学生的自主学习能力，以及运用数学知识解决实际问题的能力和思维方式；调动学生的创新意识，提高学生的创造力，我们经过两年的反复研讨和修订，使得本教材具有以下特点。

1．便于读者自学。本书除了必不可少的理论证明，还运用大量的图形和实例进行说明，并利用二维码对部分知识进行拓展，加深学生对理论知识和概念的理解。

2．符合学习规律。本书课后习题的设计由易到难，每道大题下有两道相近题目，旨在巩固每个知识点；课后习题配有二维码，学生可直接查看答案；每章配有在线测试模式的总测试题，可提高学生做题的效率。

3．适用范围广。本书中带星号的部分为可选章节，能够满足不同专业学生的需要。

本书由白莉、秦红兵任主编，商曰丽、吕秀敏、胡小璠、王胜寨任副主编，白莉任主审，具体分工如下：第 1 章由秦红兵编写，第 2 章由胡小璠编写，第 3 章由王胜寨编写，第 4 章由商曰丽编写，第 5 章、第 6 章由白莉编写，第 7 章由吕秀敏编写。其中微视频的制作：第 1 章、第 5 章、第 6 章由白莉老师录制，第 2 章由胡小璠老师录制；第 3 章、第 4 章由商曰丽老师录制，第 7 章由吕秀敏老师录制。

本书理论体系完整，逻辑清晰，语言通俗易懂，精选了例题与习题，方便学生理解、学习，可作为高等学校工科类学生的教材，也可作为其他专业学生的参考资料。

我们在编写本书的过程中，得到了山东交通学院基础教学部领导的关心和支持，还得到中国水利水电出版社编辑的大力协助，在此致以诚挚的谢意！

由于编者水平有限，书中难免有不妥之处，恳请广大读者批评指正。

白　莉

2020 年 2 月

目　　录

第 1 章　函数与极限

函数是高等数学的一个最基本的概念，是高等数学的主要研究对象．而极限是高等数学最重要的概念之一，是各种概念和计算方法建立的基础．本章将介绍函数及极限的概念、性质、计算方法，并在此基础上讨论函数的连续性．

1.1　函数的基本概念

1.1.1　集合、区间、邻域

集合是数学中最基本的概念之一，区间是满足某种条件的实数的集合，而邻域是一类特殊的区间．

1．集合

集合：具有某种特定性质的具体或抽象的对象的全体，一般用大写字母 A、B 等表示．我们主要研究以数构成的集合，简称数集．

元素：组成集合的对象称为集合的元素，一般用小写字母 a、b 等表示．

元素与集合的关系：若元素 a 在集合 A 中，说 a 属于 A，记为 $a \in A$；否则，$a \notin A$．

两个集合之间有包含、相等、相互不包括的关系，集合间还有并、交、差、余等运算．

2．区间

区间：介于两个数之间的数的全体组成的集合．

设 a、b 为两个实数，且 $a<b$，则：

闭区间：$[a,b]=\{x|a \leqslant x \leqslant b\}$，即满足不等式 $a \leqslant x \leqslant b$ 的一切实数 x 的全体．

开区间：$(a,b)=\{x|a<x<b\}$，即满足不等式 $a<x<b$ 的一切实数 x 的全体．

半开半闭区间：$[a,b)=\{x|a \leqslant x<b\}$，$(a,b]=\{x|a<x \leqslant b\}$，即满足不等式 $a \leqslant x<b$ 或 $a<x \leqslant b$ 的一切实数 x 的全体．

无限区间：$(a,+\infty)=\{x|x>a\}$，$(-\infty,b]=\{x|x \leqslant b\}$，即满足不等式 $x>a$ 或 $x \leqslant b$ 的一切实数 x 的全体，而 $(-\infty,+\infty)$ 则表示全体实数 $\mathbf{R}$，如图 1-1 所示．

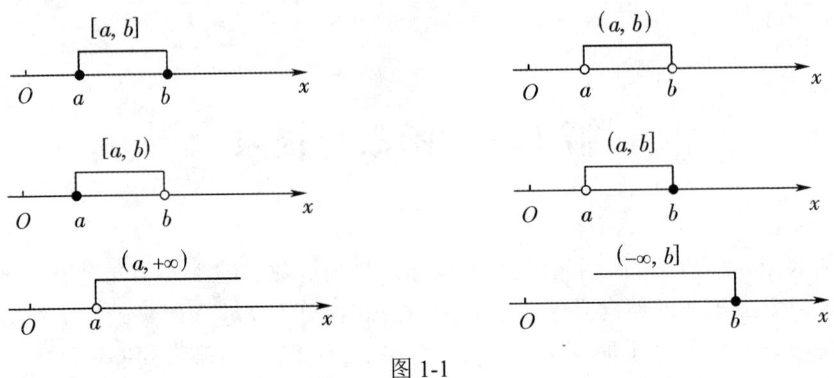

图 1-1

3．邻域

点 a 的 δ 邻域：设 a、δ 是两个实数，$\delta>0$，则满足不等式

$$|x-a|<\delta \quad 或 \quad a-\delta<x<a+\delta$$

的实数 x 的全体称为点 a 的 δ 邻域，记作 $U(a,\delta)$．点 a 叫作邻域的中心，δ 叫作邻域的半径．从数轴上看，它表示以 a 为对称中心，长度为 2δ 的开区间，如图 1-2 所示．

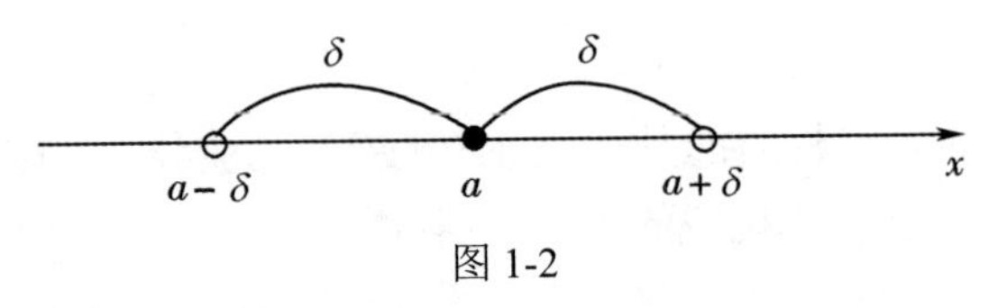

图 1-2

若将邻域中心的点 a 去掉，则得到另一个邻域的概念．

点 a 的去心 δ 邻域：设 a、δ 是两个实数，$\delta>0$，满足不等式 $0<|x-a|<\delta$，即

$$a-\delta<x<0 \quad 或 \quad 0<x<a+\delta$$

的实数 x 的全体称为点 a 的去心 δ 邻域，记作 $\mathring{U}(a,\delta)$．

点 a 的去心 δ 邻域与点 a 的 δ 邻域相差一个点，即邻域的中心 a，如图 1-3 所示．

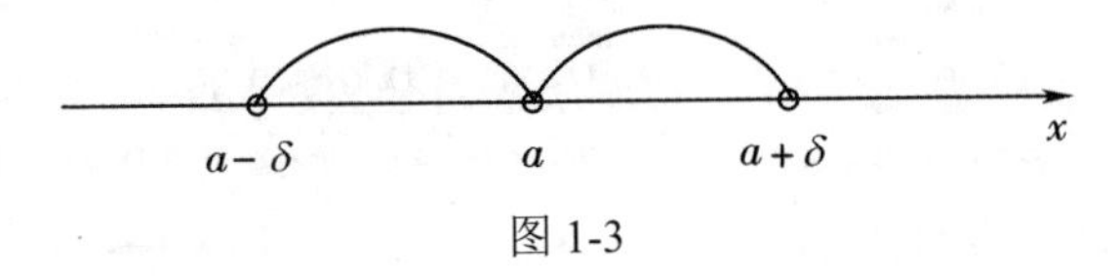

图 1-3

1.1.2　函数的概念

在我们观察自然现象或生产的过程中，常常会遇到一些变量，这些变量的变

化通常不是独立存在的，往往有一定的依赖关系，即按照某种对应规则变化着，将其抽象出来就是函数.

1. 函数的定义

定义：设 x 和 y 是两个变量，D 是一个给定数集，若对 $\forall x \in D$，y 按照一定的法则，总有唯一确定的数值与之对应，则称 y 是 x 的函数，记为 $y = f(x)$，$x \in D$. 其中 x 称为**自变量**，y 称为**因变量**，D 称为**定义域**，记作 D_f，即 $D_f = D$.

函数定义中，对每个取定的 $x_0 \in D$，按照对应法则 f，总有唯一确定的值 y 与之对应，这个值称为函数 $y = f(x)$ 在点 x_0 处的**函数值**，记作 $f(x_0)$ 或 $y|_{x=x_0} = f(x_0)$.

当 x 取遍 D 的各个数值时，对应的函数值全体组成的集合称为函数的**值域**，记作 R_f，即 $R_f = \{y | y = f(x), x \in D\}$.

由函数的定义可知，构成函数的**两个基本要素**是：定义域 D 与对应法则 f. 若两个函数的对应法则和定义域都相同，则我们认为这**两个函数相同**，与自变量及因变量用何字母表示无关.

例如：$f(x) = x^2 + 1$ 与 $g(t) = t^2 + 1$ 是两个相同的函数，$f(x) = \sin^2 x + \cos^2 x$ 与 $g(x) = 1$ 也是两个相同的函数.

而函数 $f(x) = \dfrac{x-1}{x^2-1}$ 与 $g(x) = \dfrac{1}{x+1}$ 是两个不同的函数，因为定义域不同；函数 $f(x) = x$ 与 $g(x) = \sqrt{x^2}$ 是两个不同的函数，因为对应法则不同.

函数的**表示方法**主要有三种：表格法、图形法、解析法（公式法）. 解析法是最主要的表示方法，函数定义域的确定主要是通过解析表达式来进行的，即求出使得解析表达式有意义的一切实数组成的集合. 当然，将解析法与图形法相结合可以使我们更好地研究函数的性质，而函数 $y = f(x)$ 的图形，指的是坐标平面上的点集 $\{(x, y) | y = f(x)\}$，一个函数的图形通常是平面内的一条曲线.

例 1　确定下列函数的定义域：

（1）$y = \sqrt{3x+2}$；　　　　（2）$y = \dfrac{\sqrt{x+1}}{x^2-4}$.

解　（1）要使函数有意义，偶次根式下为非负数，即 $3x + 2 \geqslant 0$，所以函数的定义域为 $\left[-\dfrac{2}{3}, +\infty\right)$；

（2）要使分子、分母上两个函数都有意义，则需同时满足 $x^2 - 4 \neq 0$ 且 $x + 1 \geqslant 0$，所以函数定义域为 $[-1, 2) \cup (2, +\infty)$.

2. 分段函数

分段函数：在自变量的不同变化范围中，对应法则用不同式子来表示的函数称为分段函数.

例如：$f(x)=\begin{cases}1, & x>0\\ x, & x\leqslant 0\end{cases}$ 是一个分段函数，它分两段，以 0 为分段点，每段有不同的表达式．它的定义域为$(-\infty,+\infty)$，即两段定义域的并集.

例 2 $y=|x|=\begin{cases}x, & x\geqslant 0\\ -x, & x<0\end{cases}$ 是一个特殊的分段函数，也称绝对值函数，求它的定义域和值域.

解 它的定义域为$(-\infty,+\infty)$，值域为$[0,+\infty)$，如图 1-4 所示.

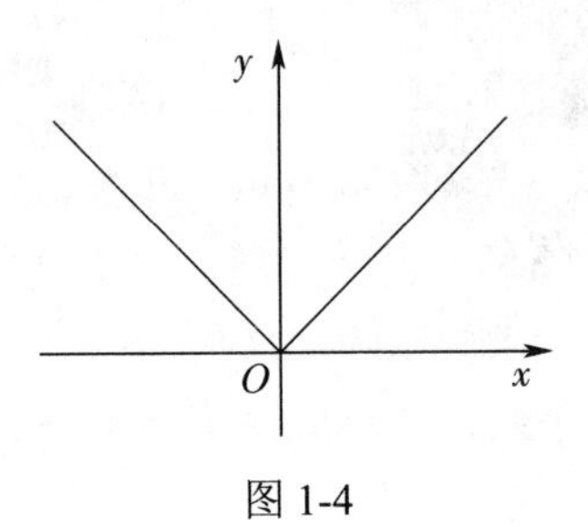

图 1-4

例 3 $y=\operatorname{sgn}x=\begin{cases}1, & x>0\\ 0, & x=0\\ -1, & x<0\end{cases}$ 称为符号函数，求它的定义域和值域.

解 它的定义域为$(-\infty,+\infty)$，值域为$\{-1,0,1\}$，如图 1-5 所示.

例 4 $y=[x]$表示不超过x的最大整数，也称取整函数．如：$[\sqrt{2}]=1$，$[\pi]=3$，$[-1]=-1$，$[-3.5]=-4$，求它的定义域和值域.

解 它的定义域为$(-\infty,+\infty)$，值域$R=\mathbf{Z}$，如图 1-6 所示.

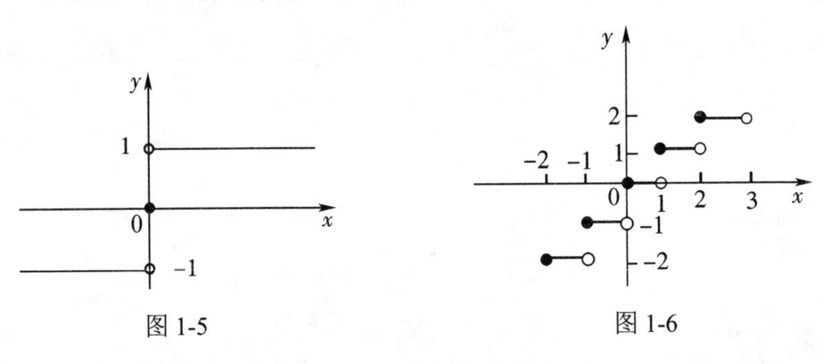

图 1-5　　图 1-6

注意：分段函数虽然由好几个式子来表达，但它是一个函数.

例 5 设函数 $f(x)=\begin{cases}2x+3, & -1<x<2\\ x^2+4x, & 2\leqslant x\leqslant 4\end{cases}$，求 $f(0)$、$f(3)$ 及 $f(x)$ 的定义域.

解 $f(0)=2\times 0+3=3$，$f(3)=3^2+4\times 3=21$，$f(x)$ 的定义域为$(-1,4]$.

例 6 某通信公司的流量套餐资费计算如下：其中 20 元流量套餐包月，包含 500MB 流量，超出部分按流量计费 0.1 元/MB；假如每个月流量稳超 500MB，另有 40 元套餐包含 1500MB，或 60 元套餐包含 5000MB，试建立每月的流量资费与每月上网流量之间的函数关系.

解　设用户每月使用流量数用 x 表示，流量资费用 y 表示，则流量资费与上网使用流量数是一个分段函数，如下所示：

$$y=\begin{cases} 0.1x, & x<200 \\ 20, & 200\leqslant x\leqslant 500 \\ 20+0.1(x-500), & 500<x<700 \\ 40, & 700\leqslant x\leqslant 1500 \\ 40+0.1(x-1500), & 1500<x<1700 \\ 60, & 1700\leqslant x\leqslant 5000 \\ 60+0.1(x-5000), & x>5000 \end{cases}$$

1.1.3　基本初等函数

基本初等函数包括六大类函数，它们分别是常数函数、幂函数、指数函数、对数函数、三角函数和反三角函数.

1. 常数函数

常数函数： $y=c$，$D=(-\infty,+\infty)$，$R_f=\{c\}$，如图 1-7 所示.

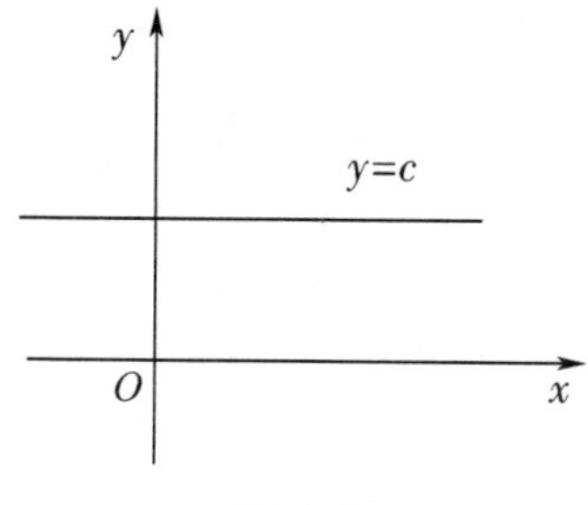

图 1-7

2. 幂函数

幂函数： $y=x^{\mu}$（μ 为常数）.

幂函数的定义域随 μ 而异，但无论 μ 为何值，$y=x^{\mu}$ 在 $(0,+\infty)$ 内总有定义，且图像都经过点(1,1). 一些常见幂函数的图形如图 1-8 至图 1-11 所示.

3. 指数函数

指数函数： $y=a^x$（$a>0$，$a\neq 1$），特别地，$y=\mathrm{e}^x$ 为以自然常数 e 为底的指数函数，指数函数的定义域和值域分别为

$$D=(-\infty,+\infty),\ R_f=(0,+\infty)$$

图 1-12 和图 1-13 分别为底数小于 1 和大于 1 时指数函数的图形.

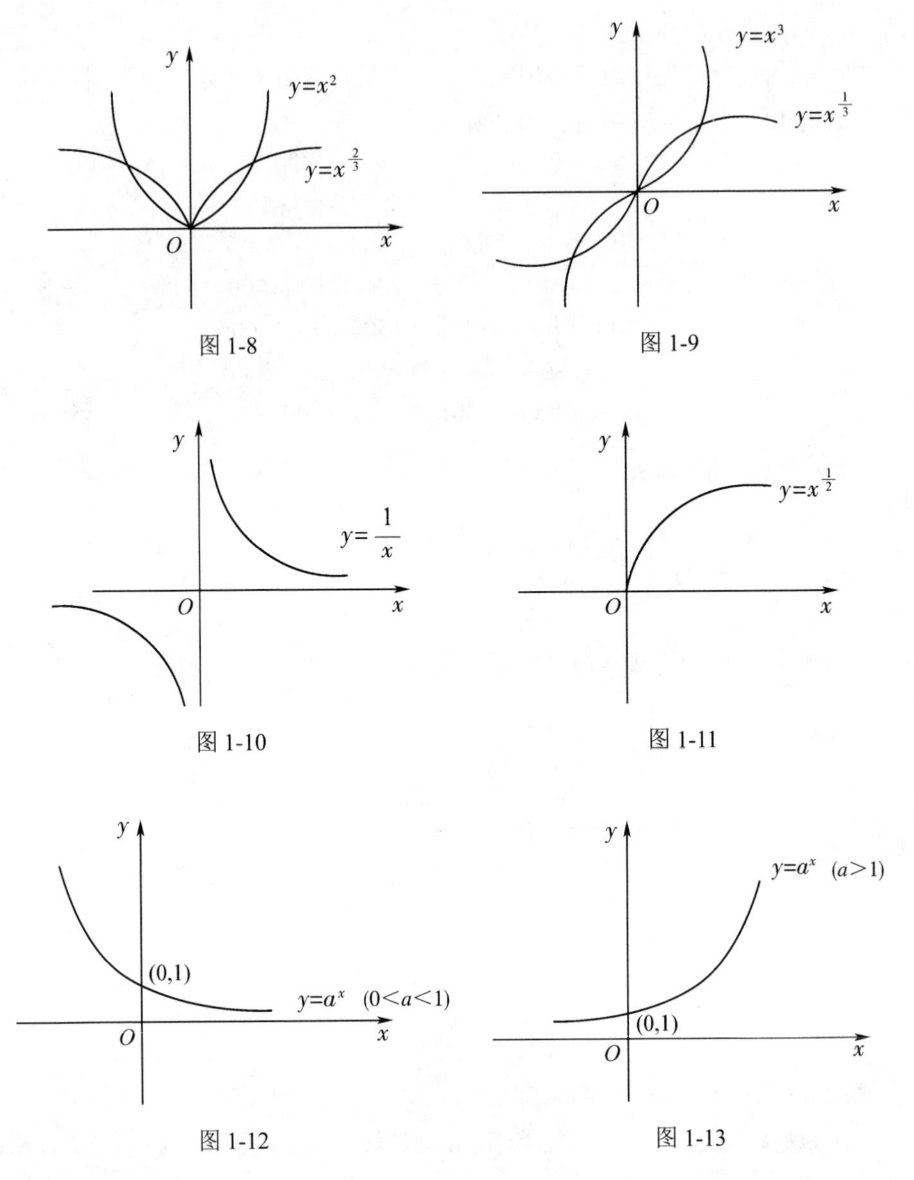

图 1-8

图 1-9

图 1-10

图 1-11

图 1-12

图 1-13

4. 对数函数

对数函数： $y=\log_a x$（$a>0$，$a\neq 1$），特别地，$y=\lg x$ 为以 10 为底的对数函数，$y=\ln x$ 为以自然常数 e 为底的对数函数，对数函数的定义域和值域分别为

$$D=(0,+\infty),\ R_f=(-\infty,+\infty)$$

图 1-14 和图 1-15 分别为底数小于 1 和大于 1 时对数函数的图形.

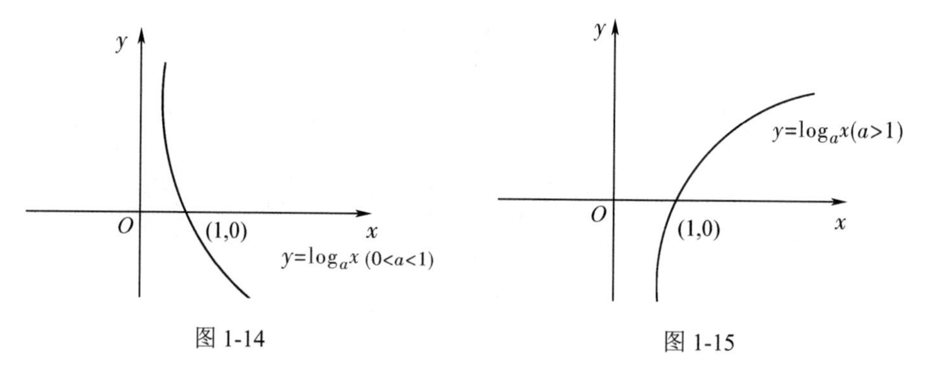

图 1-14　　图 1-15

5. 三角函数

三角函数：

$$y=\sin x(x\in\mathbf{R}),\quad y=\cos x(x\in\mathbf{R}),$$

$$y=\tan x\left(x\neq k\pi+\frac{\pi}{2}\right),\quad y=\cot x(x\neq k\pi)$$

$$y=\sec x\left(x\neq k\pi+\frac{\pi}{2}\right),\quad y=\csc x(x\neq k\pi)$$

图 1-16 至图 1-19 分别为 $y=\sin x$ 、 $y=\cos x$ 、 $y=\tan x$ 和 $y=\cot x$ 的图形.

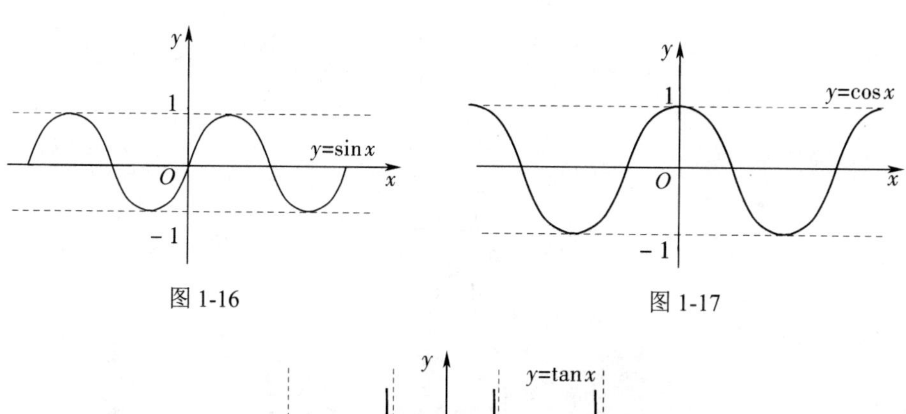

图 1-16　　图 1-17

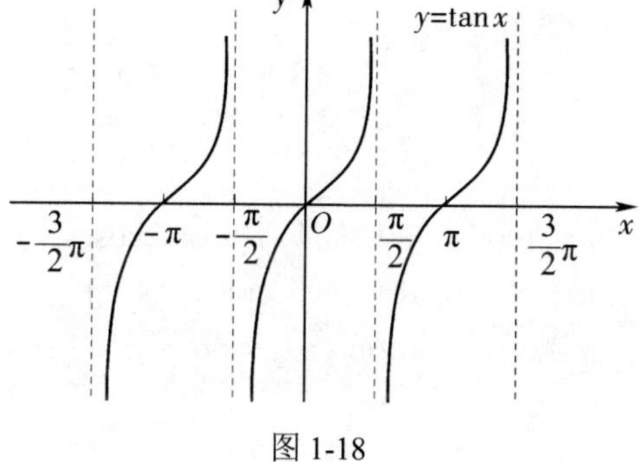

图 1-18

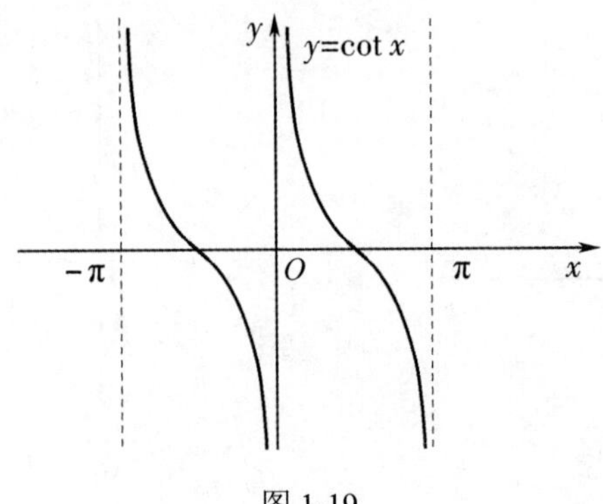

图 1-19

同角三角函数的基本关系如下.

（1）**倒数关系**：$\sec x=\dfrac{1}{\cos x}$，$\csc x=\dfrac{1}{\sin x}$，$\cot x=\dfrac{1}{\tan x}$.

（2）**商数关系**：$\tan x=\dfrac{\sin x}{\cos x}$，$\cot x=\dfrac{\cos x}{\sin x}$.

（3）**平方关系**：$\sin^2 x+\cos^2 x=1, 1+\tan^2 x=\sec^2 x, 1+\cot^2 x=\csc^2 x$.

二倍角的正弦、余弦、正切：

$$\sin 2x=2\sin x\cos x$$

$$\cos 2x=\cos^2 x-\sin^2 x=1-2\sin^2 x=2\cos^2 x-1$$

$$\tan 2x=\frac{2\tan x}{1+\tan^2 x}$$

半角的正弦、余弦、正切：

$$\sin\frac{x}{2}=\pm\sqrt{\frac{1-\cos x}{2}}$$

$$\cos\frac{x}{2}=\pm\sqrt{\frac{1+\cos x}{2}}$$

$$\tan\frac{x}{2}=\pm\sqrt{\frac{1-\cos x}{1+\cos x}}=\frac{\sin x}{1+\cos x}$$

6. 反三角函数

反三角函数：

$$y=\arcsin x(-1\leqslant x\leqslant 1),\quad y=\arccos x(-1\leqslant x\leqslant 1)$$

$$y=\arctan x(x\in\mathbf{R}),\quad y=\mathrm{arccot}x(x\in\mathbf{R})$$

图 1-20 至图 1-23 分别为 $y=\arcsin x$ 、$y=\arccos x$ 、$y=\arctan x$ 和 $y=\mathrm{arccot}x$ 的图形.

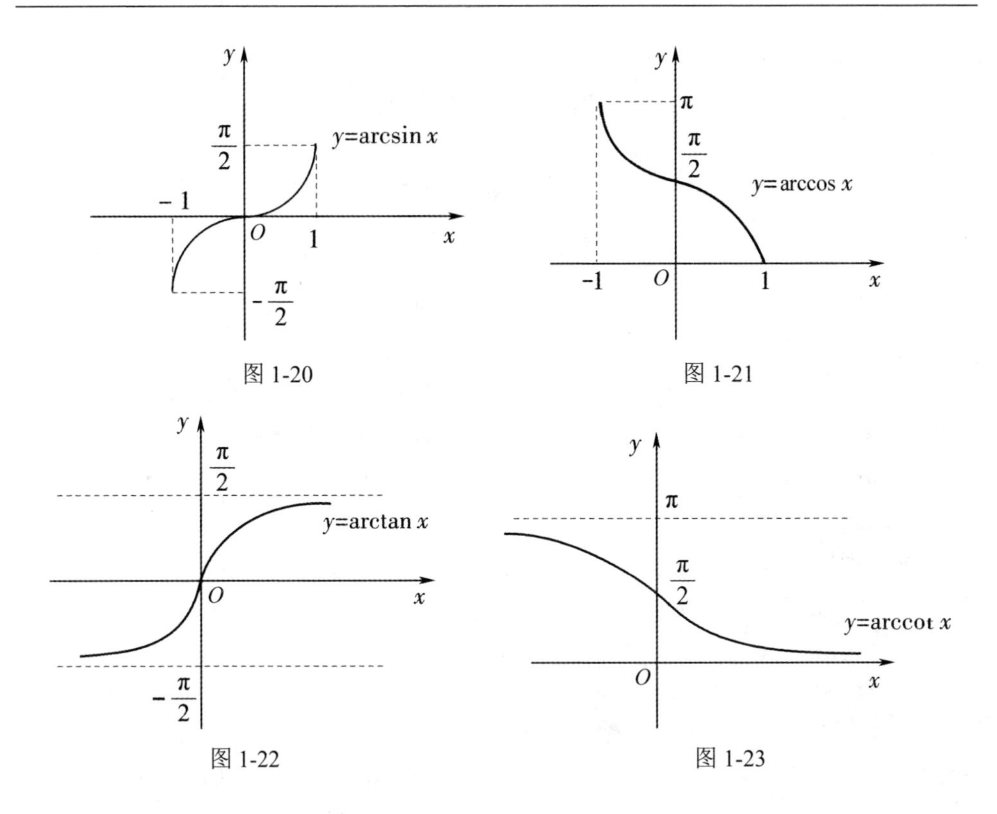

图 1-20　图 1-21　图 1-22　图 1-23

1.1.4　函数的几种特性

1. 单调性

设有函数 $y=f(x)$，$x\in D$，$I\subset D$．对 $\forall x_1$，$x_2\in I$，且 $x_1<x_2$，有 $f(x_1)<f(x_2)$，则称 $y=f(x)$ 在 I 上**单调递增**；若有 $f(x_1)>f(x_2)$，则称 $y=f(x)$ 在 I 上**单调递减**.

值得注意的是单调性与区间有关．如：$y=x^2$ 在 $(-\infty,+\infty)$ 内非单调，但在 $(0,+\infty)$ 内单调递增，在 $(-\infty,0)$ 内单调递减.

证明函数单调性的一般方法为“作差法”或“作商法”，以下简单举例说明.

例 7　证明 $y=x^3$ 在 $(-\infty,+\infty)$ 内单调递增.

证明　$\forall x_1$，$x_2\in(-\infty,+\infty)$，当 $x_1<x_2$ 时，$x_2^3-x_1^3=(x_2-x_1)(x_2^2+x_1x_2+x_1^2)$．

由于 $x_1<x_2$，所以 $x_2-x_1>0$；而 $x_1^2+x_1x_2+x_2^2>0$，则有 $x_1^3<x_2^3$．所以 $f(x)$ 在 $(-\infty,+\infty)$ 内单调递增.

2. 有界性

设有函数 $y=f(x)$，$x\in D$，$X\subset D$．若 $\exists M>0$，使对 $\forall x\in X$，有 $|f(x)|\leqslant M$，则称 $y=f(x)$ 在 X 上**有界**．若这样的 M 不存在（即对充分大的 $M>0$，都 $\exists x_1\in X$，

使$|f(x_1)|>M$），则称$f(x)$在X上**无界**.

若$X=D$，则称$y=f(x)$为**有界函数**．有界函数从几何上可看到它的图像夹在两条水平平行线（平行于x轴）之间.

例如：$y=\sin x$在$(-\infty,+\infty)$内有界，为有界函数，其图形夹在两条水平线$y=-1$与$y=1$之间；而$y=\dfrac{1}{x}$不是有界函数，它仅在部分区间有界，如在区间$(1,2)$内有界，但在$(0,1)$内无界，由此可知，函数的有界性与区间有关.

3．奇偶性

设有函数$f(x)$，$x=D=(-l,l)$.若对$\forall x\in D$，有$f(-x)=f(x)$，则称$f(x)$为**偶函数**；若对$\forall x\in D$，有$f(-x)=-f(x)$，则称$f(x)$为**奇函数**.

例如：$f(x)=x^2$是偶函数，$f(x)=x^3$为奇函数；不满足上述两个条件的为非奇非偶函数，如$f(x)=x^2+x$.

这里须注意，奇函数的图形对称于原点，偶函数的图形对称于y轴．特别地，函数$y=0$既是奇函数也是偶函数.

4．周期性

设有函数$y=f(x)$，$x\in D$．若$\exists l\neq 0$，使$f(x+l)=f(x)$（$x,x\pm l\in D$），则称$f(x)$为**周期函数**，l为其**周期**．满足上式的最小正数l称为函数$f(x)$的**最小正周期**，并用字母T表示.（注：本书周期函数的周期均指最小正周期T）

例如：$y=\sin x$，$y=\cos x$的周期为2π；$y=\cos 4x$的周期为$\dfrac{\pi}{2}$.

1.1.5 反函数

设函数$y=f(x)$，如果把y当作自变量，x当作因变量，则由关系式$y=f(x)$所确定的函数$x=\varphi(y)$叫作函数$y=f(x)$的**反函数**，而$f(x)$叫作**直接函数**．直接函数与其反函数互为反函数.

由于习惯上采用字母x表示自变量，字母y表示因变量，因此，往往把函数$x=\varphi(y)$改写成$y=\varphi(x)$或$y=f^{-1}(x)$.

若在同一坐标平面上作出直接函数$y=f(x)$和反函数$y=f^{-1}(x)$的图形，则这两个图形关于直线$y=x$对称．例如，函数$y=a^x$和它的反函数$y=\log_a x$的图形就关于直线$y=x$对称，如图1-24所示.

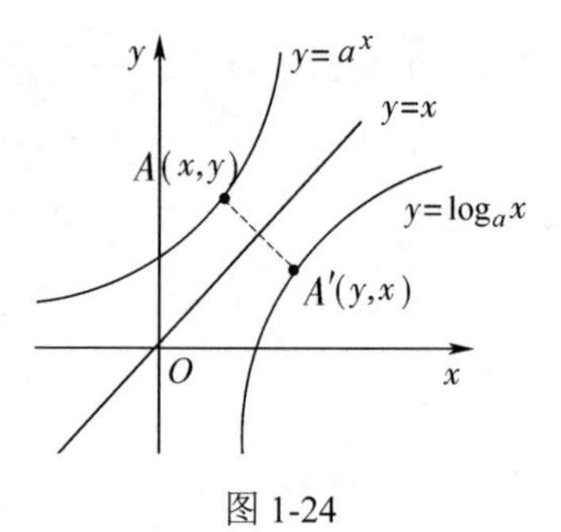

图 1-24

一个函数要具有反函数，变量 x 与 y 之间应该是一一对应的关系．显然，只有单调函数才具有反函数．求出反函数后要注明其定义域，反函数的定义域是其直接函数的值域．例如，正弦函数 $y=\sin x$ 与反正弦函数 $y=\arcsin x$ 互为反函数，反正弦函数 $y=\arcsin x$ 的定义域是正弦函数 $y=\sin x$ 的值域 $[-1,1]$．在基本初等函数中，指数函数与对数函数互为反函数，三角函数与反三角函数（限定区间）互为反函数．

1.1.6　复合函数

在实际问题中，常会遇到由几个较简单的函数组合而成的较复杂的函数．例如，函数 $y=\sin u$ 和 $u=x^2+1$ 可以组合成 $y=\sin(x^2+1)$．又如，函数 $y=\mathrm{e}^u$ 和 $u=x^2$ 可以组合成 $y=\mathrm{e}^{x^2}$，这种组合称为函数的复合．

定义：如果 y 是 u 的函数 $y=f(u)$，而 u 又是 x 的函数 $u=\varphi(x)$，并且 $u=\varphi(x)$ 的函数值的全部或部分在 $f(u)$ 的定义域内，那么 y 通过 u 构成 x 的函数称为 x 的**复合函数**，记作 $y=f(\varphi(x))$，其中 u 叫作**中间变量**．

需要注意的是，不是任何两个函数都可以构成复合函数．

例如：$y=\arcsin u$，$u=2+x^2$ 不可以复合，因为复合后的函数 $y=\arcsin(2+x^2)$ 无意义，定义域为空集．另外，复合函数也可由多于两个的函数复合而成．例如：函数 $y=\ln\tan\dfrac{x}{2}$ 就可看作是由三个函数 $y=\ln u$，$u=\tan v$，$v=\dfrac{x}{2}$ 复合而成的复合函数．

例 8　分解下列复合函数：

（1）$y=\operatorname{arccot}\dfrac{1}{x^2}$；（2）$y=\log_3\sqrt{x}$；（3）$y=5^{\sin(2x+1)^2}$．

解　（1）$y=\operatorname{arccot}\dfrac{1}{x^2}$ 是由 $y=\operatorname{arccot} u$，$u=\dfrac{1}{x^2}$ 两个函数复合而成的；

（2）$y=\log_3\sqrt{x}$ 是由 $y=\log_3 u$，$u=\sqrt{x}$ 两个函数复合而成的；

（3）$y=5^{\sin(2x+1)^2}$ 是由 $y=5^u$，$u=\sin v$，$v=t^2$，$t=2x+1$ 四个函数复合而成的．

1.1.7　初等函数

由基本初等函数经过有限次四则运算或有限次复合而成的并且可以用一个式子表示的函数叫**初等函数**，如 $y=\sqrt{1-x^2}+x\ln x$，$y=\sqrt{\cot\dfrac{x}{2}}$ 等．在本书中所讨论的函数绝大多数是初等函数．

值得注意的是，分段函数不一定是初等函数．例如，分段函数：

$$f(x)=\begin{cases}1, & x\geqslant 0\\ -1, & x<0\end{cases}$$

就不是初等函数，因为它不可以由基本初等函数经过有限次的四则运算或有限次的复合得到．而分段函数

$$f(x)=\begin{cases}x, & x\geqslant 0\\ -x, & x<0\end{cases}$$

可看作是由函数 $y=\sqrt{u}$ 和 $u=x^2$ 复合而成的复合函数，因此它是初等函数．

习题 1.1

习题 1.1 答案

1．求下列函数的定义域：

（1）$y=\sqrt{x^2-1}$；（2）$y=\sqrt{x^2-3x+2}$；

（3）$y=\dfrac{2x}{x^2-x}$；（4）$y=\dfrac{4-x^2}{x^2-x-6}$；

（5）$y=\sqrt{1-\lg(x+1)}$；（6）$y=\dfrac{\sqrt{1-x}}{\lg(x+2)}$；

（7）$y=\sqrt{3-x}+\arctan\dfrac{1}{x}$；（8）$y=\arcsin\dfrac{x-2}{3}+\sqrt{x-1}$；

（9）$y=\begin{cases}2x+1, & x<-1\\ 3-x, & x\geqslant -1\end{cases}$；（10）$y=\begin{cases}\lg(1-x), & x<1\\ \sqrt{x-2}, & x\geqslant 2\end{cases}$．

2．判断下列各题中的函数是否相同，并说明理由．

（1）$f(x)=2\ln x$，$g(x)=\ln x^2$；（2）$f(x)=\ln x^3$，$g(x)=3\ln x$；

（3）$f(x)=x$，$g(x)=\sqrt{x^2}$；（4）$f(x)=\sqrt{x}$，$g(x)=\dfrac{x}{\sqrt{x}}$；

（5）$f(x)=\lg(x+1)(x-1)$，$g(x)=\lg(x+1)+\lg(x-1)$；

（6）$f(x)=\lg\dfrac{x+1}{2x+3}$，$g(x)=\lg(x+1)-\lg(2x+3)$；

（7）$f(x)=\cos x$，$g(x)=\cos(x+2\pi)$；

（8）$f(x)=1$，$g(x)=\sec^2 x-\tan^2 x$；

（9）$f(x)=\sqrt[3]{x^4-x^3}$，$g(x)=x\cdot\sqrt[3]{x-1}$．

3．设 $f(x)=\begin{cases}x+1, & x<1\\ 2x-1, & x>1\end{cases}$，求 $f(0)$、$f(2)$ 的值并作出函数图形．

4．设 $f(x)=\begin{cases}3x, & x<0\\ 2, & x=0\\ x^2, & 0<x\leqslant 4\end{cases}$，求 $f(-2)$、$f(2)$ 的值，并作出它们的图形.

5．讨论下列函数的奇偶性：

（1）$y=x^2-x^3$；（2）$y=2x^2-5\cos x$；

（3）$y=x\sin x$；（4）$y=x\arcsin x$；

（5）$y=\dfrac{2^x-2^{-x}}{2}$；（6）$y=\dfrac{\mathrm{e}^x+\mathrm{e}^{-x}}{2}$；

（7）$y=\tan(\sin x)$；（8）$y=\tan(\cos x)$；

（9）$y=\lg\dfrac{1-x}{1+x}$；（10）$y=\ln(x+\sqrt{x^2+1})$.

6．在下列各题中，求由所给函数复合而成的复合函数.

（1）$y=u^2$，$u=\sin x$；（2）$y=\sin u$，$u=x^2-1$；

（3）$y=\sqrt{u}$，$u=1+\cos x$；（4）$y=\sqrt[3]{1+2u}$，$u=\mathrm{e}^x$；

（5）$y=\ln u$，$u=\sin x$；（6）$y=\mathrm{e}^u$，$u=x^2$；

（7）$y=u^3$，$u=\cos v$，$v=x+2$；（8）$y=u^2$，$u=\ln v$，$v=x+1$；

（9）$y=\dfrac{1+u}{1-u}$，$u=2^v$，$v=\dfrac{1}{x}$；（10）$y=\dfrac{1}{\lg u}$，$u=\sqrt{v}$，$v=2x+1$；

（11）$y=\begin{cases}2u+3, & u<3\\ u-1, & 3\leqslant u<4\end{cases}$，$u=3x+1$；（12）$y=\begin{cases}u+1, & u<3\\ 2u-1, & u\geqslant 3\end{cases}$，$u=|x|$.

7．指出下列函数的复合过程：

（1）$y=(2x-1)^2$；（2）$y=\sqrt[3]{2x-1}$；

（3）$y=\mathrm{e}^{\sqrt{x-2}}$；（4）$y=\mathrm{e}^{\tan\frac{1}{x}}$；

（5）$y=\ln^3\cos x$；（6）$y=\ln(x+\sqrt{1+x^2})$；

（7）$y=\sin^2\dfrac{1}{x}$；（8）$y=\sin^3[\lg(3x+5)]$；

（9）$y=[\arcsin(1-x^2)]^3$；（10）$y=\arcsin^2\dfrac{1}{1+x^2}$.

8．用铁皮做一个无盖、容积为 V 的圆柱形铁桶，求出表面积与底面半径的函数.

9．要造一个无盖、圆柱形水池，其中侧面造价为 100 元/m^2，底面造价为 60 元/m^2，已知底面半径 r 与池高相等，试确定总造价 Q 与 r 的函数.

10．将直径为 d 的圆木锯成底边为 x、高为 y 的矩形木梁，其横截面为圆木横截面的内接矩形，试将矩形木梁的横截面积 A 表示成 x 的函数.

11．把一圆形铁皮自中心处剪去中心角为 α 弧度的扇形后围成一无底圆锥，试将这个圆锥的体积表示为 α 的函数.

12．某超市出售某款衬衣，零售价 85 元/件，若买 20 件以上可以打 9 折；若买 100 件以上可打 8 折，试建立此款衬衣的出售价 Q 与购买衬衣件数 x 的函数. 如果一个人买 5 件衬衣，应该花多少钱？如果一单位组织大型活动，购买衬衣 120 件，应该花多少钱？

13．火车站收取行李费的规定如下：当行李不超过 50kg 时，按基本运费计算，如从上海到某地以 0.15 元/kg 计算基本运费；当超过 50kg 时，超重部分按 0.25 元/kg 收费．试求上海到该地的行李费 y（元）与质量 x（kg）之间的函数.

14．某厂生产某产品 1000t，每吨定价为 130 元，当销售量在 700t 以内时，按原价出售，超出 700t 时，超出的部分打 9 折出售，试给出销售量总收益与总销售量之间的函数.

15．某产品共有 1500t，每吨定价为 150 元，当一次销售不超过 100t 时，按原价出售；当一次销售超过 100t，但不超过 500t 时，超出部分按 9 折出售；如果一次销售量超出 500t，超过 500t 的部分按 8 折出售，试将该产品一次出售的收入 y 表示成一次销售量 x 的函数.

16．（存款问题）假设银行中一年定期的存款利率是 2.25%，利息的税率是 20%. 若将 10000 元存入银行，存取方式为一年期整存整取，那么，到期后连本带息共有多少元？如果一年后自动转存，5 年后连本带息共有多少元？如果存入 x 年，到期后连本带息应有多少元？

1.2 数列的极限

数列极限思想的产生历史悠久，我国古代数学家刘徽的割圆术就是这一思想的体现．割圆术也是极限思想在几何学上的应用．割圆术，即利用圆内接正多边形来推算圆面积的方法，具体做法如下.

首先在圆内作内接正六边形，如图 1-25 所示，其面积记为 A_1；再作内接正十二边形，其面积记为 A_2，依次作下去，这样，就得到一系列内接正多边形的面积：

$$A_1, A_2, \cdots, A_n, \cdots$$

显然，n 越大，内接正多边形与圆的面积差别就越小，从而 A_n 就越接近圆的面积，由此设想 n 无限增大（记为 $n \to \infty$），即内接正多边形的边数无限增加，在这个过程中内接正多边形无限接近于圆，因此 A_n 无限接近某一确定的数值，这个确定的数值即为圆的面积．我们把这个确定的数值称为这列有次序的数列 $A_1, A_2, \cdots, A_n, \cdots$ 当 $n \to \infty$ 时的极限．在解决实际问题时形成的这种极限的思想方法，已成为高等数学中的一种基本方法，下面作进一步的阐述．

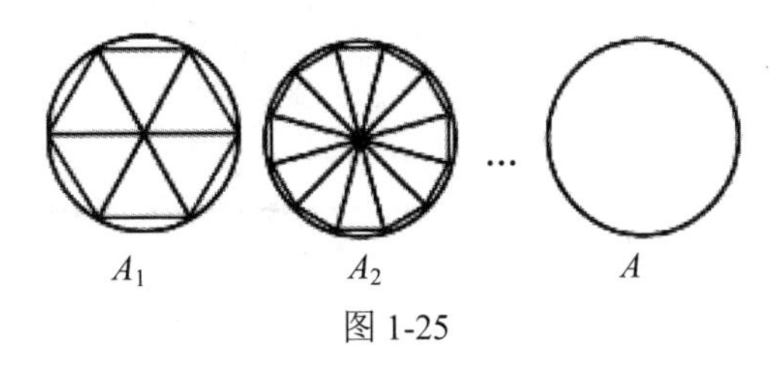

图 1-25

1.2.1　数列极限的概念

1．数列

数列：按照一定顺序排列着的无穷多个数 $x_1, x_2, \cdots, x_n, \cdots$，叫作**数列**．记为 $\{x_n\}$，x_1 称为数列的**首项**，x_n 称为数列的**一般项或通项**．

例如下面几个数列：

（1）$\frac{1}{2}, \frac{2}{3}, \frac{3}{4}, \cdots, \frac{n}{n+1}, \cdots$，首项为 $\frac{1}{2}$，通项为 $x_n = \frac{n}{n+1}$，记为 $\left\{\frac{n}{n+1}\right\}$；

（2）$2, 4, 8, \cdots, 2^n, \cdots$，首项为 2，通项为 $x_n = 2^n$，记为 $\{2^n\}$；

（3）$\frac{1}{2}, \frac{1}{4}, \frac{1}{8}, \cdots, \frac{1}{2^n}, \cdots$，首项为 $\frac{1}{2}$，通项为 $x_n = \frac{1}{2^n}$，记为 $\left\{\frac{1}{2^n}\right\}$；

（4）$1, -1, \cdots, (-1)^{n+1}, \cdots$，首项为 1，通项为 $x_n = (-1)^{n+1}$，记为 $\{(-1)^{n+1}\}$；

（5）$2, \frac{1}{2}, \frac{4}{3}, \cdots, \frac{n+(-1)^{n-1}}{n}, \cdots$，首项为 2，通项为 $x_n = \frac{n+(-1)^{n-1}}{n}$，记为 $\left\{\frac{n+(-1)^{n-1}}{n}\right\}$．

在数轴上观察以上五个数列，如图 1-26 所示．当项数 n 不断增大时，数列的项有怎样的变化趋势？

对于数列（1），当项数 n 不断增大时，后面的项逐渐增大，但这种增大并不是无限制的，到了一定程度，后面的无穷多项会无限地接近于一个确定的数，这个数是 1．也就是说，整个数列后面的无穷多项都以 1 为界限并在 1 的左侧无限地靠近于它．

同理，数列（3）与数列（5）也存在这种情况．即，随着项数 n 的增大，后面的无穷多项会无限地接近于一个确定的数，分别是 0 和 1．如果数列存在这样

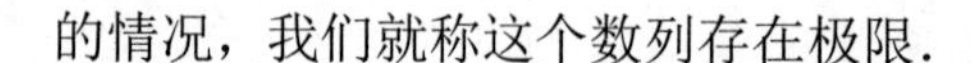
的情况，我们就称这个数列存在极限.

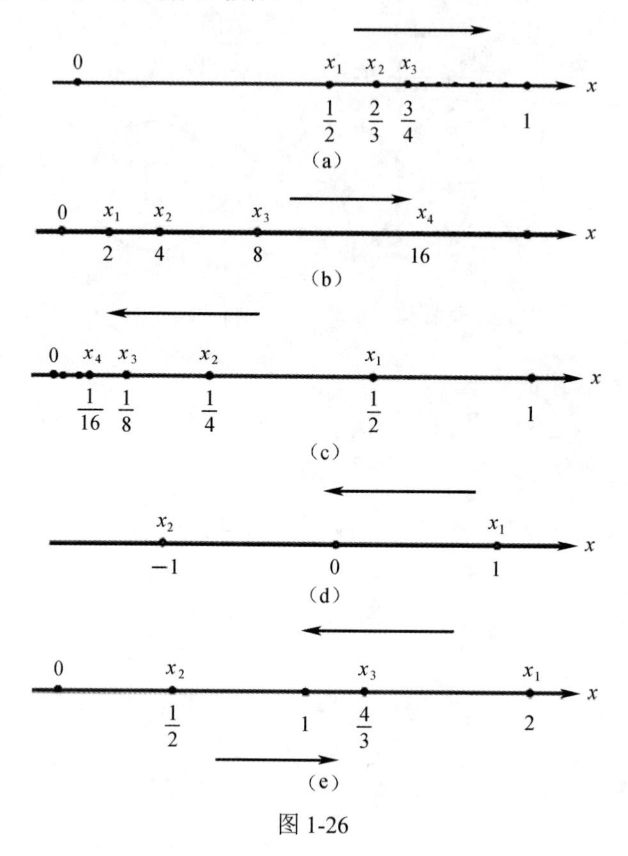

图 1-26

而对于数列（2），当项数 n 不断增大时，后面的项也不断增大，即 n 越大，x_n 越大，当 $n \to \infty$ 时，$x_n \to +\infty$，可见数列后面的无穷多项会无限制地增大，并不会趋向于一个确定的数. 对于数列（5），当项数 n 不断增大时，后面的无穷多项在 1 和–1 之间来回跳转，也不会趋向于一个确定的数. 于是我们将这两种情况称为极限不存在，下面给出数列极限的直观定义.

2. 数列的极限

定义 1 如果当 n 无限增大时，数列 $\{x_n\}$ 无限接近于一个确定的常数 A，则称常数 A 是数列 $\{x_n\}$ 的**极限**，或称**数列 $\{x_n\}$ 收敛于 A**，记作

$$\lim_{n \to \infty} x_n = A \quad 或 \quad x_n \to A(n \to \infty)$$

根据上面的定义，数列（1）极限存在，记为

$$\lim_{n \to \infty} \frac{n}{n+1} = 1$$

同理数列（3）、数列（5）的极限也存在，分别记为

$$\lim_{n\to\infty}\frac{1}{2^n}=0\text{，}\quad \lim_{n\to\infty}\frac{n+(-1)^{n-1}}{n}=1$$

从数轴上观察得到的结果并不适合于所有数列，且这种描述不够精确，为此我们需要更为精确的数列的定义．举例说明，观察数列（5），当 n 无限增大时，x_n 无限接近 1；即当 n 无限增大时，x_n 与 1 的距离 $|x_n-1|=\frac{1}{n}$ 无限接近 0．也就是说，无论事先给定一个怎样小的正数，记为 ε，总可以在 n 无限增大的过程中找到一个确定的正整数 N，在 N 项之后，距离 $|x_n-1|=\frac{1}{n}$ 很小，并保持比事先给定的那个正数 ε 更小．

具体说来，当给定的正数为 $\varepsilon=\frac{1}{10}$ 时，欲使 $\frac{1}{n}<\frac{1}{10}$，即 $n>10$，N 可取为大于 10 的整数，即数列从第 11 项 x_{11} 起，后面的一切项都能使等式 $|x_n-1|<\frac{1}{10}$ 成立；

当给定的正数为 $\varepsilon=\frac{1}{100}$ 时，欲使 $\frac{1}{n}<\frac{1}{100}$，即 $n>100$，N 可取为大于 100 的整数，即数列从第 101 项 x_{101} 起，后面的一切项都能使等式 $|x_n-1|<\frac{1}{100}$ 成立；

当给定的正数为 $\varepsilon=\frac{1}{10000}$ 时，欲使 $\frac{1}{n}<\frac{1}{10000}$，即 $n>10000$，N 可取为大于 10000 的整数，即数列从第 10001 项 x_{10001} 起，后面的一切项都能使等式 $|x_n-1|<\frac{1}{10000}$ 成立；

当给定任意小的正数 $\varepsilon>0$ 时，欲使 $\frac{1}{n}<\varepsilon$，即 $n>\frac{1}{\varepsilon}$，N 可取大于 $\frac{1}{\varepsilon}$ 的整数，则后面的一切项都能使等式 $|x_n-1|<\varepsilon$ 成立．

于是下面给出关于数列极限的**分析定义**．

定义 2（ε-N 定义）　对数列 $\{x_n\}$，$\forall\varepsilon>0$，$\exists N>0$，当 $n>N$ 时有 $|x_n-A|<\varepsilon$，则称 A 为 $\{x_n\}$ 的**极限**，记为 $\lim\limits_{n\to\infty}x_n=A$．此时亦说 x_n 收敛于 A，否则称 $\{x_n\}$ **发散**．

这个定义中有**两个要素**，“ε”和“N”．对于该定义的理解，一定要注意的是 N 的存在性．即不管给出多么小的一个正数 ε，是否都存在这样一项 N，使得这项以后的每一项 x_n 与 A 的距离都小于事先给定的这个任意小的正数 ε．如果存在，则说明 x_n 以 A 为极限．

ε-N 定义

下面通过例题详细说明.

例 1 用定义 2 证明：（1）$\lim\limits_{n\to\infty}\dfrac{1}{\sqrt{n}}=0$；（2）$\lim\limits_{n\to\infty}\dfrac{2n-1}{5n+2}=\dfrac{2}{5}$.

证明 （1）$|x_n-0|=\left|\dfrac{1}{\sqrt{n}}-0\right|=\dfrac{1}{\sqrt{n}}$.

对于$\forall\varepsilon>0$，要使$|x_n-0|<\varepsilon$，只要$\dfrac{1}{\sqrt{n}}<\varepsilon$，即$n>\dfrac{1}{\varepsilon^2}$，即可取$N=\left[\dfrac{1}{\varepsilon^2}\right]$. 当$n>N$时，有$\left|\dfrac{1}{\sqrt{n}}-0\right|<\varepsilon$，故$\lim\limits_{n\to\infty}\dfrac{1}{\sqrt{n}}=0$.

（2）$\left|x_n-\dfrac{2}{5}\right|=\left|\dfrac{2n-1}{5n+2}-\dfrac{2}{5}\right|=\dfrac{9}{5(5n+2)}<\dfrac{9}{5n+2}<\dfrac{2}{n}$.

对于$\forall\varepsilon>0$，要使$\left|x_n-\dfrac{2}{5}\right|<\varepsilon$，只要$\dfrac{2}{n}<\varepsilon$，即$n>\dfrac{2}{\varepsilon}$即可. 故可以取$N=\left[\dfrac{2}{\varepsilon}\right]$.

即当$n>N$时，有$\left|x_n-\dfrac{2}{5}\right|<\varepsilon$，故$\lim\limits_{n\to\infty}\dfrac{2n-1}{5n+2}=\dfrac{2}{5}$.

这里需要注意的是，为了寻找N并使N的形式相对简洁，可将表达式$|x_n-A|$进行适当的变形，如放大.

3. 数列$\{x_n\}$以a为极限的几何解释

由数列极限存在的定义知

$$|x_n-a|<\varepsilon$$

即

$$a-\varepsilon<x_n<a+\varepsilon$$

所以，当$n>N$时，所有的点x_n都落在开区间$(a-\varepsilon,a+\varepsilon)$内，而只有有限个（至多只有$N$个）点在这区间以外，如图 1-27 所示.

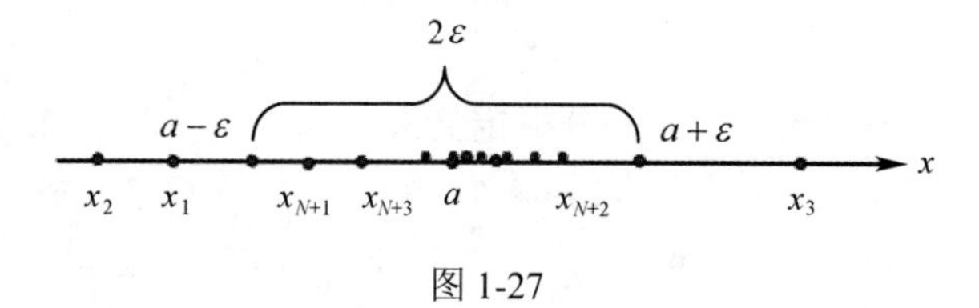

图 1-27

1.2.2 收敛数列的性质

1. 唯一性

定理 1 如果数列$\{x_n\}$收敛，那么它的极限唯一.

证明（反证法）　设数列$\{x_n\}$有两个极限，即$\lim\limits_{n\to\infty}x_n=a$，$\lim\limits_{n\to\infty}x_n=b$，且$a<b$．取$\varepsilon=\dfrac{b-a}{2}$．

因为$\lim\limits_{n\to\infty}x_n=a$，故$\exists N_1$，当$n>N_1$时，有$|x_n-a|<\dfrac{b-a}{2}$，即$x_n<\dfrac{a+b}{2}$．又因为$\lim\limits_{n\to\infty}x_n=b$，故$\exists N_2$，当$n>N_2$时，有$|x_n-b|<\dfrac{b-a}{2}$，即$x_n>\dfrac{a+b}{2}$，取$N=\max\{N_1,N_2\}$，当$n>N$时，有$x_n<\dfrac{a+b}{2}$，$x_n>\dfrac{a+b}{2}$同时成立，产生矛盾．所以$a=b$，即极限唯一．

2．有界性

定义 3　对于数列$\{x_n\}$，若$\exists M>0$，使得对一切x_n都有$|x_n|\leqslant M$，则称数列$\{x_n\}$**有界**．如果这样的正数M不存在，就说数列$\{x_n\}$是**无界**的．

由数列有界性的定义，有如下定理．

定理 2　如果数列$\{x_n\}$收敛，那么数列$\{x_n\}$必有界．

证明　设$\lim\limits_{n\to\infty}x_n=a$，则对$\forall\varepsilon>0$，$\exists N>0$，当$n>N$时，有$|x_n-a|<\varepsilon$，从而$|x_n|=|x_n-a+a|\leqslant|x_n-a|+|a|<\varepsilon+|a|$，取$\varepsilon=1$，$\exists N_1>0$，当$n>N_1$时，有$|x_n|<1+|a|$，取$M=\max\{|x_1|,|x_2|,\cdots|x_{N_1}|,1+|a|\}$，则对一切$n$有$|x_n|\leqslant M$，即数列$\{x_n\}$有界．

显然，数列（1）$\left\{\dfrac{n}{n+1}\right\}$收敛，因为$\lim\limits_{n\to\infty}\dfrac{n}{n+1}=1$，所以它是有界的，对数列所有项$x_n$都有$\dfrac{1}{2}\leqslant x_n<1$．这里需要注意的是，有界是$\{x_n\}$收敛的必要条件，而非充分条件．如数列$x_n=1-(-1)^n$有界，但该数列并不收敛．

3．保号性

定理 3　如果$\lim\limits_{n\to\infty}x_n=a$，且$a>0$（或$a<0$），那么存在正整数$N$，当$n>N$时，都有$x_n>0$（或$x_n<0$）

证明　先证$a>0$的情形．由数列极限存在的定义，对$\varepsilon=\dfrac{a}{2}>0$，$\exists N>0$，当$n>N$时，有$|x_n-a|<\dfrac{a}{2}$成立，即$x_n>a-\dfrac{a}{2}=\dfrac{a}{2}>0$，得证．类似可证$a<0$的情形．

该定理描述的是，如果该数列取得了一个大于（小于）0 的极限，则不能说该数列所有项x_n都大于（小于）0，但可以认为一定存在某项N，从该项以后的每一项都大于（小于）0．类似地，反过来有如下推论．

推论 如果数列$\{x_n\}$从某项起有$x_n \geqslant 0$（或$x_n \leqslant 0$），且$\lim\limits_{n\to\infty} x_n = a$，那么$a \geqslant 0$（或$a \leqslant 0$）．

证明 设数列$\{x_n\}$从第N_1项起，即当$n > N_1$时有$x_n \geqslant 0$．现用反证法，若$\lim\limits_{n\to\infty} x_n = a < 0$，则由定理 3 知，∃正整数$N_2$，当$n > N_2$时，有$x_n < 0$．

取$N = \max\{N_1, N_2\}$，当$n > N$时，按假定有$x_n \geqslant 0$，而由定理 3 有$x_n < 0$，矛盾，所以必有$a \geqslant 0$．类似可证相反的情形．

习题 1.2

习题 1.2 答案

1．观察下列数列的变化趋势，如果有极限，写出下列极限：

（1）$x_n = \dfrac{n-1}{n+1}$； （2）$x_n = \dfrac{2n+3}{3n-1}$；

（3）$x_n = 2 + \dfrac{1}{n^2}$； （4）$x_n = 1 + \dfrac{1}{3^n}$；

（5）$x_n = \dfrac{(-1)^n}{n}$； （6）$x_n = (-1)^n n^2$；

（7）$x_n = [(-1)^n + 1]\dfrac{n+1}{n}$； （8）$x_n = \dfrac{1}{2}[1 + (-1)^n]$．

2．利用数列极限的定义证明：

（1）$\lim\limits_{n\to\infty} \dfrac{1}{3n} = 0$； （2）$\lim\limits_{n\to\infty} \dfrac{1}{3^n} = 0$；

（3）$\lim\limits_{n\to\infty} \dfrac{2n+1}{n+2} = 2$； （4）$\lim\limits_{n\to\infty} \dfrac{3n-1}{2n+1} = \dfrac{3}{2}$；

（5）$\lim\limits_{n\to\infty} \dfrac{\sin n}{n} = 0$； （6）$\lim\limits_{n\to\infty} \dfrac{\sqrt{n^2+a^2}}{n} = 1$．

3．判断下列说法是否正确：

（1）如果数列$\{x_n\}$发散，则$\{x_n\}$必是无界数列；

（2）数列有界是数列收敛的充分必要条件；

（3）数列$\{(-1)^n\}$的极限为 1 和–1；

（4）如果$\lim\limits_{n\to\infty} x_n = a$，且$a > 0$，则数列的所有项$x_n > 0$；

（5）证明当极限$\lim\limits_{n\to\infty} \dfrac{1}{\sqrt{n}} = 0$时，取$N = \left[\dfrac{1}{\varepsilon^2}\right]$，这种$N$的取法是唯一的；

（6）若 $\lim\limits_{n\to\infty} x_n = a$，则从数轴上看，所有的点 x_n 都落在开区间 $(a-\varepsilon, a+\varepsilon)$ 内.

4．若 $\lim\limits_{n\to\infty} x_n = a$，证明 $\lim\limits_{n\to\infty} |x_n| = |a|$.

5．设数列 $\{x_n\}$ 有界，又 $\lim\limits_{n\to\infty} y_n = 0$，证明：$\lim\limits_{n\to\infty} x_n y_n = 0$.

6．设 $\lim\limits_{n\to\infty} x_{2n} = \lim\limits_{n\to\infty} x_{2n+1} = a$，证明：$\lim\limits_{n\to\infty} x_n = a$.

7．设 $x_n > 0$，且 $\lim\limits_{n\to\infty} x_n = a \geqslant 0$，证明 $\lim\limits_{n\to\infty} \sqrt{x_n} = \sqrt{a}$.

1.3　函数的极限

上节对数列极限的讨论可以看作是对定义在正整数集上的函数 $x_n = f(n)$，$n \in \mathbf{N}_+$，在自变量 n 无限增大这一过程中，对应函数值 $f(n)$ 的变化趋势的讨论. 本节讨论定义在实数集上的函数 $y = f(x)$ 的极限，其自变量的变化趋势有**两种情形**：第一，自变量 x 的绝对值无限增大（记作 $x \to \infty$）；第二，自变量 x 趋向于 x_0（记作 $x \to x_0$）. 下面分别讨论这两种情形.

1.3.1　$x \to \infty$ 时函数的极限

1．引例

引例 1　讨论函数 $f(x) = \dfrac{1}{x}$ 当 $x \to \infty$ 时的变化趋势.

当 $x \to +\infty$ 时，$f(x)$ 的值不断减小，但并不是无限地减小，它无限地接近于一个确定的值 0；当 $x \to -\infty$ 时，$f(x)$ 的值不断增大，但也并不是无限制地增大，它也无限地接近于这个确定的值 0. 综上所述，如果当 $x \to \infty$ 时，函数 $f(x) = \dfrac{1}{x}$ 的值无限地接近于一个确定的数值 0，则称 $x \to \infty$ 时 $f(x)$ 的极限是 0（见图 1-28）.

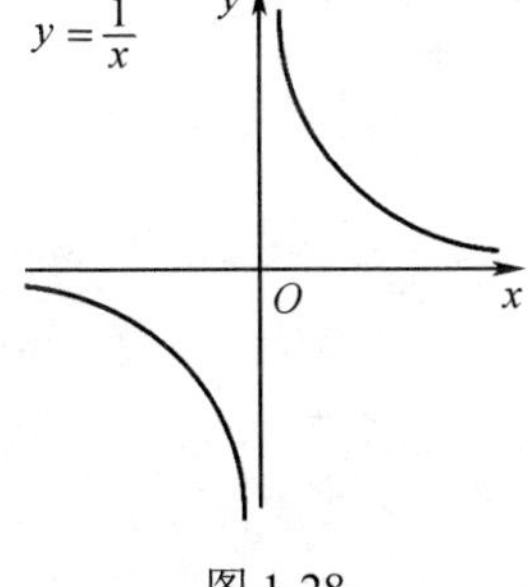

图 1-28

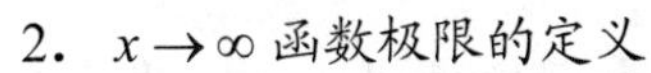

2．$x \to \infty$ 函数极限的定义

根据引例 1，有下列描述性定义.

定义 1　给定函数 $y = f(x)$，当 $|x|$ 无限增大时，如果函数 $f(x)$ 无限地接近于一个确定的常数 A，则称 $x \to \infty$ 时 $f(x)$ 的极限是 A，记作

$$\lim_{x\to\infty} f(x) = A \text{ 或 } f(x) \to A(x \to \infty)$$

这里，$|x|$ 无限增大是指：自变量 x 沿 x 轴正向无限增大即 $x \to +\infty$ 和自变量 x

沿 x 轴负向无限减小即 $x \to -\infty$.

由定义 1，引例 1 中 $f(x)$ 的极限可表示为 $\lim\limits_{x\to\infty}\dfrac{1}{x}=0$.

类似地，为了精确描述 $x\to\infty$ 时函数 $f(x)$ 的极限，依照数列极限的 ε-N 定义，下面再给出当 $x\to\infty$ 时函数 $f(x)$ 极限的分析定义.

定义 2（ε-X 定义） 设函数 $f(x)$ 当 $|x|$ 大于某一正数时有定义，如果 A 为一确定常数，对 $\forall\varepsilon>0$，都 $\exists X>0$，使得当 $|x|>X$ 时，有 $|f(x)-A|<\varepsilon$ 成立，则称 A 为 $f(x)$ 当 $x\to\infty$ 时的极限，记作

$$\lim_{x\to\infty} f(x)=A \text{ 或 } f(x)\to A(x\to\infty)$$

该定义主要讨论 X 的存在性，即如果存在这样一个 X，使得当 $x>X$ 或 $x<-X$ 时，都有 $|f(x)-A|$ 可以小于一个任意给定的正数 ε，则说明 $f(x)$ 以 A 为极限. 下面举例说明.

例 1 证明 $\lim\limits_{x\to\infty}\dfrac{x+1}{x}=1$.

证明 易知 $|f(x)-A|=\left|\dfrac{x+1}{x}-1\right|=\dfrac{1}{|x|}$，对 $\forall\varepsilon>0$，为使 $\dfrac{1}{|x|}<\varepsilon$，只要 $|x|>\dfrac{1}{\varepsilon}$，即可取 $X=\dfrac{1}{\varepsilon}$. 则当 $|x|>X$ 时，$|f(x)-A|=\left|\dfrac{x+1}{x}-1\right|=\dfrac{1}{|x|}<\varepsilon$，所以 $\lim\limits_{x\to\infty}\dfrac{x+1}{x}=1$.

事实上，当 $x\to+\infty$ 或 $x\to-\infty$ 时，函数 $f(x)$ 的值不断接近于 1，而它的图形则无限地靠近于 $y=1$ 这条水平线（见图 1-29），直线 $y=1$ 就是函数 $y=\dfrac{x+1}{x}$ 的水平渐近线.

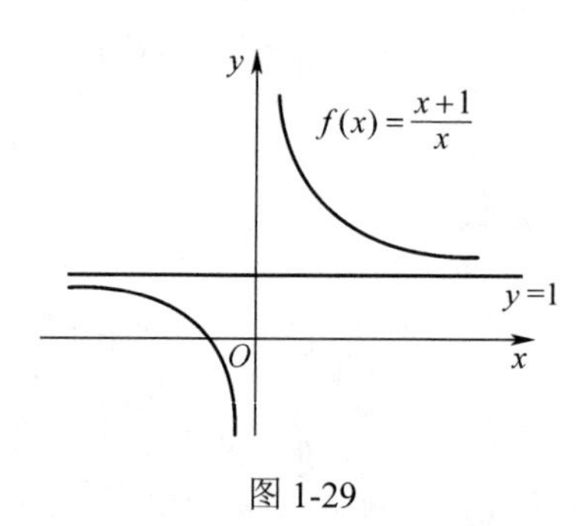

图 1-29

一般地，若 $\lim\limits_{x\to\infty} f(x)=A$，则称直线 $y=A$ 为函数 $y=f(x)$ 的**水平渐近线**. 关于水平渐近线在后续章节中会详细讨论.

3. 单侧极限

由于某些函数的特殊性，有时还须区分自变量 x 趋向于无穷大时的符号. 如果自变量 x 仅沿 x 轴正向无限增大，即 $x\to+\infty$，相应地得到在这种情形下的单侧极限，记作 $\lim\limits_{x\to+\infty} f(x)=A$；或自变量 x 仅沿 x 轴负向无限减小，即 $x\to-\infty$，相应地得到在这种情形下的单侧极限，记作 $\lim\limits_{x\to-\infty} f(x)=A$.

例如，通过观察函数 $y=\arctan x$ 的图形并由定义 1，可知当 $x\to+\infty$ 时，

$\lim\limits_{x\to+\infty}\arctan x=\dfrac{\pi}{2}$；当 $x\to-\infty$ 时，$\lim\limits_{x\to-\infty}\arctan x=-\dfrac{\pi}{2}$．由此可见，在这两种情形下，函数 $y=\arctan x$ 的极限并不相同，需要单独讨论．

显而易见的是，若 $\lim\limits_{x\to\infty}f(x)=A$，则一定有 $\lim\limits_{x\to+\infty}f(x)=\lim\limits_{x\to-\infty}f(x)=A$ 成立；反之，若 $\lim\limits_{x\to+\infty}f(x)=\lim\limits_{x\to-\infty}f(x)=A$，则 $\lim\limits_{x\to\infty}f(x)=A$．对于上例中的函数 $y=\arctan x$，由于 $\lim\limits_{x\to+\infty}\arctan x\neq\lim\limits_{x\to-\infty}\arctan x$，因此极限 $\lim\limits_{x\to\infty}\arctan x$ 不存在．

关于 $x\to\infty$ 时的单侧极限，还有类似的分析定义，这里不作详细说明．

4. $\lim\limits_{x\to\infty}f(x)=A$ 的几何解释

从几何直观上看，$\lim\limits_{x\to\infty}f(x)=A$ 是指，无论多么小的正数 ε，总能找到正数 X，当满足 $|x|>X$ 时，曲线 $y=f(x)$ 总是介于两条水平直线 $y=A-\varepsilon$ 和 $y=A+\varepsilon$ 之间（见图 1-30）．

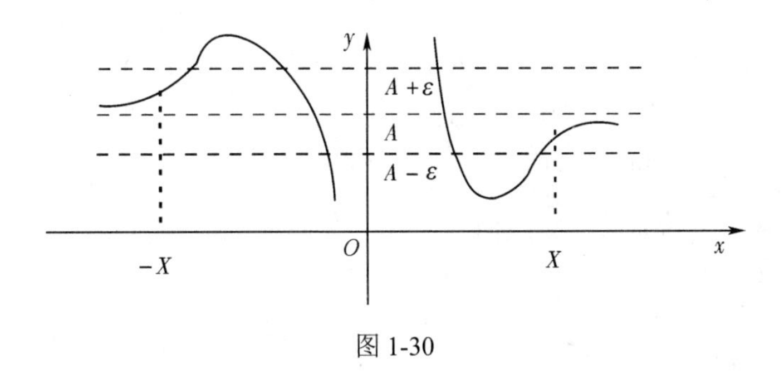

图 1-30

1.3.2　$x\to x_0$ 时函数 $f(x)$ 的极限

1. 引例

引例 2　讨论函数 $f(x)=\dfrac{x^2-1}{x-1}$ 当 $x\to1$ 时的变化趋势．

如图 1-31 所示，当自变量 x 从 $x=1$ 的左侧或右侧无限接近于 1 时，函数 $f(x)$ 的值无限趋向于 2，则称，当 x 无限趋向于 1 但不等于 1 时，函数 $f(x)$ 的极限是 2．

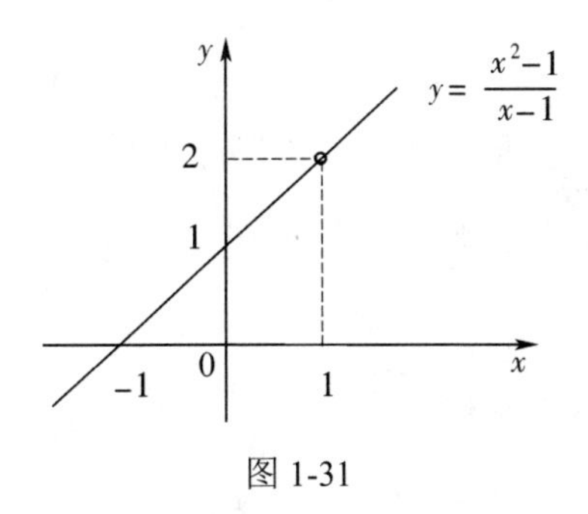

图 1-31

2. $x\to x_0$ 时函数极限的定义

由引例 2，给出如下描述性定义．

定义 3 设 $f(x)$ 在 $\mathring{U}(x_0)$ 内有定义，A 是一个常数．如果当 x 无限接近于 $x_0(x \neq x_0)$ 时，$f(x)$ 无限接近于 A，则称 A 为 $f(x)$ 当 x 趋向于 x_0 时的极限，记作

$$\lim_{x \to x_0} f(x) = A \quad 或 \quad f(x) \to A\ (x \to x_0)$$

由定义 3 可知，引例 2 中函数 $f(x)$ 的极限可表示为 $\lim\limits_{x \to 1} \dfrac{x^2-1}{x-1} = 2$．由此可见，函数 $f(x)$ 当 $x \to x_0$ 时极限存在与否与函数 $f(x)$ 在 x_0 处有无定义无关，也与 $f(x)$ 在 x_0 点函数值无关．如引例 2 中 $f(1)$ 不存在因为 $f(x)$ 在点 $x=1$ 处无定义，但 $x \to 1$ 时 $f(x)$ 的极限存在．

类似地，由描述性定义并借助初等函数的图形还可得出下列极限成立：（1）$\lim\limits_{x \to 0} \sin x = 0$；（2）$\lim\limits_{x \to 0} \cos x = 1$．

下面依照数列的 ε-N 定义，给出函数当 $x \to x_0$ 时的 ε-δ 定义．

定义 4（ε-δ 定义） 设 $f(x)$ 在 $\mathring{U}(x_0)$ 内有定义，A 为确定的常数．如果对任意 $\varepsilon > 0$，都存在 $\delta > 0$，使得当 $0 < |x - x_0| < \delta$ 时，有 $|f(x) - A| < \varepsilon$ 成立，则称函数 $f(x)$ 当 $x \to x_0$ 时以 A 为极限，记作

$$\lim_{x \to x_0} f(x) = A \quad 或 \quad f(x) \to A\ (x \to x_0)$$

定义 4 中的关键点是“δ”的存在性，下面通过例题分析如何寻找 δ．

例 2 利用定义 4 证明 $\lim\limits_{x \to 2}(3x-2) = 4$．

证明 因为 $|f(x) - A| = |3x-2-4| = |3x-6| = 3|x-2|$，对 $\forall \varepsilon > 0$，要使 $3|x-2| < \varepsilon$，只要 $|x-2| < \dfrac{\varepsilon}{3}$ 即可．

为此可取 $\delta = \dfrac{\varepsilon}{3}$，则当 $0 < |x-2| < \delta$ 时，必有 $|3x-2-4| < \varepsilon$ 成立，即 $\lim\limits_{x \to 2}(3x-2) = 4$．

例 3 利用定义证明当 $x \to x_0$ 时，$\lim\limits_{x \to x_0} x = x_0$．

证明 因为 $|f(x) - A| = |x - x_0|$，对 $\forall \varepsilon > 0$，要使 $|x - x_0| < \varepsilon$，只要取 $\delta = \varepsilon$ 即可．则当 $0 < |x - x_0| < \delta$ 时，必有 $|x - x_0| < \delta = \varepsilon$ 成立，即 $\lim\limits_{x \to x_0} x = x_0$．

类似可证 $\lim\limits_{x \to x_0} \sqrt{x} = \sqrt{x_0}$．

例 4 证明 $\lim\limits_{x \to x_0} C = C$．

证明 因为 $|f(x) - A| = |C - C| = 0$，所以对 $\forall \varepsilon > 0$，存在 $\delta > 0$，当

$0<|x-x_0|<\delta$ 时，都有 $|C-C|=0<\varepsilon$ 成立，即 $\lim\limits_{x\to x_0} C=C$.

该例说明常数的极限是它本身.

3. 单侧极限

定义 3 及定义 4 中 $x\to x_0$ 的方式是任意的，即不论从 x_0 的右侧，还是从 x_0 的左侧趋向于 x_0，$f(x)$ 都无限地趋向于数 A，这种极限实际上为双侧极限. 有时问题要求我们考虑 x 仅从 x_0 的一侧趋向于 x_0 时函数 $f(x)$ 的极限情形，即单侧极限问题.

定义 5　设 $f(x)$ 在 $(x_0-\delta,x_0)$ 内有定义，如果当 x 从 x_0 的左侧无限接近于 x_0 时，函数 $f(x)$ 无限接近于常数 A，则称 A 为 $f(x)$ 当 x 趋向于 x_0 时的**左极限**，记作

$$\lim_{x\to x_0^-} f(x)=A \quad 或 \quad f(x_0^-)=A$$

设 $f(x)$ 在 $(x_0,x_0+\delta)$ 内有定义，如果当 x 从 x_0 的右侧无限接近于 x_0 时，函数 $f(x)$ 无限接近于常数 A，则称 A 为 $f(x)$ 当 x 趋向于 x_0 时的**右极限**，记作

$$\lim_{x\to x_0^+} f(x)=A \quad 或 \quad f(x_0^+)=A$$

关于 $x\to x_0$ 时的单侧极限，还有类似的分析定义，这里不再赘述.

由以上定义，不难看出以下结论，$\lim\limits_{x\to x_0} f(x)=A \Leftrightarrow \lim\limits_{x\to x_0^-} f(x)=\lim\limits_{x\to x_0^+} f(x)=A$.

例 5　讨论函数 $f(x)=\begin{cases} x-1, & x<0 \\ 0, & x=0 \\ x+1, & x>0 \end{cases}$ 当 $x\to 0$ 时极限是否存在.

解　函数的图形如图 1-32 所示，由定义 5，可知

$$\lim_{x\to 0^+} f(x)=\lim_{x\to 0^+}(x+1)=1$$

$$\lim_{x\to 0^-} f(x)=\lim_{x\to 0^-}(x-1)=-1$$

因为左右极限不相等，所以 $\lim\limits_{x\to 0} f(x)$ 不存在.

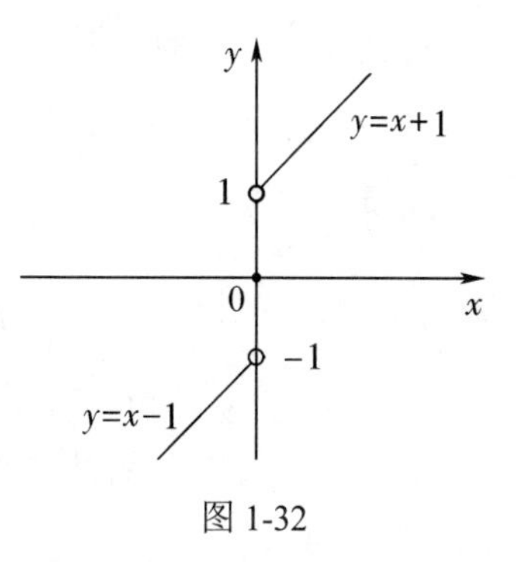

图 1-32

4. $\lim\limits_{x\to x_0} f(x)=A$ 的几何解释

从几何直观上看，$\lim\limits_{x\to x_0} f(x)=A$ 是指：对于任意正数 ε，总能找到正数 δ，当 x 满足 $0<|x-x_0|<\delta$ 时，曲线 $y=f(x)$ 总是介于两条水平直线 $y=A-\varepsilon$ 与 $y=A+\varepsilon$ 之间（见图 1-33）.

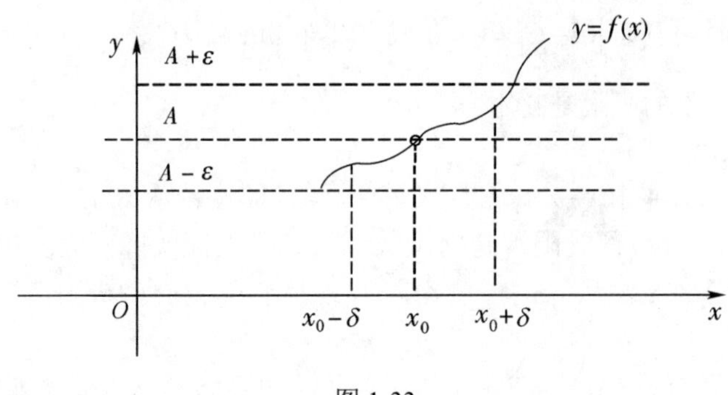

图 1-33

1.3.3 函数极限的性质

函数极限有着与数列极限类似的性质，由于函数极限中自变量的变化过程较复杂，下面仅对 $x \to x_0$ 的情形给出结论，其他变化过程的相应结论请读者自行给出.

定理 1（唯一性） 若 $\lim\limits_{x \to x_0} f(x)$ 存在，则其极限是唯一的.

定理 2（局部有界性） 若 $\lim\limits_{x \to x_0} f(x) = A$，则存在常数 $M > 0$ 和 $\delta > 0$，使得当 $0 < |x - x_0| < \delta$ 时，有 $f(x) \leqslant M$.

证明 因为 $\lim\limits_{x \to x_0} f(x) = A$，所以对于 $\varepsilon = 1$，$\exists \delta > 0$，当 $0 < |x - x_0| < \delta$ 时有 $|f(x) - A| < \varepsilon = 1$，于是 $|f(x)| = |f(x) - A + A| \leqslant |f(x) - A| + |A| < 1 + A$.

这就证明了在 x_0 的去心邻域 $(x_0 - \delta, x_0) \cup (x_0, x_0 + \delta)$ 内，$f(x)$ 是有界的.

定理 3（局部保号性） 若 $\lim\limits_{x \to x_0} f(x) = A$，且 $A > 0$（或$A < 0$），则 $\exists \delta > 0$，使得当 $0 < |x - x_0| < \delta$ 时，有 $f(x) > 0$ [或$f(x) < 0$].

证明 先证 $A > 0$ 的情形.

因为 $\lim\limits_{x \to x_0} f(x) = A$，所以对于 $\varepsilon = \dfrac{A}{2}$，$\exists \delta > 0$，当 $0 < |x - x_0| < \delta$ 时，有 $|f(x) - A| < \varepsilon = \dfrac{A}{2} \Rightarrow A - \dfrac{A}{2} < f(x) \Rightarrow f(x) > \dfrac{A}{2} > 0$，证毕. 类似可证 $A<0$ 的情形.

由定理 3，易得以下推论.

推论 如果在 x_0 的某去心邻域内有 $f(x) \geqslant 0$ [或$f(x) \leqslant 0$]，且 $\lim\limits_{x \to x_0} f(x) = A$，那么 $A \geqslant 0$（或$A \leqslant 0$）.

证明从略.

习题 1.3

1．观察并写出下列极限值.

（1）$\lim\limits_{x\to-\infty}2^x$；　（2）$\lim\limits_{x\to+\infty}\mathrm{e}^{-3x}$；

（3）$\lim\limits_{x\to\infty}\dfrac{1}{x^3+1}$；　（4）$\lim\limits_{x\to-\infty}\operatorname{arccot}x$.

2．判断下列说法是否正确.

（1）若函数 $f(x)$ 在点 x_0 处无定义，则此函数在该点无极限；

（2）若函数 $f(x)$ 在点 x_0 处有极限，则函数在该点必有定义；

（3）若函数 $f(x)$ 在点 x_0 处极限不存在，则函数在该点无定义；

（4）函数 $f(x)$ 在点 x_0 处有极限的充分必要条件是此函数在该点处的左右极限都存在.

3．用极限的定义证明下列极限.

（1）$\lim\limits_{x\to\infty}\dfrac{2x+1}{x}=2$；　（2）$\lim\limits_{x\to\infty}\dfrac{x^2-1}{x^2+2}=1$；

（3）$\lim\limits_{x\to+\infty}\dfrac{\sin x}{x}=0$；　（4）$\lim\limits_{x\to+\infty}\dfrac{\sin x}{\sqrt{x}}=0$.

4．用极限的定义证明下列极限.

（1）$\lim\limits_{x\to2}(x+1)=3$；　（2）$\lim\limits_{x\to3}(3x-1)=8$；

（3）$\lim\limits_{x\to-2}\dfrac{x^2-4}{x+2}=-4$；　（4）$\lim\limits_{x\to-\frac{1}{2}}\dfrac{4x^2-1}{2x+1}=-2$.

5．$f(x)=\dfrac{x}{x}$ 及 $g(x)=\dfrac{|x|}{x}$，当 $x\to0$ 时，极限是否存在？

6．设 $f(x)=\begin{cases}\dfrac{1}{x-1}, & x<0\\ x, & 0<x<1\\ 1, & x>1\end{cases}$，极限 $\lim\limits_{x\to0}f(x)$、$\lim\limits_{x\to1}f(x)$ 是否存在，为什么？

*7．当 $x\to\infty$ 时，$y=\dfrac{x^2-1}{x^2+1}\to1$. X 等于多少，可使当 $|x|>X$ 时，$|y-1|<0.01$？

*8．证明：函数 $f(x)$ 当 $x\to x_0$ 时极限存在的充要条件是左极限、右极限都存在且相等.

1.4　极限的运算法则

前面讨论了极限的概念，本节讨论极限的求法，主要介绍极限的四则运算法则．利用这些法则，可以求某些复杂函数的极限．

定理 1　在自变量的同一变化过程中，设 $\lim f(x)=A$，$\lim g(x)=B$，则

（1）$\lim[f(x)\pm g(x)]=\lim f(x)\pm\lim g(x)=A\pm B$；

（2）$\lim[f(x)\cdot g(x)]=\lim f(x)\cdot\lim g(x)=A\cdot B$，特别地，$\lim[Cg(x)]=\lim C\cdot\lim g(x)=C\lim g(x)$；

四则运算证明

（3）$\lim\dfrac{f(x)}{g(x)}=\dfrac{\lim f(x)}{\lim g(x)}=\dfrac{A}{B}$（$B\neq 0$）.

定理 1 中的（1）、（2）可以推广到有限多个函数的情形，即

$$\lim[f_1(x)\pm f_2(x)\pm\cdots\pm f_m(x)]=\lim f_1(x)\pm\lim f_2(x)\pm\cdots\pm\lim f_m(x)$$

$$\lim[f_1(x)f_2(x)\cdots f_m(x)]=\lim f_1(x)\lim f_2(x)\cdots\lim f_m(x)$$

设 $\lim f(x)=A$ 存在，$n\in\mathbf{N}^+$，则有 $\lim[f(x)]^n=[\lim f(x)]^n$．

这里，由于数列是特殊的函数，其极限的运算法则同定理 1，这里不再赘述．

例 1　求 $\lim\limits_{x\to 1}(x^2-3x+7)$．

解　$\lim\limits_{x\to 1}(x^2-3x+7)=\lim\limits_{x\to 1}x^2-\lim\limits_{x\to 1}3x+\lim\limits_{x\to 1}7=(\lim\limits_{x\to 1}x)^2-3\lim\limits_{x\to 1}x+\lim\limits_{x\to 1}7=1^2-3\times 1+7=5$．

通过上题不难发现，若函数 $f(x)$ 是一个有理整函数，则其在 $x=x_0$ 处的极限值就等于它在 $x=x_0$ 处的函数值 $f(x_0)$．下面给出证明．

例 2　设有理整函数 $f(x)=a_0x^n+a_1x^{n-1}+\cdots+a_{n-1}x+a_n$，证明 $\lim\limits_{x\to x_0}f(x)=f(x_0)$．

证明

$$\begin{aligned}\lim_{x\to x_0}f(x)&=\lim_{x\to x_0}(a_0x^n+a_1x^{n-1}+\cdots+a_{n-1}x+a_n)\\&=a_0\lim_{x\to x_0}x^n+a_1\lim_{x\to x_0}x^{n-1}+\cdots+a_{n-1}\lim_{x\to x_0}x+\lim_{x\to x_0}a_n\\&=a_0{x_0}^n+a_1{x_0}^{n-1}+\cdots+a_{n-1}x_0+a_n=f(x_0)\end{aligned}$$

得证．

例 3　求 $\lim\limits_{x\to 2}\dfrac{x^3-3}{x^2-4x+11}$．

解　因为 $\lim\limits_{x\to 2}(x^2-4x+11)=2^2-4\times 2+11=7\neq 0$

所以，由定理 1 的（3），有 $\lim\limits_{x\to 2}\dfrac{x^3-3}{x^2-4x+11}=\dfrac{\lim\limits_{x\to 2}(x^3-3)}{\lim\limits_{x\to 2}(x^2-4x+11)}=\dfrac{5}{7}$.

同理，若函数 $f(x)$ 是一个有理分式，即 $f(x)=\dfrac{P_n(x)}{Q_m(x)}=\dfrac{a_0x^n+a_1x^{n-1}+\cdots+a_n}{b_0x^m+b_1x^{m-1}+\cdots+b_m}$，且 $Q_m(x_0)\neq 0$，则它在 $x=x_0$ 处的极限等于其在 $x=x_0$ 处的函数值 $f(x_0)$，如下例.

例 4　设有理分式函数 $f(x)=\dfrac{P_n(x)}{Q_m(x)}=\dfrac{a_0x^n+a_1x^{n-1}+\cdots+a_n}{b_0x^m+b_1x^{m-1}+\cdots+b_m}$，且 $Q_m(x_0)\neq 0$，证明 $\lim\limits_{x\to x_0}f(x)=f(x_0)$.

证明　$\lim\limits_{x\to x_0}f(x)=\lim\limits_{x\to x_0}\dfrac{P_n(x)}{Q_m(x)}=\dfrac{\lim\limits_{x\to x_0}P_n(x)}{\lim\limits_{x\to x_0}Q_m(x)}=\dfrac{P_n(x_0)}{Q_m(x_0)}=f(x_0)$，得证.

这里需要注意的是，在定理 1 的（3）中，$\lim g(x)\neq 0$．若 $\lim g(x)=0$，则商的极限运算法则不能应用，须作特别处理.

例 5　求 $\lim\limits_{x\to 1}\dfrac{x^2+x-2}{2x^2+x-3}$.

解　当 $x\to 1$ 时，分子、分母的极限均趋于 0，所以不能直接用极限的运算法则．因为 $x\to 1$ 且 $x\neq 1$ 时，$x-1\neq 0$，可以先约去分子、分母的公因子 $(x-1)$，再求极限．于是

$$\lim_{x\to 1}\frac{x^2+x-2}{2x^2+x-3}=\lim_{x\to 1}\frac{(x+2)(x-1)}{(2x+3)(x-1)}=\lim_{x\to 1}\frac{x+2}{2x+3}=\frac{3}{5}$$

例 6　求 $\lim\limits_{x\to 0}\dfrac{\sqrt{x+1}-1}{x}$.

解　分子有理化约去分子分母的公因子 x，得

$$\lim_{x\to 0}\frac{\sqrt{x+1}-1}{x}=\lim_{x\to 0}\frac{(\sqrt{x+1}-1)(\sqrt{x+1}+1)}{x(\sqrt{x+1}+1)}=\lim_{x\to 0}\frac{x}{x(\sqrt{x+1}+1)}$$

$$=\lim_{x\to 0}\frac{1}{\sqrt{x+1}+1}=\frac{1}{2}$$

定理 2（复合函数的极限运算法则）　设函数 $y=f(g(x))$ 是由 $y=f(u)$ 与 $u=g(x)$ 复合而成的，$y=f(g(x))$ 在点 x_0 的某去心邻域内有定义，若 $\lim\limits_{x\to x_0}g(x)=u_0$，$\lim\limits_{u\to u_0}f(u)=A$，且存在 $\delta_0>0$，当 $x\in\mathring{U}(x_0,\delta_0)$ 时，有 $g(x)\neq u_0$，则

$$\lim_{x\to x_0}f(g(x))=\lim_{u\to u_0}f(u)=A$$

习题 1.4

1．求下列极限：

（1）$\lim\limits_{x\to1}(3x^2-x+4)$；（2）$\lim\limits_{x\to1}\left(1-\dfrac{1}{2x-1}\right)$；

（2）$\lim\limits_{x\to2}\dfrac{x^2+5}{x-3}$；（4）$\lim\limits_{x\to2}\dfrac{x^2+1}{3x^2+2}$；

（5）$\lim\limits_{x\to\sqrt{3}}\dfrac{x^2-3}{x^2+1}$；（6）$\lim\limits_{x\to0}\dfrac{4x^3-2x^2+x}{3x^2+2x}$；

（7）$\lim\limits_{x\to-2}\dfrac{x^2-x-6}{x+2}$；（8）$\lim\limits_{x\to-1}\dfrac{x^2-3x-4}{x+1}$；

（9）$\lim\limits_{x\to4}\dfrac{x-4}{\sqrt{x}-2}$；（10）$\lim\limits_{x\to0}\dfrac{x^2}{\sqrt{1+x^2}-1}$；

（11）$\lim\limits_{x\to9}\dfrac{x-2\sqrt{x}-3}{x-9}$；（12）$\lim\limits_{x\to-8}\dfrac{\sqrt{1-x}-3}{2+\sqrt[3]{x}}$；

（13）$\lim\limits_{x\to0}\dfrac{(x+h)^2-x^2}{h}$；（14）$\lim\limits_{x\to1}\dfrac{x^n-1}{x-1}$．

2．若 $\lim\limits_{x\to1}\dfrac{x^2+ax-b}{1-x}=5$，求 a、b 的值．

3．若 $\lim\limits_{x\to2}\dfrac{x^2+ax+b}{x-2}=6$，求 a、b 的值．

4．判断下列说法是否正确：

（1）如果 $\lim\limits_{x\to x_0}f(x)$ 存在，但 $\lim\limits_{x\to x_0}g(x)$ 不存在，那么 $\lim\limits_{x\to x_0}[f(x)+g(x)]$ 不存在；

（2）如果 $\lim\limits_{x\to x_0}f(x)$ 和 $\lim\limits_{x\to x_0}g(x)$ 不存在，那么 $\lim\limits_{x\to x_0}[f(x)+g(x)]$ 不存在；

（3）如果 $\lim\limits_{x\to x_0}f(x)$ 存在，但 $\lim\limits_{x\to x_0}g(x)$ 不存在，那么 $\lim\limits_{x\to x_0}f(x)g(x)$ 不存在．

1.5 无穷小量与无穷大量

在研究函数的极限时，有两种变量尤为重要：一种是在求极限的过程中，其函数值无限趋近于 0 的变量；另一种是在求极限的过程中，其函数绝对值无限增大的变量．由于它们在理论和实践中都十分重要，因此，这里需要介绍它们的基本概念、性质及关系．

1.5.1　无穷小量

1. 定义

定义 1　若 $\lim\limits_{x\to x_0} f(x)=0$[$\lim\limits_{x\to\infty} f(x)=0$]，则称 $f(x)$ 为当 $x\to x_0(x\to\infty)$ 时的无穷小量，即极限为零的变量称为**无穷小量**，简称**无穷小**.

例如：因为 $\lim\limits_{x\to\infty}\dfrac{1}{x}=0$，所以，当 $x\to\infty$ 时，$\dfrac{1}{x}$ 是无穷小量；

因为 $\lim\limits_{n\to+\infty}\dfrac{1}{\sqrt{n}}=0$，所以，当 $n\to+\infty$ 时，$\dfrac{1}{\sqrt{n}}$ 是无穷小量；

因为 $\lim\limits_{x\to 2}(2x-4)=0$，所以，当 $x\to 2$ 时，$2x-4$ 是无穷小量；

关于无穷小量，应注意以下几点：

（1）无穷小量是相对于自变量的某一变化过程而言的，比如 $\dfrac{1}{x}$，当 $x\to\infty$ 时是无穷小量，而当 $x\to 1$ 时不是无穷小量；

（2）无穷小量不是很小很小的数，不能与绝对值很小的数混为一谈，而是在自变量的某个变化过程中极限为零的**变量**；

（3）数零是唯一可视为无穷小量的数，除零以外任何很小的数都不是无穷小量；

（4）无穷小量定义包括六种函数极限形式（$x\to x_0$，$x\to x_0^+$，$x\to x_0^-$，$x\to\infty$，$x\to+\infty$，$x\to-\infty$）.

根据无穷小量的定义，易知 $\lim\limits_{x\to x_0} f(x)=A \Leftrightarrow f(x)-A$ 是当 $x\to x_0$ 时的无穷小量．因此无穷小量与函数的极限之间有如下重要关系.

定理 1　$\lim f(x)=A \Leftrightarrow f(x)=A+\alpha$，其中 α 为该过程中的无穷小量.

证明　先证充分性．由 $\lim\limits_{x\to x_0} f(x)=A$ 知，对 $\forall\varepsilon>0$，$\exists\delta>0$，当 $0<|x-x_0|<\delta$ 时，$|f(x)-A|<\varepsilon$．令 $\alpha=f(x)-A$，则有 $|\alpha|<\varepsilon$，故 α 是当 $x\to x_0$ 时的无穷小量，且 $f(x)=A+\alpha$.

再证必要性．由 $f(x)=A+\alpha$ 知，$|f(x)-A|<|\alpha|$，又 $\lim\limits_{x\to x_0}\alpha=0$，即对 $\forall\varepsilon>0$，$\exists\delta>0$，当 $0<|x-x_0|<\delta$ 时，有 $|\alpha|<\varepsilon$，则 $|f(x)-A|<\varepsilon$．故 $\lim\limits_{x\to x_0} f(x)=A$.

2. 无穷小量的性质

性质 1　有限个无穷小量的和或差仍为无穷小量.

例如：当$n \to +\infty$时，$\frac{1}{n}$与$\frac{1}{\sqrt{n}}$都是无穷小量，则当$n \to +\infty$时，$\frac{1}{n} \pm \frac{1}{\sqrt{n}}$也是无穷小量.

性质 2 有限个无穷小量之积仍为无穷小量.

例如：$x \to 0$时，x^3与$\sin x$都是无穷小量，则$x^3 \sin x$在$x \to 0$时也是无穷小量. 事实上，$\lim\limits_{x \to 0}(x^3 \cdot \sin x) = \lim\limits_{x \to 0} x^3 \cdot \lim\limits_{x \to 0} \sin x = 0$.

性质 3 有界变量与无穷小量之积仍为无穷小量.

例 1 求$\lim\limits_{x \to 0}\left(x \sin \frac{1}{x}\right)$.

解 当$x \to 0$时，x是无穷小量；而$x \neq 0$时，有$\left|\sin \frac{1}{x}\right| \leqslant 1$，所以，$x \neq 0$时，$\sin \frac{1}{x}$为有界变量；由性质 3 得$\lim\limits_{x \to 0}\left(x \sin \frac{1}{x}\right)=0$.

1.5.2 无穷大量

先来讨论当$x \to 1$时下列函数的变化情况：

（1）$f(x) = \frac{1}{x-1}$（绝对值无限增大）；

（2）$g(x) = \frac{1}{(x-1)^2}$（恒为正值，且其值无限增大）；

（3）$h(x) = -\frac{1}{(x-1)^2}$（恒为负值，且其绝对值无限增大）.

显然，当$x \to 1$时，上述三个函数的极限都不存在，但是它们都有个共同特点：当$x \to 1$时，其函数值的绝对值无限增大，可以大于任意给定的正数 M. 在数学上，我们把具有这样特性的函数称为当$x \to 1$时的“无穷大量”. 将其推广，就可得到无穷大量的定义.

定义 2 如果当$x \to x_0 (x \to \infty)$时，对应的函数值的绝对值$|f(x)|$可以大于预先指定的任意很大的正数 M，那么就称函数$f(x)$是当$x \to x_0 (x \to \infty)$时的**无穷大量**，记为

$$\lim_{x \to x_0} f(x) = \infty \quad 或 \quad \lim_{x \to \infty} f(x) = \infty \text{（极限不存在）}$$

对于无穷大量，同样需要注意，无穷大量是一个绝对值可以任意大的**变量**，而不是一个很大的数；无穷大量也是相对于某一变化过程而言的，因此称无穷大量时，必须指明其自变量的变化趋势.

下面思考，无穷大量和无穷小量之间是否存在某种关系？

1.5.3　无穷大量与无穷小量的关系

定理 2　在自变量的同一变化过程中，如果 $f(x)$ 为无穷大量，则 $\dfrac{1}{f(x)}$ 为无穷小量；反之，如果 $f(x)$ 为无穷小量，且 $f(x)\neq 0$，那么 $\dfrac{1}{f(x)}$ 为无穷大量.

证明从略.

因此欲证 $\lim f(x)=\infty$，只需证 $\lim\dfrac{1}{f(x)}=0$ 即可，反之亦然. 这一思想为求解某些极限问题带来了一定的便利.

例 2　求 $\lim\limits_{x\to 0^+}(2^{-\frac{1}{x}})$.

解　因为 $\lim\limits_{x\to 0^+}\dfrac{1}{x}=+\infty$，所以 $\lim\limits_{x\to 0^+}(2^{\frac{1}{x}})=+\infty$. 由于 $2^{-\frac{1}{x}}=\dfrac{1}{2^{\frac{1}{x}}}$，因此由无穷大量与无穷小量的关系知 $\lim\limits_{x\to 0^+}(2^{-\frac{1}{x}})=0$.

例 3　求 $\lim\limits_{x\to\infty}\dfrac{5x^3+2x^2+7}{8x^3+3x^2-1}$.

解　分子、分母同时除以 x 的最高次幂 x^3，然后再取极限：

$$\lim_{x\to\infty}\frac{5x^3+4x^2+7}{8x^3+3x^2-1}=\lim_{x\to\infty}\frac{5+\dfrac{4}{x}+\dfrac{7}{x^3}}{8+\dfrac{3}{x}-\dfrac{3}{x^3}}=\frac{5}{8}.$$

这里，由无穷大量与无穷小量的关系知，当 $x\to\infty$ 时，$\dfrac{4}{x}$、$\dfrac{7}{x^3}$、$\dfrac{3}{x}$、$\dfrac{3}{x^3}$ 的极限都为 0.

例 4　求 $\lim\limits_{x\to\infty}\dfrac{x^2+2x+1}{x^5+x^2+3}$.

解　分子、分母同时除以 x 的最高次幂 x^5，然后再取极限：

$$\lim_{x\to\infty}\frac{x^2+2x+1}{x^5+x^2+3}=\lim_{x\to\infty}\frac{\dfrac{1}{x^3}+\dfrac{2}{x^4}+\dfrac{1}{x^5}}{1+\dfrac{1}{x^3}+\dfrac{3}{x^5}}=\frac{0}{1}=0.$$

例 5 求 $\lim\limits_{x\to\infty}\dfrac{x^5+x^2+3}{x^2+2x+1}$.

解 由上例可知，$\lim\limits_{x\to\infty}\dfrac{x^2+2x+1}{x^5+x^2+3}=0$，所以 $\lim\limits_{x\to\infty}\dfrac{x^5+x^2+3}{x^2+2x+1}=\infty$.

由例 3 至例 5，可总结如下结论：

设 $a_0\neq 0$，$b_0\neq 0$，m、n 为自然数，则

$$\lim_{x\to\infty}\frac{a_0x^n+a_1x^{n-1}+\cdots+a_n}{b_0x^m+b_1x^{m-1}+\cdots+b_m}=\begin{cases}\dfrac{a_0}{b_0}, & \text{当 } n=m \text{ 时}\\ 0, & \text{当 } n<m \text{ 时}\\ \infty, & \text{当 } n>m \text{ 时}\end{cases}$$

1.5.4 无穷小量的比较

无穷小量虽然都是趋于 0 的变量，但不同的无穷小量趋于 0 的速度往往不同，从而无穷小量之间比值的极限也不同.

例如：$\lim\limits_{x\to 0}\dfrac{x^2}{x}=0$；$\lim\limits_{x\to 0}\dfrac{2x}{x}=2$；$\lim\limits_{x\to 0}\dfrac{x-x^2}{x}=1$；$\lim\limits_{x\to 0}\dfrac{x}{x^2}=\lim\limits_{x\to 0}\dfrac{1}{x}=\infty$.

根据无穷小量比值极限的不同，就可以比较无穷小量趋于 0 的速度，由此引入无穷小量阶的概念.

1. 定义

定义 3 设 α、β 是同一变化过程中的两个无穷小量.

如果 $\lim\dfrac{\alpha}{\beta}=0$，则称 α 是 β 的**高阶无穷小量**，记作 $\alpha=o(\beta)$.

如果 $\lim\dfrac{\alpha}{\beta}=\infty$，则称 α 是 β 的**低阶无穷小量**.

如果 $\lim\dfrac{\alpha}{\beta}=c\neq 0$，则称 α 是 β 的**同阶无穷小量**. 特别地，当 $c=1$ 时，称 α 是 β 的**等价无穷小量**，记作 $\alpha\sim\beta$.

关于无穷小量的阶，需要注意的是，只有在同一变化过程中，两个无穷小量的比较才有意义. 有时，即便在同一变化过程中，还是会出现无法比较的情况.

例如：当 $x\to 0$ 时，x 和 $x\sin\dfrac{1}{x}$ 都是无穷小量，但这两个无穷小量是无法比较的.

2. 等价无穷小量的代换

若 α 与 β 是等价无穷小量，即 $\alpha\sim\beta$，则可利用它们之间的等价关系简化求极限的过程，其依据为以下定理.

定理 3　设$\alpha \sim \alpha'$，$\beta \sim \beta'$，且$\lim \dfrac{\alpha'}{\beta'}$存在，则$\lim \dfrac{\alpha}{\beta} = \lim \dfrac{\alpha'}{\beta'}$.

证明　$\lim \dfrac{\beta}{\alpha} = \lim \dfrac{\beta}{\beta'} \cdot \dfrac{\beta'}{\alpha'} \cdot \dfrac{\alpha'}{\alpha} = \lim \dfrac{\beta}{\beta'} \cdot \lim \dfrac{\beta'}{\alpha'} \cdot \lim \dfrac{\alpha'}{\alpha} = \lim \dfrac{\beta'}{\alpha'}$，证毕.

上述定理表明，在求两个无穷小量比的极限时，分子和分母都可以用等价无穷小量代替. 如果选择适当，可使计算过程得到简化，因此要熟知常用的重要等价无穷小量. 这里，我们先给出一些常用的等价无穷小量:

当 $x \to 0$ 时， $\sin x \sim x$, $\tan x \sim x$, $\mathrm{e}^x - 1 \sim x$, $\ln(1+x) \sim x$, $1 - \cos x \sim \dfrac{x^2}{2}$, $(1+x)^\alpha \sim \alpha x$, $\arcsin x \sim x$, $\arctan x \sim x$，证明见后续章节.

等价无穷小量推广

例 6　求$\lim\limits_{x \to 0} \dfrac{\sin 4x}{\tan 2x}$.

解　当$x \to 0$时，$\tan 2x \sim 2x$, $\sin 4x \sim 4x$，于是

$$\lim_{x \to 0} \frac{\sin 4x}{\tan 2x} = \lim_{x \to 0} \frac{4x}{2x} = \lim_{x \to 0} \frac{4}{2} = 2$$

例 7　求$\lim\limits_{x \to 0} \dfrac{\mathrm{e}^x - 1}{x^2 + 5x}$.

解　当$x \to 0$时，$\mathrm{e}^x - 1 \sim x$，于是

$$\lim_{x \to 0} \frac{\mathrm{e}^x - 1}{x^2 + 5x} = \lim_{x \to 0} \frac{x}{x^2 + 5x} = \frac{1}{5}$$

必须注意的是，利用无穷小量代换求函数极限，只能替换因子形式的无穷小量，而不能替换加、减项中的无穷小量，如

$$\lim_{x \to 0} \frac{2\sin x - \sin 2x}{x^3} \xlongequal{\text{利用代换转化为}} \lim_{x \to 0} \frac{2x - 2x}{x^3}$$

是错误的，正确的做法是:

$$\lim_{x \to 0} \frac{2\sin x - \sin 2x}{x^3} = \lim_{x \to 0} \left(\frac{2\sin x}{x} \cdot \frac{1 - \cos x}{x^2} \right) = 2 \times \frac{1}{2} = 1$$

习题 1.5

习题 1.5 答案

1. 下列各题中，哪些是无穷小量，哪些是无穷大量?

（1）$\dfrac{x+2}{x^2-1}$，当$x \to -2$时;　　（2）$\dfrac{1}{\sqrt{x-2}}$，当$x \to 2^+$时;

（3）$\dfrac{\sin x}{x}$，当$x \to \infty$时;　　（4）$\mathrm{e}^{\frac{1}{x^2}}$，当$x \to 0$时.

2．下列函数在什么变化过程中是无穷小量？在什么变化过程中是无穷大量？

（1）$y=\dfrac{1}{(x-1)^2}$；（2）$y=\mathrm{e}^x$；

（3）$y=\dfrac{x+2}{x^2-1}$；（4）$y=\dfrac{x+1}{x^2-9}$．

3．比较下列无穷小量的阶．

（1）当$x\to 0$时，x^3+3x-2与x^2；（2）当$x\to 1$时，$1-x$与$1-\sqrt[3]{x}$；

（3）当$x\to 0$时，$\sec x-1$与$\dfrac{x}{2}$；（4）当$x\to 0$时，$(1+x)^{\frac{1}{3}}-1$与$\dfrac{x}{3}$．

4．求下列函数的极限．

（1）$\lim\limits_{x\to\infty}\left(2-\dfrac{1}{x}+\dfrac{1}{x^2}\right)$；（2）$\lim\limits_{x\to\infty}\left(1+\dfrac{1}{x}\right)\left(2-\dfrac{1}{x^2}\right)$；

（3）$\lim\limits_{x\to\infty}\dfrac{x^2+x}{x^4-3x^2+1}$；（4）$\lim\limits_{x\to\infty}\dfrac{x^2-1}{2x^2-x-1}$；

（5）$\lim\limits_{x\to\infty}\dfrac{8x^3-1}{6x^2-5x+1}$；（6）$\lim\limits_{x\to\infty}\dfrac{(1+x)^5}{(2x+1)^4(1-x)}$；

（7）$\lim\limits_{n\to\infty}\dfrac{(n+1)(n+2)(n+3)}{5n^3}$；（8）$\lim\limits_{n\to\infty}\dfrac{\sqrt[4]{1+n^2}}{1+n}$；

（9）$\lim\limits_{n\to\infty}\dfrac{1+2+3+\cdots+(n-1)}{n^2}$；（10）$\lim\limits_{n\to\infty}\left(1+\dfrac{1}{2}+\dfrac{1}{4}+\cdots+\dfrac{1}{2^n}\right)$；

（11）$\lim\limits_{n\to\infty}\left(\dfrac{1}{1\cdot 3}+\dfrac{1}{3\cdot 5}+\cdots+\dfrac{1}{(2n-1)\cdot(2n+1)}\right)$；

（12）$\lim\limits_{n\to\infty}(\sqrt{n}-\sqrt{n-1})$；（13）$\lim\limits_{x\to\infty}x(\sqrt{x^2+1}-x)$；

（14）$\lim\limits_{x\to+\infty}(\sqrt{x^2+x}-\sqrt{x^2-x})$；（15）$\lim\limits_{x\to 1}\left(\dfrac{1}{1-x}-\dfrac{3}{1-x^3}\right)$．

5．利用无穷小量的性质计算下列函数的极限．

（1）$\lim\limits_{x\to\infty}\dfrac{\sin 3x}{x}$；（2）$\lim\limits_{x\to 0}\left(x^2\sin\dfrac{1}{x}\right)$；

（3）$\lim\limits_{x\to\infty}\dfrac{x\arctan x}{x^2+1}$；（4）$\lim\limits_{x\to\infty}\left(\tan\dfrac{1}{x}\arctan x\right)$．

6．判断下列说法是否正确．

（1）无穷小量是绝对值很小的常数；

（2）两个无穷大量之和仍是无穷大量；

（3）两个无穷大量之积仍是无穷大量；

（4）任意两个无穷小量都可比较阶的高低.

7. 利用等价无穷小量计算下列函数的极限.

（1）$\lim\limits_{x\to 0}\dfrac{\ln(1+2x)}{\arcsin 3x}$；　（2）$\lim\limits_{x\to 1}\dfrac{\ln(2-x)}{\tan(x-1)}$；

（3）$\lim\limits_{x\to 0}\dfrac{\ln(1+2x)}{\sin x}$；　（4）$\lim\limits_{x\to 0}\dfrac{\sin x^2}{e^{x^2}-1}$；

（5）$\lim\limits_{x\to 0}\dfrac{\sqrt{1+x}-1}{\ln(1+x)}$；　（6）$\lim\limits_{x\to 0}\dfrac{x\tan x}{\sqrt{1-x^2}-1}$；

（7）$\lim\limits_{x\to 0}\dfrac{e-e^{\cos x}}{\sqrt[3]{1+x^2}-1}$；　（8）$\lim\limits_{x\to 0}\dfrac{\sin x-\tan x}{(\sqrt[3]{1+x^2}-1)(\sqrt{1+\sin x}-1)}$.

1.6　极限存在准则、两个重要极限

本节介绍判定极限存在的两个准则，并在此理论基础上讨论两个重要极限.

1.6.1　极限存在准则

准则 1（夹逼准则）　如果数列$\{x_n\}$、$\{y_n\}$、$\{z_n\}$满足下列条件：

（1）$y_n \leqslant x_n \leqslant z_n$；

（2）$\lim\limits_{n\to\infty} y_n = \lim\limits_{n\to\infty} z_n = a$.

则数列$\{x_n\}$的极限存在，且$\lim\limits_{n\to\infty} x_n = a$.

证明　因为$\lim\limits_{n\to\infty} y_n = a$，$\lim\limits_{n\to\infty} z_n = a$，所以根据数列极限的定义，对$\forall\varepsilon>0$，$\exists N_1>0$，当$n>N_1$时，有$|y_n-a|<\varepsilon$；又$\exists N_2>0$，当$n>N_2$时，有$|z_n-a|<\varepsilon$.

现取$N=\max\{N_1, N_2\}$，则当$n>N$时，有

$$|y_n-a|<\varepsilon，|z_n-a|<\varepsilon$$

同时成立，即

$$a-\varepsilon<y_n<a+\varepsilon，a-\varepsilon<z_n<a+\varepsilon$$

同时成立. 又因$y_n \leqslant x_n \leqslant z_n$，所以当$n>N$时，有

$$a-\varepsilon<y_n\leqslant x_n\leqslant z_n<a+\varepsilon,$$

即

$$|x_n-a|<\varepsilon.$$

这就证明了$\lim\limits_{n\to\infty} x_n = a$.

对于函数也有极限的夹逼准则.

准则 1′ 在自变量的同一变化过程，设 $f(x)$、$g(x)$、$h(x)$ 满足：

（1）$g(x) \leqslant f(x) \leqslant h(x)$，$x \in \mathring{U}(x_0)$（或 $|x| > M$）；

（2）$\lim g(x) = \lim h(x) = A$.

则 $\lim f(x) = A$.

证明方法与数列极限的夹逼准则类似. 对于自变量的其他变化趋势，函数极限的夹逼准则也可类似给出.

准则 2 单调有界数列必有极限.

对于准则 2，我们不予证明，给出如下的几何解释.

在数轴上，对应于单调数列的点 x_n 只可能沿数轴向一个方向排列，故趋势也只可能有两种：一是移向无穷远处（此时数列无界）；二是无限趋近于某一确定的常数. 已知该数列有界，故上述情形一不可能发生，这就只有情形二，所以数列 $\{x_n\}$ 有极限.

在准则 2 中，仅仅由数列单调或者有界并不能推出该数列有极限.

例如，数列 $1,2,3,\cdots,n$ 是单调的，但是极限不存在；数列 $1,0,1,0,\cdots,1,0$ 是有界的，但是极限也不存在，所以两个条件缺一不可.

同时，还应注意，单调有界是数列极限存在的充分条件，不是必要条件，有的极限存在的数列未必是单调的.

例如，数列 $1,-\dfrac{1}{2},\dfrac{1}{3},-\dfrac{1}{4},\cdots,(-1)^{n-1}\dfrac{1}{n}$ 极限存在，为 0，但该数列不是单调的.

1.6.2 两个重要极限

重要极限 1 $\lim\limits_{x \to 0}\dfrac{\sin x}{x} = 1$.

证明 作单位圆，如图 1-34 所示.

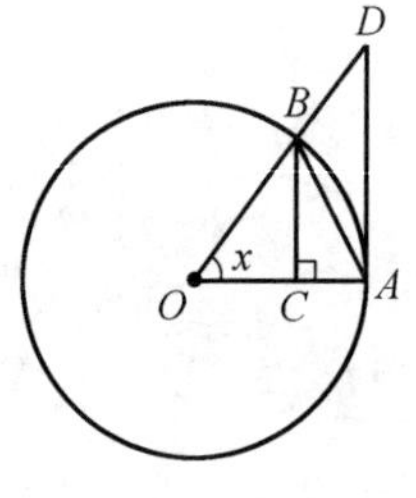

图 1-34

设 x 为圆心角 $\angle AOB$，并设 $0 < x < \dfrac{\pi}{2}$，由图 1-34 不难发现：

$$S_{\triangle AOB} < S_{\text{扇形}AOB} < S_{\triangle AOD}$$

所以，$\dfrac{1}{2}\sin x < \dfrac{1}{2}x < \dfrac{1}{2}\tan x$，即 $\sin x < x < \tan x$，故

$$1 < \frac{x}{\sin x} < \frac{1}{\cos x} \Rightarrow \cos x < \frac{\sin x}{x} < 1$$

（因为 $0 < x < \dfrac{\pi}{2}$，所以以上不等式不改变方向.）

而当 x 用 $-x$ 替换时，$\cos x$、$\dfrac{x}{\sin x}$ 及 1 的值均不改变，因此对满足 $0<|x|<\dfrac{\pi}{2}$ 的一切 x，均有 $\cos x<\dfrac{\sin x}{x}<1$.

由于 $\lim\limits_{x\to 0}\cos x=1$，$\lim\limits_{x\to 0}1=1$，根据准则 1′得

$$\lim_{x\to 0}\frac{\sin x}{x}=1$$

这里需要注意的是，当 $x\to 0$ 时，x 与 $\sin x$ 都是无穷小量且 $\lim\limits_{x\to 0}\dfrac{\sin x}{x}=1$，说明 x 与 $\sin x$ 为当 $x\to 0$ 时的等价无穷小量，即 $\sin x\sim x$.

例 1　求 $\lim\limits_{x\to 0}\dfrac{\sin 3x}{x}$.

解　此题不是重要极限 1 的标准形式，因此需要凑出这种形式，即

$$\lim_{x\to 0}\frac{\sin 3x}{x}=\lim_{x\to 0}\frac{\sin 3x}{3x}\cdot 3=1\times 3=3$$

例 2　求 $\lim\limits_{x\to 0}\dfrac{x}{\sin x}$.

解　$\lim\limits_{x\to 0}\dfrac{x}{\sin x}=\lim\limits_{x\to 0}\dfrac{1}{\dfrac{\sin x}{x}}=\dfrac{\lim\limits_{x\to 0}1}{\lim\limits_{x\to 0}\dfrac{\sin x}{x}}=1.$

所以，以后不用区分 $\sin x$ 与 x 的分子、分母位置，都有 $\lim\limits_{x\to 0}\dfrac{x}{\sin x}=\lim\limits_{x\to 0}\dfrac{\sin x}{x}=1.$

例 3　求 $\lim\limits_{x\to 0}\dfrac{\sin 3x}{\sin 2x}$.

解　$\lim\limits_{x\to 0}\dfrac{\sin 3x}{\sin 2x}=\lim\limits_{x\to 0}\left(\dfrac{\sin 3x}{3x}\cdot 3x\cdot\dfrac{2x}{\sin 2x}\cdot\dfrac{1}{2x}\right)=\lim\limits_{x\to 0}\left(\dfrac{\sin 3x}{3x}\cdot\dfrac{2x}{\sin 2x}\cdot\dfrac{3}{2}\right)=\dfrac{3}{2}.$

例 4　求 $\lim\limits_{x\to 0}\dfrac{\tan x}{x}$.

解　$\lim\limits_{x\to 0}\dfrac{\tan x}{x}=\lim\limits_{x\to 0}\dfrac{\sin x}{x}\cdot\dfrac{1}{\cos x}=\lim\limits_{x\to 0}\dfrac{\sin x}{x}\cdot\lim\limits_{x\to 0}\dfrac{1}{\cos x}=1.$

该题的结果表明，当 $x\to 0$ 时，$\tan x\sim x$.

例 5　求 $\lim\limits_{x\to 1}\dfrac{\sin(x-1)}{(x^2-1)}$.

解　$\lim\limits_{x\to 1}\dfrac{\sin(x-1)}{x^2-1}=\lim\limits_{x\to 1}\dfrac{\sin(x-1)}{(x-1)(x+1)}=\lim\limits_{x\to 1}\left[\dfrac{\sin(x-1)}{(x-1)}\cdot\dfrac{1}{(x+1)}\right]=\dfrac{1}{2}.$

例 6 求 $\lim\limits_{n\to\infty} 2^n \sin\dfrac{x}{2^n}$.

解 $\lim\limits_{n\to\infty} 2^n \sin\dfrac{x}{2^n} = \lim\limits_{n\to\infty} \dfrac{\sin\dfrac{x}{2^n}}{\dfrac{x}{2^n}} \cdot x = x.$

注意，此题目中的变量不是 x 而是 n.

例 7 求 $\lim\limits_{x\to 0} \dfrac{1-\cos x}{x^2}$.

解 $\lim\limits_{x\to 0} \dfrac{1-\cos x}{x^2} = \lim\limits_{x\to 0} \dfrac{2\sin^2\left(\dfrac{x}{2}\right)}{x^2} = \dfrac{1}{2}\cdot \lim\limits_{x\to 0}\left(\dfrac{\sin\dfrac{x}{2}}{\dfrac{x}{2}}\right)^2 = \dfrac{1}{2}$.

该题的结果表明，当 $x \to 0$ 时，$1-\cos x \sim \dfrac{1}{2}x^2$.

例 8 求 $\lim\limits_{x\to 0} \dfrac{\arcsin x}{x}$.

解 令 $t = \arcsin x$，则 $x = \sin t$，当 $x \to 0$ 时，有 $t \to 0$，于是

$$\lim_{x\to 0} \frac{\arcsin x}{x} = \lim_{t\to 0} \frac{t}{\sin t} = 1$$

同理可得 $\lim\limits_{x\to 0} \dfrac{\arctan x}{x} = 1$.

该题的结果表明，当 $x \to 0$ 时，$x \sim \arcsin x \sim \arctan x$.

重要极限 2 $\lim\limits_{x\to\infty}\left(1+\dfrac{1}{x}\right)^x = \mathrm{e}$.

证明 （1）先证 $\lim\limits_{n\to\infty}\left(1+\dfrac{1}{n}\right)^n$ 存在.

设 $x_n = \left(1+\dfrac{1}{n}\right)^n$，先证 $\{x_n\}$ 单调增加.

$$x_n = \left(1+\frac{1}{n}\right)^n = 1 + \frac{n}{1!}\cdot\frac{1}{n} + \frac{n(n-1)}{2!}\cdot\frac{1}{n^2} + \frac{n(n-1)(n-2)}{3!}\cdot\frac{1}{n^3} + \cdots + \frac{n(n-1)\ \cdots\ (n-n+1)}{n!}\cdot\frac{1}{n^n}$$

$$= 1 + 1 + \frac{1}{2!}\left(1-\frac{1}{n}\right) + \frac{1}{3!}\left(1-\frac{1}{n}\right)\left(1-\frac{2}{n}\right) + \cdots + \frac{1}{n!}\left(1-\frac{1}{n}\right)\left(1-\frac{2}{n}\right)\ \cdots\ \left(1-\frac{n-1}{n}\right)$$

类似地，有

$$x_{n+1}=1+1+\frac{1}{2!}\left(1-\frac{1}{n+1}\right)+\frac{1}{3!}\left(1-\frac{1}{n+1}\right)\left(1-\frac{2}{n+1}\right)+\cdots+\frac{1}{n!}\left(1-\frac{1}{n+1}\right)\left(1-\frac{2}{n+1}\right)\cdots\left(1-\frac{n-1}{n+1}\right)+\frac{1}{(n+1)!}\left(1-\frac{1}{n+1}\right)\left(1-\frac{2}{n+1}\right)\cdots\left(1-\frac{n}{n+1}\right)$$

比较 x_n 和 x_{n+1} 的展开式，可以看出除前两项外，x_n 的每一项都小于 x_{n+1} 的对应项，并且 x_{n+1} 还多了最后一项，其值大于 0，因此 $x_n < x_{n+1}$．这就说明数列 $\{x_n\}$ 是单调增加的．

同时这个数列还是有界的．因为 x_n 的展开式中各项括号内的数如果用较大的数 1 代替，则有

$$x_n<1+1+\frac{1}{2!}+\frac{1}{3!}+\cdots\frac{1}{n!}<1+1+\frac{1}{2}+\frac{1}{2^2}+\cdots+\frac{1}{2^{n-1}}=1+\frac{1-\frac{1}{2^n}}{1-\frac{1}{2}}=3-\frac{1}{2^{n-1}}<3$$

即数列 $\{x_n\}$ 有上界，由准则 2 知，数列 x_n 的极限存在．该极限通常用字母 e 表示，e 是一个无理数，$\mathrm{e}=2.718281828459045\cdots$．

即 $\lim\limits_{n\to\infty}\left(1+\frac{1}{n}\right)^n=\mathrm{e}$．

（2）可以证明，当 x 取实数且趋向于 $+\infty$ 或 $-\infty$ 时，函数 $\left(1+\frac{1}{x}\right)^x$ 的极限也存在，且等于 e．即 $\lim\limits_{x\to\infty}\left(1+\frac{1}{x}\right)^x=\mathrm{e}$．

例 9　求 $\lim\limits_{x\to\infty}\left(1+\frac{1}{x}\right)^{x+2}$．

解　$\lim\limits_{x\to\infty}\left(1+\frac{1}{x}\right)^{x+2}=\lim\limits_{x\to\infty}\left(1+\frac{1}{x}\right)^x\cdot\left(1+\frac{1}{x}\right)^2=\mathrm{e}.$

例 10　求 $\lim\limits_{x\to\infty}\left(1+\frac{1}{x-2}\right)^x$．

解　$\lim\limits_{x\to\infty}\left(1+\frac{1}{x-2}\right)^x=\lim\limits_{x\to\infty}\left(1+\frac{1}{x-2}\right)^{x-2}\cdot\left(1+\frac{1}{x}\right)^2=\mathrm{e}\cdot 1=\mathrm{e}.$

例 11 求 $\lim\limits_{x\to\infty}\left(1+\dfrac{1}{x}\right)^{3x}$.

解 $\lim\limits_{x\to\infty}\left(1+\dfrac{1}{x}\right)^{3x}=\lim\limits_{x\to\infty}\left[\left(1+\dfrac{1}{x}\right)^{x}\right]^{3}=\mathrm{e}^{3}$.

例 12 求 $\lim\limits_{x\to\infty}\left(1+\dfrac{3}{x}\right)^{x}$.

解 $\lim\limits_{x\to\infty}\left(1+\dfrac{3}{x}\right)^{x}=\lim\limits_{x\to\infty}\left[\left(1+\dfrac{1}{\frac{x}{3}}\right)^{\frac{x}{3}}\right]^{3}=\left[\lim\limits_{x\to\infty}\left(1+\dfrac{1}{\frac{x}{3}}\right)^{\frac{x}{3}}\right]^{3}=\mathrm{e}^{3}$.

由例 9 至例 12，不难发现，对于重要极限 2，有下式成立：

$$\lim_{x\to\infty}\left(1+\frac{a}{x+b}\right)^{cx+d}=\mathrm{e}^{ac}$$

请读者自行证明.

例 13 求 $\lim\limits_{x\to\infty}\left(1+\dfrac{2}{x+3}\right)^{4x+5}$.

解 $\lim\limits_{x\to\infty}\left(1+\dfrac{2}{x+3}\right)^{4x+5}=\mathrm{e}^{8}$.

例 14 已知 $\lim\limits_{x\to\infty}\left(1-\dfrac{k}{x}\right)^{3x+4}=\mathrm{e}^{3}$，求 k.

解 因为 $\lim\limits_{x\to\infty}\left(1-\dfrac{k}{x}\right)^{3x+4}=\mathrm{e}^{-3k}$，所以 $-3k=3$，即 $k=-1$.

例 15 求 $\lim\limits_{x\to 0}(1+x)^{\frac{1}{x}}$.

解 令 $x=\dfrac{1}{z}$，则当 $x\to\infty$时，有$z\to 0$，于是

两个重要极限总结

$$\lim_{x\to 0}(1+x)^{\frac{1}{x}}=\lim_{z\to\infty}\left(1+\frac{1}{z}\right)^{z}=\mathrm{e}$$

事实上，例 15 是重要极限 2 的等价形式，即 $\lim\limits_{x\to\infty}\left(1+\dfrac{1}{x}\right)^{x}=\lim\limits_{x\to 0}(1+x)^{\frac{1}{x}}=\mathrm{e}$，以后这两种形式都可以直接使用.

例 16　求 $\lim\limits_{x\to 0}(1+3x)^{\frac{1}{x}}$.

解　$\lim\limits_{x\to 0}(1+3x)^{\frac{1}{x}}=\lim\limits_{x\to 0}[(1+3x)^{\frac{1}{3x}}]^3=\mathrm{e}^3$.

习题 1.6

习题 1.6 答案

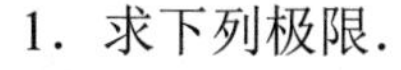

1．求下列极限.

（1）$\lim\limits_{x\to 0}\dfrac{\sin 3x}{2x}$；　　（2）$\lim\limits_{x\to 0}\dfrac{x^2}{\sin^2\dfrac{x}{3}}$；

（3）$\lim\limits_{x\to \pi}\dfrac{\sin(\pi-x)}{\pi-x}$；　　（4）$\lim\limits_{x\to \pi}\dfrac{\sin x}{\pi-x}$；

（5）$\lim\limits_{x\to 0}x\cot x$；　　（6）$\lim\limits_{x\to 0}\dfrac{\tan 5x}{\sin 3x}$；

（7）$\lim\limits_{n\to \infty}3^n\sin\dfrac{1}{3^n}$；　　（8）$\lim\limits_{x\to \infty}x\sin\dfrac{1}{x}$；

（9）$\lim\limits_{x\to 0}\dfrac{x-\sin x}{x+\sin x}$；　　（10）$\lim\limits_{x\to a}\dfrac{\sin x-\sin a}{x-a}$.

2．求下列极限.

（1）$\lim\limits_{x\to \infty}\left(1+\dfrac{2}{x}\right)^{3x}$；　　（2）$\lim\limits_{x\to \infty}\left(1+\dfrac{5}{x}\right)^{-2x+3}$；

（3）$\lim\limits_{x\to \infty}\left(\dfrac{x-5}{x+3}\right)^{x}$；　　（4）$\lim\limits_{x\to \infty}\left(\dfrac{2x+1}{2x+3}\right)^{x+2}$；

（5）$\lim\limits_{x\to 0}(1+3x)^{\frac{1}{x}}$；　　（6）$\lim\limits_{x\to 0}(1-2x)^{2+\frac{1}{x}}$；

（7）$\lim\limits_{x\to 0}\left(\dfrac{3x+1}{2x+1}\right)^{\frac{1}{x}}$；　　（8）$\lim\limits_{x\to \infty}\left(1-\dfrac{3}{x}\right)^{\sqrt{x}}$.

3．利用单调有界准则，证明下列数列极限存在，并求出极限值.

（1）$x_1=\sqrt{2}$，$x_{n+1}=\sqrt{2+x_n}$，$n=1,2,\cdots$；

（2）$x_1=1$，$x_{n+1}=1+\dfrac{x_n}{1+x_n}$，$n=1,2,\cdots$.

4．利用夹逼准则求下列极限.

（1）$\lim\limits_{n\to\infty}\left(\dfrac{1}{n^2+n+1}+\dfrac{2}{n^2+n+2}+\cdots+\dfrac{n}{n^2+n+n}\right)$；

（2）$\lim\limits_{n\to\infty}\left(\dfrac{1}{\sqrt{n^2+1}}+\dfrac{1}{\sqrt{n^2+2}}+\cdots+\dfrac{1}{\sqrt{n^2+n}}\right)$.

1.7 函数的连续性

自然界中有许多变化，如气温的变化、河水的流动、植物的生长等，都是连续变化的．“勤学如春起之苗，不见其增，日有所长”说的是若时间间隔很短，就看不到生长，这个特点就是所谓的连续性，反映在函数关系上，就是函数的连续性．下面重点讨论函数的这个特性．

1.7.1 函数连续性的概念

定义 1 设函数 $y=f(x)$ 在 x_0 的某邻域 $U(x_0,\delta)$ 内有定义

记 $\Delta x=x-x_0$ 为自变量增量

$\Delta y=y-y_0=f(x_0+\Delta x)-f(x_0)$ 为函数值增量

若 $\lim\limits_{\Delta x\to 0}\Delta y=0$，则称**函数** $y=f(x)$ **在点** x_0 **处连续**.

定义 1 描述的是这样一类自然现象，即在自然界中，如果一个（自变）量变化非常微小，它产生的效果（响应）通常也很微小.

由定义 1，若函数 $y=f(x)$ 在 x_0 处连续，则 $\lim\limits_{\Delta x\to 0}\Delta y=0$，即

$$\lim_{\Delta x\to 0}f(x_0+\Delta x)-f(x_0)=0$$

若令 $x_0+\Delta x=x$，则 $\Delta x=x-x_0$，当 $\Delta x\to 0$ 时等价于 $x\to x_0$，所以原式变形为

$$\lim_{x\to x_0}f(x)-f(x_0)=0$$

即 $\lim\limits_{x\to x_0}f(x)=f(x_0)$.

因此，连续的定义也可表述如下.

定义 2 设 $y=f(x)$ 在 x_0 的某邻域 $U(x_0,\delta)$ 内有定义，若 $\lim\limits_{x\to x_0}f(x)=f(x_0)$，则称**函数** $y=f(x)$ **在点** x_0 **处连续**.

通过定义 2，我们发现函数 $f(x)$ 在点 $x=x_0$ 处连续须同时满足：

（1）$f(x)$ 在 $x=x_0$ 有定义；

（2）$\lim\limits_{x\to x_0}f(x)$ 存在；

（3）$\lim\limits_{x \to x_0} f(x) = f(x_0)$.

三个条件缺一不可，否则，函数 $f(x)$ 在点 $x = x_0$ 处不连续.

例 1　判断函数 $f(x) = |x|$ 在点 $x = 0$ 处的连续性.

解　把 $f(x) = |x|$ 用分段函数表示为

$$f(x) = \begin{cases} -x, & x < 0 \\ 0, & x = 0 \\ x, & x > 0 \end{cases}$$

则 $f(0) = 0$，$f(x)$ 在 $x = 0$ 处有定义，而 $\lim\limits_{x \to 0^-} f(x) = \lim\limits_{x \to 0^-} (-x) = 0$；$\lim\limits_{x \to 0^+} f(x) = \lim\limits_{x \to 0^+} x = 0$，所以 $\lim\limits_{x \to 0} f(x)$ 存在且为 0.

又 $\lim\limits_{x \to 0} f(x) = 0 = f(0)$，故由定义 2，函数 $f(x) = |x|$ 在点 $x = 0$ 处连续.

有时需要用到函数在一点处的单侧连续性的概念，此时可利用函数在一点处的单侧极限来定义.

定义 3　若 $\lim\limits_{x \to x_0^-} f(x) = f(x_0)$，则称函数 $f(x)$ 在点 x_0 处**左连续**，记作

$$f(x_0 - 0) = f(x_0)$$

若 $\lim\limits_{x \to x_0^+} f(x) = f(x_0)$，则称函数 $f(x)$ 在点 x_0 处**右连续**，记作

$$f(x_0 + 0) = f(x_0).$$

显然，函数在一点 x_0 处连续的**充要条件**为

$$\lim_{x \to x_0} f(x) = f(x_0) \Leftrightarrow f(x_0 - 0) = f(x_0 + 0) = f(x_0)$$

下面讨论函数在区间上的连续性.

设 $y = f(x)$ 在区间 I 上有定义，对 $\forall x_0 \in I$，有 $\lim\limits_{x \to x_0} f(x) = f(x_0)$，则称函数 $y = f(x)$ **在区间 I 上连续**，称函数 $f(x)$ 是该**区间 I 上的连续函数**，而称区间 I 为函数 $f(x)$ 的**连续区间**.

若 I 为 $f(x)$ 的定义域，则称函数 $y = f(x)$ 为连续函数. 对闭区间而言，端点的连续性分别指左端点的右连续及右端点的左连续.

例 2　证明：函数 $y = \sin x$ 在 $(-\infty, +\infty)$ 上连续.

证明　设 $\forall x_0 \in (-\infty, +\infty)$，在 x_0 处有增量 Δx，则函数 $f(x)$ 的相应增量为

$$\Delta y = \sin(x_0 + \Delta x) - \sin x_0 = 2\sin\frac{\Delta x}{2}\cos\left(x_0 + \frac{\Delta x}{2}\right)$$

当 $\Delta x \to 0$ 时，$\left|\sin\frac{\Delta x}{2}\cos\left(x_0 + \frac{\Delta x}{2}\right)\right| \leqslant \left|\sin\frac{\Delta x}{2}\right| \leqslant \frac{\Delta x}{2} \to 0$，故 $\lim\limits_{\Delta x \to 0} \sin\frac{\Delta x}{2}\cos$

$\left(x_0+\dfrac{\Delta x}{2}\right)=0$，即 $\lim\limits_{\Delta x\to 0}\Delta y=0$.

所以，由 x_0 的任意性知，函数 $y=\sin x$ 在 $(-\infty,+\infty)$ 上连续.

类似地，可以证明函数 $y=\cos x$ 在 $(-\infty,+\infty)$ 也是连续的. 事实上，对任意实数 x_0，多项式函数 $P(x)$ 满足 $\lim\limits_{x\to x_0}P(x)=P(x_0)$，所以多项式函数在其定义域 $(-\infty,+\infty)$ 内是连续的；对有理分式函数 $\dfrac{P(x)}{Q(x)}$，若 $Q(x_0)\neq 0$，则 $\lim\limits_{x\to x_0}\dfrac{P(x)}{Q(x)}=\dfrac{P(x_0)}{Q(x_0)}$，故有理分式函数在其定义域内也是连续的.

可以证明：**基本初等函数在自身的定义域内都是连续的.**

函数 $y=f(x)$ 在区间 I 上连续的几何意义是：曲线 $y=f(x)$ 的图形是该区间上一条连续不断的曲线.

1.7.2 函数的间断点

函数的不连续点就是间断点. 认清函数的间断点及类型，对于理解区间上连续函数的整体性质很有帮助.

如果函数 $y=f(x)$ 有下列情形之一：

（1）在点 x_0 无定义；

（2）虽在 $x=x_0$ 有定义，但极限 $\lim\limits_{x\to x_0}f(x)$ 不存在；

（3）虽在 $x=x_0$ 有定义，且 $\lim\limits_{x\to x_0}f(x)$ 存在，但是 $\lim\limits_{x\to x_0}f(x)\neq f(x_0)$.

就说函数 $f(x)$ 在 x_0 处不连续，而点 x_0 叫作函数 $f(x)$ 的**间断点**或**不连续点**.

下面讨论函数间断点的几种常见类型.

（1）函数 $f(x)=\dfrac{\sin x}{x}$ 在 $x=0$ 处没有定义，所以函数在此处不连续，但 $\lim\limits_{x\to 0}f(x)=1$，如图 1-35 所示. 一般地，设 x_0 是函数 $f(x)$ 的间断点，若 $\lim\limits_{x\to x_0^-}f(x)=\lim\limits_{x\to x_0^+}f(x)$，则称 x_0 为 $f(x)$ 的**可去间断点**.

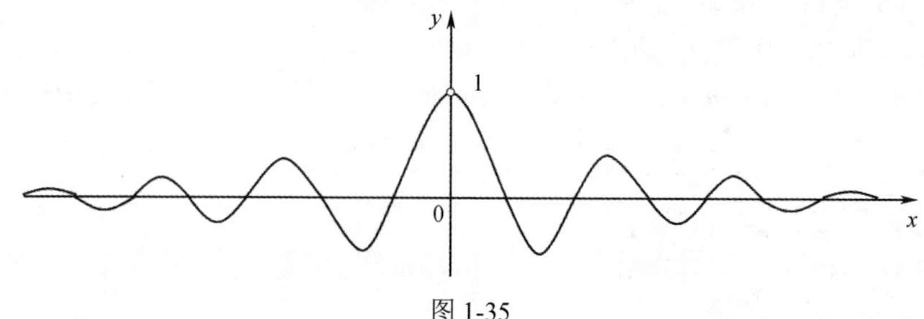

图 1-35

所以，$x=0$ 为函数 $f(x)=\dfrac{\sin x}{x}$ 的可去间断点．若补充定义 $f(0)=1$，则函数 $f(x)=\dfrac{\sin x}{x}$ 在 $x=0$ 处连续．

（2）对于符号函数

$$\operatorname{sgn} x=\begin{cases}1, & x>0 \\ 0, & x=0 \\ -1, & x<0\end{cases}$$

由于 $\lim\limits_{x\to 0^+}\operatorname{sgn} x=1$，$\lim\limits_{x\to 0^-}\operatorname{sgn} x=-1$，即 $\lim\limits_{x\to 0^-}\operatorname{sgn} x\neq\lim\limits_{x\to 0^+}\operatorname{sgn} x$，故 $x=0$ 是该函数的一个间断点．因符号函数 $\operatorname{sgn} x$ 的图形在 $x=0$ 处产生跳跃现象，我们称 $x=0$ 为该函数的跳跃间断点．

一般地，设 x_0 是函数 $f(x)$ 的间断点，若 $\lim\limits_{x\to x_0^-} f(x)\neq\lim\limits_{x\to x_0^+} f(x)$，则称 x_0 为 $f(x)$ 的**跳跃间断点**．

（3）函数 $f(x)=\dfrac{1}{x}$ 在点 $x=0$ 处无定义，且 $\lim\limits_{x\to 0}\dfrac{1}{x}=\infty$，称这样的间断点为函数的**无穷间断点**．

（4）函数 $y=\sin\dfrac{1}{x}$ 在 $x=0$ 处没有定义，且 $x\to 0$ 时，$y=\sin\dfrac{1}{x}$ 的值在–1～1 之间无限来回振荡，如图 1-36 所示，这样的间断点称为函数的**振荡间断点**．

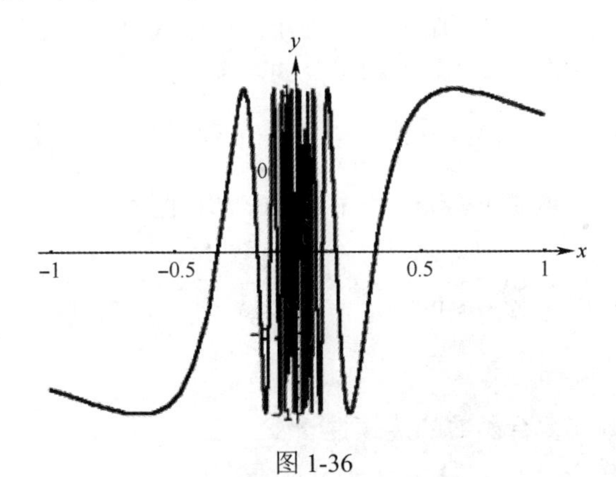

图 1-36

综上所述，我们将间断点分成两大类：设 x_0 是函数 $f(x)$ 的间断点，若左极限 $\lim\limits_{x\to x_0^-} f(x)$ 和右极限 $\lim\limits_{x\to x_0^+} f(x)$ 都存在，那么 x_0 就是 $f(x)$ 的**第一类间断点**；而不属于第一类间断点的其他间断点，统称为**第二类间断点**．显然，可去间断点和跳跃间断点属于第一类间断点，而无穷间断点和振荡间断点属于第二类间断点.

例 3 求 $f(x)=\dfrac{x-1}{x^2-1}$ 的间断点，并判断其类型.

解 当 $x=\pm 1$ 时，$f(x)$ 无定义，故 $x=1$，$x=-1$ 为 $f(x)$ 的间断点.

当 $x=1$ 时，由于 $\lim\limits_{x\to 1}\dfrac{x-1}{x^2-1}=\dfrac{1}{2}$，所以 $x=1$ 是可去间断点，属于第一类间断点. 此时，若补充 $f(1)=\dfrac{1}{2}$，则 $f(x)$ 在 $x=1$ 处连续.

当 $x=-1$ 时，由于 $\lim\limits_{x\to -1}\dfrac{x-1}{x^2-1}=\infty$，所以 $x=-1$ 是无穷间断点，属于第二类间断点.

例 4 讨论 $f(x)=\begin{cases} x-1, & x<0 \\ 0, & x=0 \\ x+1, & x>0 \end{cases}$ 在 $x=0$ 处的连续性.

解 因为 $\lim\limits_{x\to 0^-}f(x)=\lim\limits_{x\to 0^-}(x-1)=-1$，$\lim\limits_{x\to 0^+}f(x)=\lim\limits_{x\to 0^+}(x+1)=1$，$\lim\limits_{x\to 0^-}f(x)\neq\lim\limits_{x\to 0^+}f(x)$.

所以 $f(x)$ 在 $x=0$ 处不连续，$x=0$ 为 $f(x)$ 的跳跃间断点，属于第一类间断点.

1.7.3 连续函数的运算性质

根据连续函数的定义和极限的运算性质，可以推出以下定理.

定理 1（连续函数的和、差、积、商的连续性） 设函数 $f(x)$、$g(x)$ 在 x_0 处连续，则 $f(x)\pm g(x)$、$f(x)g(x)$、$\dfrac{f(x)}{g(x)}[g(x_0)\neq 0]$ 都在 x_0 处连续.

由前面讨论知，函数 $y=\sin x$ 与 $y=\cos x$ 都在区间 $(-\infty,+\infty)$ 内连续，则由定理 1 知，$\tan x=\dfrac{\sin x}{\cos x}$，$\cot x=\dfrac{\cos x}{\sin x}$，$\sec x=\dfrac{1}{\cos x}$，$\csc x=\dfrac{1}{\sin x}$ 在它们各自的定义域内也是连续的.

1.7.4 反函数与复合函数的连续性

反函数和复合函数的概念在第一节中介绍过，这里来讨论它们的连续性.

定理 2（反函数的连续性） 如果函数在区间 I_x 上单调增加（或单调减少）且连续，那么它的反函数 $x=f^{-1}(y)$ 也在对应的区间 $I_y=\{y\mid y=f(x),\ x\in I_x\}$ 上单调增加（或单调减少）且连续.

例如，函数 $y=\sin x$ 在 $\left[-\frac{\pi}{2},\frac{\pi}{2}\right]$ 上单调增加且连续，则其反函数 $y=\arcsin x$ 在 $[-1,1]$ 上也是单调增加且连续的.

同样，利用定理 2 可知，$y=\arccos x$ 在闭区间 $[-1,1]$ 上单调减少且连续；$y=\arctan x$ 在区间 $(-\infty,+\infty)$ 内单调增加且连续；$y=\operatorname{arccot} x$ 在区间 $(-\infty,+\infty)$ 内单调减少且连续.

定理 3　设复合函数 $y=f(\varphi(x))$ 由函数 $y=f(u)$和$u=\varphi(x)$ 复合而成. 若 $\lim\limits_{x\to x_0}\varphi(x)=a$，而 $\lim\limits_{u\to a}f(u)=f(a)$，则 $\lim\limits_{x\to x_0}f(\varphi(x))=\lim\limits_{u\to a}f(u)=f(a)$.

证明　因为 $\lim\limits_{u\to a}f(u)=f(a)$，所以对 $\forall\varepsilon>0$，都$\exists\eta>0$，当 $|u-a|<\eta$ 时，有 $|f(u)-f(a)|<\varepsilon$.

又 $\lim\limits_{x\to x_0}\varphi(x)=a$，对上述$\eta$，$\exists\delta>0$，当 $0<|x-x_0|<\delta$ 时，有 $|\varphi(x)-a|<\eta$，即 $|u-a|<\eta$.

所以，对 $\forall\varepsilon>0$，当 $0<|x-x_0|<\delta$ 时，一定有 $|f(u)-f(a)|<\varepsilon$，即 $|f(\varphi(x))-f(a)|<\varepsilon$，这就证明，$\lim\limits_{x\to x_0}f(\varphi(x))=f(a)$.

在定理 3 中，由于 $\lim\limits_{x\to x_0}f(\varphi(x))=f(a)$，而 $\lim\limits_{x\to x_0}\varphi(x)=a$，所以

$$\lim_{x\to x_0}f(\varphi(x))=f(a)=f\left(\lim_{x\to x_0}\varphi(x)\right)$$

这说明，求复合函数 $y=f(\varphi(x))$ 的极限时，函数符号 f 和极限符号 $\lim\limits_{x\to x_0}$ 可以交换次序. 将定理 3 中的 $x\to x_0$ 换成 $x\to\infty$，定理同样成立.

例 5　求 $\lim\limits_{x\to 0}\frac{\ln(1+x)}{x}$.

解　$\lim\limits_{x\to 0}\frac{\ln(1+x)}{x}=\lim\limits_{x\to 0}\ln(1+x)^{\frac{1}{x}}$，而 $\lim\limits_{x\to 0}(1+x)^{\frac{1}{x}}=\mathrm{e}$，且 $\lim\limits_{u\to\mathrm{e}}\ln u=1$，所以 $\lim\limits_{x\to 0}\ln(1+x)^{\frac{1}{x}}=\ln\lim\limits_{x\to 0}(1+x)^{\frac{1}{x}}=\ln\mathrm{e}=1$.

即 $\lim\limits_{x\to 0}\frac{\ln(1+x)}{x}=1$.

例 5 证明了当 $x\to 0$ 时，x 与 $\ln(1+x)$ 为等价无穷小量.

例 6　求 $\lim\limits_{x\to 0}\frac{\mathrm{e}^x-1}{x}$.

解　令 $\mathrm{e}^x-1=t$，则 $x=\ln(1+t)$，当 $x\to 0$ 时，$t\to 0$. 所以 $\lim\limits_{x\to 0}\frac{\mathrm{e}^x-1}{x}=$

$\lim\limits_{t\to 0}\dfrac{t}{\ln(1+t)}=\lim\limits_{t\to 0}\dfrac{t}{t}=1$.

例 6 证明了当 $x\to 0$ 时，e^x-1 与 x 也为等价无穷小量.

定理 4（复合函数的连续性） 设复合函数 $y=f(\varphi(x))$ 由函数 $y=f(u)$ 和 $u=\varphi(x)$ 复合而成，若 $\lim\limits_{x\to x_0}\varphi(x)=\varphi(x_0)=u_0$，$\lim\limits_{u\to u_0}f(u)=f(u_0)$，则 $\lim\limits_{x\to x_0}f(\varphi(x))=f(\varphi(x_0))$.

证明 在定理 3 中，令 $a=u_0$，这里 $u_0=\varphi(x_0)$，则得到

$$\lim_{x\to x_0}f(\varphi(x))=f(a)=f(\varphi(x_0))$$

证毕.

此定理表明连续函数的复合函数仍为连续的.

例 7 讨论函数 $y=\sin\dfrac{1}{x}$ 的连续性.

解 函数 $y=\sin\dfrac{1}{x}$ 可看作是由 $y=\sin u$ 及 $u=\dfrac{1}{x}$ 复合而成的. 函数 $y=\sin u$ 在 $(-\infty,+\infty)$ 内连续，函数 $y=\dfrac{1}{x}$ 在 $(-\infty,0)$ 和 $(0,+\infty)$ 内连续，由定理 4 知，函数 $\sin\dfrac{1}{x}$ 在 $(-\infty,0)$ 和 $(0,+\infty)$ 内连续.

1.7.5 初等函数的连续性

根据初等函数的定义，由基本初等函数的连续性、连续函数的运算性质及复合函数的连续性，可得到一条重要结论：**一切初等函数在其定义区间内连续.**

连续性的问题讨论到此之后，对一般初等函数连续性的判别就不必总是用定义了，而是可以更多地考虑定义区间，即包含在定义域内的区间. 这就简化了判断过程，同时也提供了**求极限的一个方法**：若 $f(x)$ 是初等函数，且 x_0 是其定义区间内的点，则 $\lim\limits_{x\to x_0}f(x)=f(x_0)$，即求极限只需求函数值 $f(x_0)$ 就可以了.

例 8 利用连续性求极限.

解 $\lim\limits_{x\to 2}\sqrt{x^2+1}=\sqrt{2^2+1}=\sqrt{5}$；

$\lim\limits_{x\to 1}e^{x^2-1}=e^0=1$；

$\lim\limits_{x\to\frac{\pi}{2}}\cos(\sin x)=\cos\left(\sin\dfrac{\pi}{2}\right)=\cos 1$.

对于初等函数来说，它的连续区间就是定义区间，如函数 $f(x)=\dfrac{x-1}{x^2-1}$，连

续区间为$(-\infty,-1)\cup(-1,1)\cup(1,+\infty)$．而对于分段函数，连续区间的讨论要复杂些，因为还要考虑分段点处的连续性．

例 9　求$f(x)=\begin{cases}\mathrm{e}^x, & x>1\\ 1+x, & x\leqslant 1\end{cases}$的连续区间．

解　先讨论$f(x)$在分段点$x=1$处的连续性．由于

$$\lim_{x\to 1^-}f(x)=\lim_{x\to 1^-}(1+x)=2\,,\quad \lim_{x\to 1^+}f(x)=\lim_{x\to 1^+}\mathrm{e}^x=\mathrm{e}$$

$$\lim_{x\to 1^-}f(x)\neq\lim_{x\to 1^+}f(x)$$

所以，$f(x)$在分段点$x=1$处不连续，因此$f(x)$的连续区间为$(-\infty,1)\cup(1,+\infty)$．

习题 1.7

习题 1.7 答案

1．讨论函数$f(x)=\begin{cases}\dfrac{\sin 3x}{x}, & x<0\\ 2x+3, & x\geqslant 0\end{cases}$在$x=0$处的连续性．

2．讨论函数$f(x)=\begin{cases}x, & x\leqslant 0\\ x\sin\dfrac{1}{x}, & x>0\end{cases}$在$x=0$处的连续性．

3．指出下列函数的间断点及其类型，如果是可去间断点，补充或改变函数定义使其连续．

（1）$y=\dfrac{1}{(x+2)^2}$；

（2）$y=\dfrac{1}{1-\dfrac{1}{x}}$；

（3）$y=\dfrac{3x}{x^2+5x-6}$；

（4）$y=\dfrac{x^2-1}{x^2-3x+2}$；

（5）$y=\cos^2\dfrac{1}{x}$；

（6）$y=\mathrm{e}^{-\frac{1}{x^2}}$；

（7）$y=x\sin\dfrac{1}{x}$；

（8）$y=\dfrac{2^{\frac{1}{x}}-1}{2^{\frac{1}{x}}+1}$；

（9）$f(x)=\begin{cases}x^2-1, & x\leqslant 1\\ 2x+1, & 1<x<2\end{cases}$；

（10）$f(x)=\begin{cases}\dfrac{x^2-4}{x+2}, & x\neq -2\\ 1, & x=-2\end{cases}$．

4．a 为何值时函数 $f(x)=\begin{cases} ax^2, & 0\leqslant x\leqslant 2 \\ 2x-1, & 2<x\leqslant 4 \end{cases}$ 在定义域内连续.

5．求常数 a，使函数 $f(x)=\begin{cases} \dfrac{\tan ax}{x}, & x<0 \\ 3x-2, & x\geqslant 0 \end{cases}$ 成为连续函数.

6．讨论下列函数的连续区间：

（1）$f(x)=\begin{cases} \dfrac{\arctan x}{x}, & -1<x<0 \\ 2-x, & 0\leqslant x<1 \\ (x-1)\sin x, & x\geqslant 1 \end{cases}$；（2）$f(x)=\dfrac{\ln(1-x^2)}{x(1-2x)}$.

7．求下列极限：

（1）$\lim\limits_{x\to 0}(\ln\cos 2x)$；

（2）$\lim\limits_{x\to 0}\ln\left(2+\dfrac{\sin x}{x}\right)$；

（3）$\lim\limits_{x\to 0}\arcsin\dfrac{1-x}{2+3x}$；

（4）$\lim\limits_{x\to 2}\tan\sqrt[3]{\dfrac{x-1}{x^3+2}}$；

（5）$\lim\limits_{x\to 0}(1+\sin x)^{\frac{1}{x}}$；

（6）$\lim\limits_{x\to 0}(1+3\tan^2 x)^{\cot^2 x}$；

（7）$\lim\limits_{x\to \mathrm{e}}\dfrac{\ln x-1}{x-\mathrm{e}}$；

（8）$\lim\limits_{x\to 1}\dfrac{x-1}{\mathrm{e}^x-\mathrm{e}}$；

（9）$\lim\limits_{x\to \frac{\pi}{2}}(\sin x)^{\tan x}$；

（10）$\lim\limits_{x\to 0}(x+\mathrm{e}^x)^{\frac{1}{x}}$；

（11）$\lim\limits_{x\to 0}\left(\dfrac{1+\tan x}{1+\sin x}\right)^{\frac{1}{x^3}}$；

（12）$\lim\limits_{x\to 0}\left(\dfrac{a^x+b^x+c^x}{3}\right)^{\frac{1}{x}}$，$(a,b,c>0)$；

（13）$\lim\limits_{x\to 0}\dfrac{\sqrt{1+\tan x}-\sqrt{1+\sin x}}{x\sqrt{1+\sin^2 x}-x}$；

（14）$\lim\limits_{x\to 0}\dfrac{\mathrm{e}^{3x}-\mathrm{e}^{2x}-\mathrm{e}^x+1}{\sqrt[3]{(1-x)(1+x)}-1}$.

1.8 闭区间上连续函数的性质

上节已经说明了函数在区间上连续的概念，如果函数 $f(x)$ 在开区间 (a,b) 内连续，且在右端点 b 左连续，在左端点 a 右连续，那么函数 $f(x)$ 就在闭区间 $[a,b]$ 上连续．闭区间上连续的函数有几个重要的性质，下面以定理的形式着重叙述.

1.8.1　最大值和最小值定理

首先说明最大值与最小值的概念.

设 $f(x)$ 定义在区间 I 上，若 $\exists x_0 \in I$，使得对 $\forall x \in I$ 有 $f(x) \leqslant f(x_0)$ [$f(x) \geqslant f(x_0)$]，则称 $f(x_0)$ 为 $f(x)$ 在区间 I 上的**最大（小）值**.

例如，$f(x) = 1 + \sin x$ 在 $[0, 2\pi]$ 上的最大值为 2、最小值为 0；

$f(x) = \operatorname{sgn} x$ 在 $(-\infty, +\infty)$ 上的最大值为 1、最小值为–1；

而　$f(x) = x$ 在 $(1, 2)$ 内无最值.

最大值和最小值是函数的两个重要函数值. 下面给出它们存在的一个充分条件.

定理 1　设 $f(x)$ 在闭区间 $[a,b]$ 上连续，则 $\exists \xi_1, \xi_2 \in [a,b]$，使得对 $\forall x \in [a,b]$ 有 $f(\xi_1) \leqslant f(x) \leqslant f(\xi_2)$.

证明从略.

这就是说，$f(\xi_1)$ 是 $f(x)$ 在 $[a,b]$ 上的最小值，$f(\xi_2)$ 是 $f(x)$ 在 $[a,b]$ 上的最大值.

这里需要注意的是，定理 1 中“闭区间”及“连续”两个条件必须同时具备. 若将两个条件减弱，如改“闭”为“开”，或改“连续”为“间断”，则结论不一定成立.

例如，函数 $f(x) = x$ 在开区间 $(1, 2)$ 内虽连续但无最值；

再如，函数 $f(x) = \begin{cases} 1 - x, & 0 \leqslant x < 1 \\ 1, & x = 1 \\ 3 - x, & 1 < x \leqslant 2 \end{cases}$ 在 $[0, 2]$ 上无最值，因为该函数在 $x = 1$ 处间断.

闭区间上的最大值和最小值可以看作函数在该区间上的上界和下界，于是有如下推论.

推论 1（有界性定理）　设 $f(x)$ 在闭区间 $[a,b]$ 上连续，则 $\exists M > 0$，使得

$$|f(x)| \leqslant M$$

这里不予证明. 由此推论可知，若函数 $f(x)$ 在闭区间上连续，则它在该区间上有界.

1.8.2　介值定理

如果存在 x_0，使得 $f(x_0) = 0$，则称 x_0 为函数 $f(x)$ 的**零点**或称 x_0 为方程 $f(x) = 0$ 的**根**.

定理 2（零点定理）　设 $f(x)$ 在 $[a,b]$ 上连续，且 $f(a)f(b) < 0$（异号），则

至少存在一点$\xi \in (a,b)$，使得$f(\xi)=0$.

该定理不给出证明，用它的几何意义来说明：如果$y=f(x)$是一条连续曲线，它的两个端点分别位于x轴的上下不同侧，那么这段曲线必与x轴有且至少有一个交点，如图1-37所示.

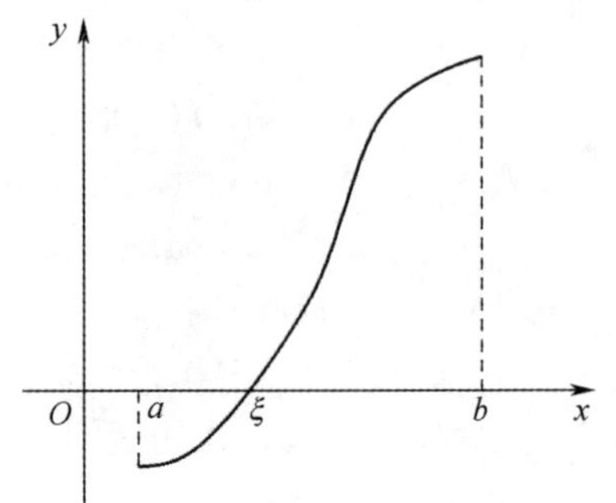

图1-37

事实上，这些交点的横坐标就是函数$f(x)$的零点，也是方程$f(x)=0$的根.

定理3（介值定理） 设$f(x)$在$[a,b]$上连续，且$f(a)=A$，$f(b)=B$，$A\neq B$，则对$A\sim B$之间的任一数C，至少存在一点$\xi \in (a,b)$，使得$f(\xi)=C$.

证明 设$\varphi(x)=f(x)-C$，因为$f(x)$在$[a,b]$上连续，所以$\varphi(x)$在$[a,b]$上也连续.

又$\varphi(a)=f(a)-C$，$\varphi(b)=f(b)-C$，且二者异号.

由零点定理知，至少存在一点$\xi \in (a,b)$，使得$\varphi(\xi)=0$，此即$f(\xi)=C$.

推论2 设$f(x)$在$[a,b]$上连续，有

$$m=\min\{f(x)\}=f(x_1)，\quad M=\max\{f(x)\}=f(x_2)$$

则对$m\sim M$之间的任一数C，至少存在一点$\xi \in [a,b]$，使得$f(\xi)=C$.

证明 区间$[x_1,x_2]\subset[a,b]$，因此在区间$[x_1,x_2]$上用介值定理证明即可.

例1 证明方程$x^3-4x^2+1=0$在区间$(0,1)$内至少有一个根.

证明 函数$f(x)=x^3-4x^2+1$在闭区间$[0,1]$上连续，又

$$f(0)=1>0，\quad f(1)=-2<0$$

由零点定理知，在$(0,1)$内至少有一点ξ，使得$f(\xi)=0$，即

$$\xi^3-4\xi^2+1=0 \quad (0<\xi<1)$$

这说明方程$x^3-4x^2+1=0$在区间$(0,1)$内至少有一个根是ξ.

例2 证明任何一个一元三次方程$x^3+a_1x^2+a_2x+a_3=0$至少有一个实根.

证明 设$f(x)=x^3+a_1x^2+a_2x+a_3$，因为$\lim\limits_{x\to-\infty}f(x)=-\infty$，$\lim\limits_{x\to+\infty}f(x)=+\infty$，所以由函数极限的保号性知，$\exists a<0$，$b>0$，使得$f(a)<0$，$f(b)>0$，由于$f(x)$在$[a,b]$上连续，且$f(a)f(b)<0$，所以至少存在一点$\xi \in (a,b)$，使得$f(\xi)=0$，此即任何一个一元三次方程$x^3+a_1x^2+a_2x+a_3=0$至少有一个实根.

例3 证明若$f(x)$在$(-\infty,+\infty)$内连续且$\lim\limits_{x\to\infty}f(x)$存在，则$f(x)$在$(-\infty,+\infty)$内有界.

证明　设 $\lim\limits_{x\to\infty} f(x)=A$，则对 $\varepsilon=1$，$\exists X>0$，当 $|x|>X$ 时，有 $|f(x)-A|<1$，故 $|f(x)|=|f(x)-A+A|\leqslant|f(x)-A|+|A|<1+|A|$，又 $f(x)$ 在 $[-X,X]$ 内连续，所以 $\exists M_1>0$，使得对 $\forall x\in[-X,X]$，有 $|f(x)|\leqslant M_1$．

取 $M=\max\{1+|A|,M_1\}$，则对一切 $x\in(-\infty,+\infty)$，都有 $|f(x)|\leqslant M$，所以 $f(x)$ 在 $(-\infty,+\infty)$ 内有界．

习题 1.8

1．证明方程 $x^5-3x=1$ 在区间 $(1,2)$ 内至少有一个根．

2．证明一元三次方程 $2x^3-3x^2-3x+2=0$ 在区间 $(-2,0)$，$(0,1)$，$(1,3)$ 内各有一个实根．

3．证明方程 $2^x=4x$ 在区间 $\left(0,\dfrac{1}{2}\right)$ 内至少有一个实根．

4．证明方程 $\mathrm{e}^x-x=2$ 在区间 $(0,2)$ 内至少有一个根．

5．证明方程 $\sin x+x+1=0$ 在区间 $\left(-\dfrac{\pi}{2},\dfrac{\pi}{2}\right)$ 内至少有一个根．

6．设 $f(x)$、$g(x)$ 在 $[a,b]$ 上连续，且 $f(a)>g(a)$，$f(b)<g(b)$，证明方程 $f(x)=g(x)$ 在区间 (a,b) 内必有根．

7．证明方程 $x=a\sin x+b$ 至少有一个正根，并且它不超过 $a+b$，其中 $a>0$，$b>0$．

8．设函数 $f(x)$ 在闭区间 $[0,2a]$ 上连续，且 $f(0)=f(2a)$，证明存在 $\xi\in[0,a]$，使得 $f(\xi)=f(\xi+a)$．

第1章测试题

第 2 章　导数与微分

微分学中最重要的两个概念就是导数与微分．导数从本质上看，是一类特殊形式的极限，它是函数变化率的度量，是刻画函数对于自变量变化的快慢程度的数学抽象．微分则是函数增量的线性主部，它是函数增量的近似表示．微分与导数密切相关，这两个概念之间存在着等价关系．导数与微分都有实际背景，都可以给出几何解释．它们都有广泛的实际应用：在解决几何问题，寻求函数的极值与最值，以及寻求方程的近似根等问题中有重要作用．

本章将从实际例子出发引入导数与微分的概念，然后再讨论它们的计算方法．

2.1　导数的概念

2.1.1　引例

微积分的发明人之一牛顿最早用导数研究的是如何确定力学中运动质点的瞬时速度问题．为了引出导数的概念，我们先来讨论下面这个问题．

1．变速直线运动的瞬时速度

设物体做变速直线运动，其运动方程为：$s=f(t)$（路程 s 是时间 t 的函数），求物体在 t_0 时刻的瞬时速度 v_0．

由于该运动是一个变速直线运动，物体运动的每个时刻的瞬时速度都是不断变化的，因此要求出物体在某个时刻 t_0 的瞬时速度还是困难的．为此，可以考虑先求一段时间间隔内的平均速度 $\bar{v}$．

考虑比值：

$$\frac{s-s_0}{t-t_0}=\frac{f(t)-f(t_0)}{t-t_0}$$

这是物体在时间间隔 $(t-t_0)$ 内的平均速度 $\bar{v}$．如果时间间隔比较短，这个数值就接近于物体在 t_0 时刻的瞬时速度．当 $t-t_0\to 0$ 时，取 $\frac{f(t)-f(t_0)}{t-t_0}$ 的极限，如果该极限存在，则这个极限就是物体在 t_0 时刻的瞬时速度 v_0．即

$$v_0 = \lim_{t \to t_0} \frac{f(t) - f(t_0)}{t - t_0}$$

2. 曲线切线的斜率

设曲线方程为 $y = f(x)$，P 点的坐标为 $p(x_0, y_0)$，动点 Q 的坐标为 $Q(x, y)$，求曲线在 P 点的切线斜率 k.

切线的概念在中学已学过. 准确地说，曲线在 P 点的切线可看作是割线 PQ 当 Q 沿该曲线无限接近于 P 点时的极限位置（见图 2-1）. 所以 P 点的切线斜率就为割线 PQ 的斜率当 $Q \to P$ 时（$x \to x_0$ 时）的极限.

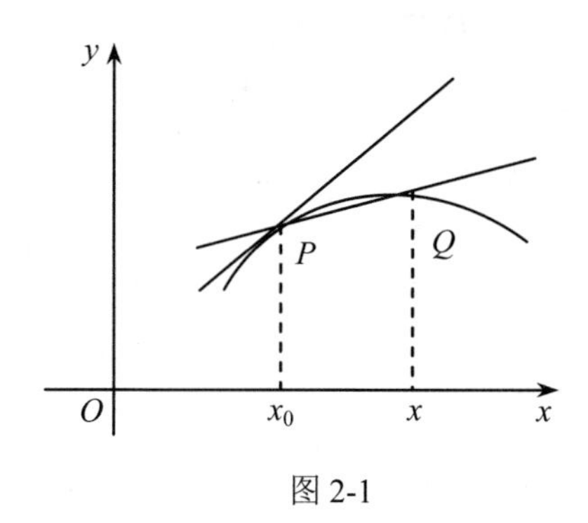

图 2-1

割线 PQ 的斜率为 $\frac{f(x) - f(x_0)}{x - x_0}$；所以，当 $Q \to P$ 时，如果该极限存在，其值就是 k，即

$$k = \lim_{x \to x_0} \frac{f(x) - f(x_0)}{x - x_0}$$

若设 α 为过 P 点的切线的倾角，则有 $k = \tan\alpha$.

2.1.2　导数的定义

由上述两个问题可以看出，虽然我们研究的问题不同，一个是物理方面，一个是几何方面，但是解决问题的结果却是相同的，即都可抽象为一个形如式（2-1）的极限形式，即

$$\lim_{x \to x_0} \frac{f(x) - f(x_0)}{x - x_0} \tag{2-1}$$

在式（2-1）中，若令 $\Delta x = x - x_0$，称 Δx 为自变量 x 在 $x = x_0$ 处的改变量，也称增量，则 $x = x_0 + \Delta x$；相应地，因变量 y 也有改变量或增量，为 Δy，即

$$\Delta y = f(x) - f(x_0) = f(x_0 + \Delta x) - f(x_0)$$

于是，当 $x \to x_0$，$\Delta x \to 0$ 时，式（2-1）变形为

$$\lim_{\Delta x \to 0} \frac{f(x_0+\Delta x)-f(x_0)}{\Delta x} \tag{2-2}$$

式（2-2）为式（2-1）的等价极限形式.

在自然科学和工程技术的很多领域中，许多问题的解决都可归结为式（2-1）或式（2-2）的形式. 因此，去掉这些量的具体意义，我们抽象出函数的导数的概念.

定义 1 设函数 $y=f(x)$ 在点 x_0 的某邻域内有定义，当自变量 x 在点 x_0 处有增量 Δx（$\Delta x \neq 0$）时，函数 y 相应地有增量 $\Delta y = f(x_0+\Delta x)-f(x_0)$. 如果极限

$$\lim_{\Delta x \to 0} \frac{\Delta y}{\Delta x} = \lim_{\Delta x \to 0} \frac{f(x_0+\Delta x)-f(x_0)}{\Delta x}$$

存在，则称函数 $f(x)$ 在点 x_0 处可导，点 x_0 为 $f(x)$ 的**可导点**，并称此极限值为函数 $f(x)$ **在点 x_0 处的导数**，记为 $y'|_{x=x_0}$，$f'(x_0)$，$\left.\frac{\mathrm{d}y}{\mathrm{d}x}\right|_{x=x_0}$ 或 $\left.\frac{\mathrm{d}f(x)}{\mathrm{d}x}\right|_{x=x_0}$. 即

$$f'(x_0) = \lim_{\Delta x \to 0} \frac{f(x_0+\Delta x)-f(x_0)}{\Delta x} \tag{2-3}$$

或

$$f'(x_0) = \lim_{x \to x_0} \frac{f(x)-f(x_0)}{x-x_0} \tag{2-4}$$

导数的定义式（2-3）还可以取如下形式：

$$f'(x_0) = \lim_{h \to 0} \frac{f(x_0+h)-f(x_0)}{h} \tag{2-5}$$

式（2-5）中的 h 是自变量的增量 Δx.

若极限 $\lim\limits_{\Delta x \to 0} \frac{f(x_0+\Delta x)-f(x_0)}{\Delta x}$ 不存在，就说函数 $y=f(x)$ 在点 x_0 处**不可导**.

2.1 导数定义题

特别地，若

$$\lim_{\Delta x \to 0} \frac{f(x_0+\Delta x)-f(x_0)}{\Delta x} = \infty$$

则说函数 $y=f(x)$ 在点 x_0 处的导数为无穷大，并记作 $f'(x_0)=\infty$，但实际上，这是**导数不存在的一种特殊记法**.

例 1 已知函数 $f(x)=x^2$，求 $f'(1)$，$f'(-2)$ 及 $f'(x)$.

解 由导数的定义，有

$$f'(1)=\lim_{\Delta x\to 0}\frac{f(1+\Delta x)-f(1)}{\Delta x}=\lim_{\Delta x\to 0}\frac{(1+\Delta x)^2-1^2}{\Delta x}$$
$$=\lim_{\Delta x\to 0}\frac{\Delta x^2+2\Delta x}{\Delta x}=\lim_{\Delta x\to 0}(\Delta x+2)=2$$

所以，$f(x)$ 在 $x=1$ 处的导数为 2.

同理，有

$$f'(-2)=\lim_{\Delta x\to 0}\frac{f(-2+\Delta x)-f(-2)}{\Delta x}=\lim_{\Delta x\to 0}\frac{(-2+\Delta x)^2-(-2)^2}{\Delta x}$$
$$=\lim_{\Delta x\to 0}(\Delta x-4)=-4$$

则 $f(x)$ 在 $x=-2$ 处的导数为 -4.

可见，要求出 $f(x)$ 在不同点处的导数，每次都需利用定义式去计算一次. 下面计算 $f'(x)$：

$$f'(x)=\lim_{\Delta x\to 0}\frac{f(x+\Delta x)-f(x)}{\Delta x}=\lim_{\Delta x\to 0}\frac{(x+\Delta x)^2-x^2}{\Delta x}$$
$$=\lim_{\Delta x\to 0}\frac{\Delta x^2+2x\Delta x}{\Delta x}=\lim_{\Delta x\to 0}(2x+\Delta x)=2x$$

即 $f'(x)=2x$.

若 $f'(x)=2x$ ，由 x 的任意性知：当 $x=1$ 时，$f'(1)=2\times 1=2$；当 $x=-2$ 时，$f'(-2)=-4$. 这与直接用定义式求导的结果相同，并且利用该式还可以计算出更多其他点 x_0 处的导数. 所以，在今后的学习中将重点研究如何求 $f'(x)$ 的问题，也即导函数的问题，下面给出导函数的概念.

若函数 $f(x)$ 在区间 (a,b) 内每一点都可导，就称函数 $f(x)$ 在区间 (a,b) 内可导. 当 $f(x)$ 在 (a,b) 内可导时，对于区间内的每一个确定的 x 值，都对应着一个确定的导数，这就构成一个新的函数，则称这个函数为 $y=f(x)$ 的**导函数**，记作

$$f'(x),\quad y',\quad \frac{\mathrm{d}y}{\mathrm{d}x} \text{或} \frac{\mathrm{d}f(x)}{\mathrm{d}x}$$

即

$$y'=\lim_{\Delta x\to 0}\frac{f(x+\Delta x)-f(x)}{\Delta x}=\lim_{h\to 0}\frac{f(x+h)-f(x)}{h}$$

这样，函数 $f(x)$ 在点 x_0 处的导数 $f'(x_0)$ 就是导函数 $f'(x)$ 在点 $x=x_0$ 处的函数值，即 $f'(x_0)=f'(x)|_{x=x_0}$ ，导函数 $f'(x)$ 也简称为导数.

2.1.3　左导数、右导数

由于导数的定义：

$$f'(x_0)=\lim_{\Delta x\to 0}\frac{f(x_0+\Delta x)-f(x_0)}{\Delta x}$$

表示的是一个以 Δx 为变量的函数的极限，而函数极限存在的充分必要条件是左、右极限都存在且相等，因此 $f'(x_0)$ 存在的充分必要条件是左、右极限

$$\lim_{\Delta x\to 0^-}\frac{f(x_0+\Delta x)-f(x_0)}{\Delta x} \text{和} \lim_{\Delta x\to 0^+}\frac{f(x_0+\Delta x)-f(x_0)}{\Delta x}$$

存在且相等，于是我们将这两个极限分别称为函数 $f(x)$ 在 x_0 处的**左导数**和**右导数**，记作 $f'_-(x_0)$ 和 $f'_+(x_0)$，即

$$f'_-(x_0)=\lim_{\Delta x\to 0^-}\frac{f(x_0+\Delta x)-f(x_0)}{\Delta x}$$

$$f'_+(x_0)=\lim_{\Delta x\to 0^+}\frac{f(x_0+\Delta x)-f(x_0)}{\Delta x}$$

显然，$f'(x_0)$ 存在的充分必要条件是 $f'_-(x_0)$ 和 $f'_+(x_0)$ 都存在且相等.

若函数 $f(x)$ 在 (a,b) 内可导，且 $f'_+(a)$ 和 $f'_-(b)$ 都存在，则称函数 $f(x)$ 在闭区间 $[a,b]$ 上可导.

例 2 讨论函数 $f(x)=\begin{cases}\sin x, & x\leqslant 0\\ x, & x>0\end{cases}$ 在 $x=0$ 处的可导性.

解 $f(x)$ 在 $x=0$ 处的左导数为

$$f'_-(0)=\lim_{x\to 0^-}\frac{f(0+\Delta x)-f(0)}{\Delta x}=\lim_{x\to 0^-}\frac{\sin\Delta x}{\Delta x}=1$$

$f(x)$ 在 $x=0$ 处的右导数为

$$f'_+(0)=\lim_{x\to 0^+}\frac{f(0+\Delta x)-f(0)}{\Delta x}=\lim_{x\to 0^+}\frac{\Delta x}{\Delta x}=1$$

因为 $f'_-(0)=f'_+(0)$，所以 $f(x)$ 在 $x=0$ 处可导，且 $f'(0)=1$.

2.1.4 用导数定义求导数

下面利用导数的定义 $f'(x)=\lim\limits_{\Delta x\to 0}\dfrac{f(x+\Delta x)-f(x)}{\Delta x}$ 求一些简单函数的导数，从基本初等函数开始.

例 3 求常值函数 $y=C$ 的导数.

解 由导数的定义知，$y'=\lim\limits_{\Delta x\to 0}\dfrac{f(x+\Delta x)-f(x)}{\Delta x}=\lim\limits_{\Delta x\to 0}\dfrac{C-C}{\Delta x}=0$

所以，常值函数 $y=C$ 的导数为 0，即 $C'=0$

例 4 求函数 $y=x^3$ 的导数.

解　$$y' = \lim_{\Delta x \to 0} \frac{(x+\Delta x)^3 - x^3}{\Delta x} = \lim_{\Delta x \to 0} \frac{x^3 + 3x^2\Delta x + 3x(\Delta x)^2 + (\Delta x)^3 - x^3}{\Delta x}$$

$$= \lim_{\Delta x \to 0} \frac{3x^2\Delta x + 3x(\Delta x)^2 + (\Delta x)^3}{\Delta x} = \lim_{\Delta x \to 0} 3x^2 + 3x(\Delta x) + (\Delta x)^2$$

$$= 3x^2$$

即 $(x^3)' = 3x^2$，又由例 1 知，$(x^2)' = 2x$.

事实上，对于幂函数 $y = x^a$，我们有 $(x^a)' = ax^{a-1}$，其中 a 为任意实数.

例 5　求指数函数 $y = a^x(a > 0，a \neq 1)$ 的导数.

解　由导数的定义式知

$$f'(x) = \lim_{\Delta x \to 0} \frac{f(x+\Delta x) - f(x)}{\Delta x} = \lim_{\Delta x \to 0} \frac{a^{x+\Delta x} - a^x}{\Delta x}$$

$$= a^x \lim_{\Delta x \to 0} \frac{a^{\Delta x} - 1}{\Delta x} = a^x \lim_{\Delta x \to 0} \frac{\mathrm{e}^{\ln a^{\Delta x}} - 1}{\Delta x} = a^x \lim_{\Delta x \to 0} \frac{\mathrm{e}^{\Delta x \ln a} - 1}{\Delta x}$$

$$= a^x \lim_{\Delta x \to 0} \frac{\Delta x \ln a}{\Delta x} = a^x \ln a$$

即 $(a^x)' = a^x \ln a$

特别地，当 $a = \mathrm{e}$ 时，有 $(\mathrm{e}^x)' = \mathrm{e}^x$

例 6　求对数函数 $y = \log_a x$（$a > 0，a \neq 1$）的导数.

解　$$f'(x) = \lim_{\Delta x \to 0} \frac{f(x+\Delta x) - f(x)}{\Delta x} = \lim_{\Delta x \to 0} \frac{\log_a(x+\Delta x) - \log_a x}{\Delta x}$$

$$= \lim_{\Delta x \to 0} \frac{1}{\Delta x} \cdot \log_a \frac{x+\Delta x}{x} = \frac{1}{x} \lim_{\Delta x \to 0} \frac{x}{\Delta x} \cdot \log_a \left(1 + \frac{\Delta x}{x}\right)$$

$$= \frac{1}{x} \lim_{\Delta x \to 0} \log_a \left(1 + \frac{\Delta x}{x}\right)^{\frac{x}{\Delta x}} = \frac{1}{x} \log_a \mathrm{e} = \frac{1}{x \ln a}$$

即 $(\log_a x)' = \dfrac{1}{x \ln a}$.

特别地，当 $a = \mathrm{e}$ 时，有 $(\ln x)' = \dfrac{1}{x}$.

例 7　求正弦函数 $y = \sin x$ 的导数.

解　$$f'(x) = \lim_{\Delta x \to 0} \frac{f(x+\Delta x) - f(x)}{\Delta x} = \lim_{\Delta x \to 0} \frac{\sin(x+\Delta x) - \sin x}{\Delta x}$$

$$= \lim_{\Delta x \to 0} \frac{1}{\Delta x} \cdot 2\cos\left(x + \frac{\Delta x}{2}\right) \sin \frac{\Delta x}{2}$$

$$= \lim_{\Delta x \to 0} \cos\left(x + \frac{\Delta x}{2}\right) \cdot \frac{\sin\frac{\Delta x}{2}}{\frac{\Delta x}{2}} = \cos x$$

即 $(\sin x)' = \cos x$.

同理可得，余弦函数 $y = \cos x$ 的导数为 $(\cos x)' = -\sin x$.

2.1.5 导数的意义

由引例 1 可知，导数的物理意义是：如果物体沿直线运动的规律是 $s = s(t)$，则物体在 t_0 时刻的瞬时速度 v_0 是 $s(t)$ 在 t_0 的导数 $s'(t_0)$.

再由引例 2 可知，导数的几何意义是：如果曲线的方程是 $y = f(x)$，则曲线在点 $P(x_0, y_0)$ 处的切线斜率是 $f(x)$ 在 x_0 处的导数 $f'(x_0)$. 从而，曲线在点 $P(x_0, y_0)$ 的**切线方程**为 $y - y_0 = f'(x_0)(x - x_0)$；**法线方程**为 $y - y_0 = -\frac{1}{f'(x_0)}(x - x_0)$.

例 8 求曲线 $y = \frac{1}{x}$ 在 $\left(\frac{1}{2}, 2\right)$ 处的切线斜率，并写出曲线在该点处的切线方程与法线方程.

解 由 $y' = -\frac{1}{x^2}$ 知，切线斜率为

$$k_1 = y'\big|_{x=\frac{1}{2}} = -\frac{1}{x^2}\bigg|_{x=\frac{1}{2}} = -4$$

所以，曲线在点 $\left(\frac{1}{2}, 2\right)$ 处的切线方程为

$$y - 2 = -4\left(x - \frac{1}{2}\right)$$

即 $4x + y - 4 = 0$.

法线斜率为 $k_2 = -\frac{1}{k_1} = \frac{1}{4}$，则法线方程为

$$y - 2 = \frac{1}{4}\left(x - \frac{1}{2}\right)$$

即 $2x - 8y + 15 = 0$.

2.1.6 函数的可导性与连续性的关系

定理 1 若函数 $y = f(x)$ 在点 x_0 处可导，则 $f(x)$ 必在点 x_0 处连续.

证明　设函数 $y=f(x)$ 在点 x_0 处可导，即 $\lim\limits_{\Delta x\to 0}\dfrac{\Delta y}{\Delta x}=f'(x_0)$ 存在，则由函数的极限与无穷小量的关系知，$\dfrac{\Delta y}{\Delta x}=f'(x_0)+\alpha$，其中 α 为当 $\Delta x\to 0$ 时的无穷小量.

于是 $\Delta y=f'(x_0)\cdot\Delta x+\alpha\cdot\Delta x$，所以，$\lim\limits_{\Delta x\to 0}\Delta y=0$，即函数 $y=f(x)$ 在点 x_0 处连续.

证毕.

由定理 1 知，若函数 $y=f(x)$ 在点 x_0 处可导，则 $f(x)$ 必在点 x_0 处连续，但反之并不成立，即一个函数在某点处连续却不一定在该点处可导．下面举例说明.

例 9　讨论函数 $f(x)=1-|x|$ 在 $x=0$ 处的连续性与可导性.

解　（1）连续性．易知

$$f(x)=1-|x|=\begin{cases}1+x, & x<0\\ 1-x, & x\geqslant 0\end{cases}$$

则 $f(x)$ 在 $x=0$ 处的左、右极限分别为

$$\lim_{x\to 0^-}f(x)=\lim_{x\to 0^-}(1+x)=1$$
$$\lim_{x\to 0^+}f(x)=\lim_{x\to 0^+}(1-x)=1$$

从而有

$$\lim_{x\to 0}f(x)=1$$

又已知 $f(0)=1$，故 $\lim\limits_{x\to 0}f(x)=f(0)$，因此函数 $f(x)$ 在 $x=0$ 处连续.

（2）可导性．$f(x)$ 在 $x=0$ 处的左、右导数分别为

$$f'_-(0)=\lim_{x\to 0^-}\frac{f(x)-f(0)}{x}=\lim_{x\to 0^-}\frac{x}{x}=1$$
$$f'_+(0)=\lim_{x\to 0^+}\frac{f(x)-f(0)}{x}=\lim_{x\to 0^-}\frac{-x}{x}=-1$$

因为 $f'_-(0)\neq f'_+(0)$，所以 $f(x)$ 在 $x=0$ 处不可导.

综上所述，可导与连续的关系是：可导必然连续，但连续未必可导；如果函数在某一点处不连续，则在该点处一定不可导；可导是连续的充分条件，而连续只是可导的必要条件.

习题 2.1

习题 2.1 答案

1．设函数 $f(x)=10x^2$，求 $f'(-1)$.

2．设函数 $f(x)=ax^2+bx+c$，其中 a，b，c 为常量，求 $f'(0)$．

3．根据函数的定义，求下列函数的导数：

（1）$y=1-x^2$；（2）$y=\sqrt{x}$；

（3）$y=\dfrac{1}{x^2}$；（4）$y=\dfrac{1}{\sqrt{x}}$．

4．设 $f'(0)=A$，求下列各极限的值：

（1）$\lim\limits_{\Delta x\to 0}\dfrac{f(x_0-\Delta x)-f(x_0)}{\Delta x}$；（2）$\lim\limits_{\Delta x\to 0}\dfrac{f(x_0+2\Delta x)-f(x_0)}{\Delta x}$；

（3）$\lim\limits_{h\to 0}\dfrac{f(x_0)-f(x_0-h)}{h}$；（4）$\lim\limits_{h\to 0}\dfrac{f(x_0+h)-f(x_0-h)}{h}$；

（5）$\lim\limits_{\Delta x\to 0}\dfrac{f(x_0+2\Delta x)-f(x_0-\Delta x)}{\Delta x}$；（6）$\lim\limits_{\Delta x\to 0}\dfrac{f(x_0+2\Delta x)-f(x_0+3\Delta x)}{\Delta x}$．

5．已知 $f'(0)=A$，且 $f(0)=0$，求 $\lim\limits_{x\to 0}\dfrac{f(x)}{x}$．

6．设 $f(x)$ 在 $x=1$ 处连续，且 $\lim\limits_{x\to 1}\dfrac{f(x)}{x-1}=2$，求 $f'(1)$．

7．函数 $f(x)=\begin{cases}x+2, & 0\leqslant x<1\\ 3x-1, & x\geqslant 1\end{cases}$ 在 $x=1$ 处是否可导？

8．函数 $f(x)=\begin{cases}x, & x<0\\ \ln(1+x), & x\geqslant 0\end{cases}$ 在 $x=0$ 处是否可导？

9．求曲线 $y=\dfrac{1}{x^2}$ 在点 $(1,1)$ 处的切线方程和法线方程．

10．求曲线 $y=\cos x$ 上点 $\left(\dfrac{\pi}{3},\dfrac{1}{2}\right)$ 处的切线方程和法线方程．

11．求曲线 $x^2+y^2=1$ 在 $\left(\dfrac{\sqrt{2}}{2},\dfrac{\sqrt{2}}{2}\right)$ 处的切线方程和法线方程．

12．曲线 $y=x^2$ 上哪一点处的切线与直线 $y=4x-1$ 平行？求这一点的切线方程．

13．已知物体的运动规律为 $s=\dfrac{1}{2}t^3$ (m)，求该物体在 $t=4\text{s}$ 时的速度．

14．设质点做变速直线运动，在 t 时刻的位置为 $s(t)=3t^2-5t$，求质点在 1s 时的瞬时速度．

15．函数 $f(x)=\begin{cases}x^2\sin\dfrac{1}{x}, & x\neq 0\\ 0, & x\geqslant 0\end{cases}$ 在 $x=0$ 处是否连续？是否可导？

16．设 $f(x)=\begin{cases}\ln(1+x), & -1<x\leqslant 0\\ \sqrt{1+x}-\sqrt{1-x}, & 0<x<1\end{cases}$，讨论 $f(x)$ 在 $x=0$ 处的连续性和可导性.

17．设 $f(x)=\begin{cases}\sin x, & x<0\\ ax+b, & x\geqslant 0\end{cases}$，讨论当 a、b 取何值时，$f(x)$ 在 $x=0$ 处可导.

18．函数 $f(x)=\begin{cases}2x\sin\dfrac{1}{x}, & x\neq 0\\ 0, & x=0\end{cases}$ 在点 $x=0$ 处：

A．无定义　　B．不连续

C．可导　　D．连续，但不可导

2.2　求导法则与基本求导公式

上一节中，由导数的定义我们得到了一些基本初等函数的导数，但是对于复杂形式的函数用定义求导数显然是不足够的，因此就有必要导出一系列的求导运算法则来解决这个问题，这就是本节将要学习内容.

2.2.1　导数的四则运算法则

法则 1　函数的和、差、积、商的求导法则：若函数 $u(x)$ 和 $v(x)$ 在点 x 处是可导的，则它们的和、差、积、商（分母不为零）都在点 x 处可导，并且

（1）$[u(x)\pm v(x)]'=u'(x)\pm v'(x)$;

（2）$[u(x)\cdot v(x)]'=u'(x)v(x)+u(x)v'(x)$;

（3）$\left[\dfrac{u(x)}{v(x)}\right]'=\dfrac{u'(x)v(x)-u(x)v'(x)}{v^2(x)}\ [v(x)\neq 0]$.

证明　（1）设 $y=u(x)\pm v(x)$，则

$$\begin{aligned}y'&=\lim_{\Delta x\to 0}\frac{[u(x+\Delta x)\pm v(x+\Delta x)]-[u(x)\pm v(x)]}{\Delta x}\\&=\lim_{\Delta x\to 0}\frac{u(x+\Delta x)-u(x)}{\Delta x}\pm\lim_{\Delta x\to 0}\frac{v(x+\Delta x)-v(x)}{\Delta x}\\&=u'(x)\pm v'(x)\end{aligned}$$

该公式也可**推广到有限多个可导函数代数和的形式**，即

$$[u_1(x)\pm u_2(x)\pm\cdots\pm u_n(x)]'=u_1'(x)\pm u_2'(x)\pm\cdots\pm u_n'(x)$$

（2）令 $y=u(x)\,v(x)$，则

$$y'=\lim_{\Delta x\to 0}\frac{\Delta y}{\Delta x}=\lim_{\Delta x\to 0}\frac{u(x+\Delta x)v(x+\Delta x)-u(x)v(x)}{\Delta x}$$

$$=\lim_{\Delta x\to 0}\left[\frac{u(x+\Delta x)v(x+\Delta x)-u(x)v(x+\Delta x)}{\Delta x}+\frac{u(x)v(x+\Delta x)-u(x)v(x)}{\Delta x}\right]$$

$$=\lim_{\Delta x\to 0}\left[\frac{\Delta u}{\Delta x}v(x+\Delta x)+\frac{\Delta v}{\Delta x}u(x)\right]=u'(x)v(x)+u(x)v'(x)$$

即

$$[u(x)v(x)]'=u'(x)v(x)+u(x)v'(x)$$

该公式也可**推广到有限多个可导函数乘积的形式**．例如，三个函数 $u(x)$、$v(x)$、$w(x)$ 乘积的求导为

$$[u(x)v(x)w(x)]'=u'(x)v(x)w(x)+u(x)v'(x)w(x)+u(x)v(x)w'(x)$$

（3）先证 $\left[\dfrac{1}{v(x)}\right]'=-\dfrac{v'(x)}{v^2(x)}$．令 $y=\dfrac{1}{v(x)}$，则

$$\Delta y=\frac{1}{v(x+\Delta x)}-\frac{1}{v(x)}=-\frac{v(x+\Delta x)-v(x)}{v(x+\Delta x)v(x)}$$

所以

$$y'=\lim_{\Delta x\to 0}\frac{\Delta y}{\Delta x}=\lim_{\Delta x\to 0}-\frac{v(x+\Delta x)-v(x)}{v(x+\Delta x)v(x)\Delta x}$$

$$=\lim_{\Delta x\to 0}-\frac{v(x+\Delta x)-v(x)}{\Delta x}\cdot\frac{1}{v(x+\Delta x)v(x)}$$

由于 $v(x)$ 在点 x 处可导，且 $\lim\limits_{\Delta x\to 0}v(x+\Delta x)=v(x)\neq 0$，故有

$$y'=-v'(x)\cdot\frac{1}{v^2(x)}=-\frac{v'(x)}{v^2(x)}$$

所以 $y=\dfrac{1}{v(x)}$ 在点 x 处可导，且 $\left[\dfrac{1}{v(x)}\right]'=-\dfrac{v'(x)}{v^2(x)}$．从而推出

$$\left[\frac{u(x)}{v(x)}\right]'=u'(x)\cdot\frac{1}{v(x)}+u(x)\left[\frac{1}{v(x)}\right]'=u'(x)\frac{1}{v(x)}-u(x)\frac{v'(x)}{v^2(x)}$$

$$=\frac{u'(x)v(x)-u(x)v'(x)}{v^2(x)}.$$

即

$$\left[\frac{u(x)}{v(x)}\right]'=\frac{u'(x)v(x)-u(x)v'(x)}{v^2(x)}$$

例 1　设函数 $f(x)=\sqrt[3]{x^2}+2\sin x$，求 $f'(x)$.

解　根据法则 1 的（1）以及幂函数和正弦函数的求导公式，可得

$$f'(x)=(x^{\frac{2}{3}}+2\sin x)'=(x^{\frac{2}{3}})'+2(\sin x)'$$
$$=\frac{2}{3}x^{\frac{2}{3}-1}+2\cos x=2\left(\frac{1}{3\sqrt[3]{x}}+\cos x\right)$$

例 2　求 $y=\tan x$ 的导数.

解　将 $\tan x$ 变形为 $\frac{\sin x}{\cos x}$，则由商的求导法则有

$$y'=(\tan x)'=\left(\frac{\sin x}{\cos x}\right)'=\frac{(\sin x)'\cos x-\sin x(\cos x)'}{\cos^2 x}$$
$$=\frac{\cos^2 x+\sin^2 x}{\cos^2 x}=\frac{1}{\cos^2 x}=\sec^2 x$$

同理可得，$(\cot x)'=-\csc^2 x$.

例 3　求 $y=\sec x$ 的导数.

解　$y'=(\sec x)'=\left(\frac{1}{\cos x}\right)'=-\frac{(\cos x)'}{\cos^2 x}=-\frac{-\sin x}{\cos^2 x}=\sec x\tan x$，即

$$(\sec x)'=\sec x\tan x$$

同理可得
$$(\csc x)'=-\csc x\cot x$$

例 4　求函数 $f(x)=\begin{cases}2x, & 0<x\leqslant 1\\ x^2+1, & 1<x<2\end{cases}$ 的导数.

解　求分段函数的导数时，在每一段内的导数可按一般求导法则求之，但在分段点处的导数要用左右导数的定义求之.

当 $0<x<1$ 时，$f'(x)=(2x)'=2$．当 $1<x<2$ 时，$f'(x)=(x^2+1)'=2x$.

当 $x=1$ 时，$f'_-(1)=\lim\limits_{x\to 1^-}\frac{f(x)-f(1)}{x-1}=\lim\limits_{x\to 1^-}\frac{2x-2}{x-1}=2$；

$$f'_+(1)=\lim_{x\to 1^+}\frac{f(x)-f(1)}{x-1}=\lim_{x\to 1^+}\frac{x^2+1-2}{x-1}$$
$$=\lim_{x\to 1^+}\frac{x^2-1}{x-1}=\lim_{x\to 1^+}(x+1)=2 .$$

由 $f'_+(1)=f'_-(1)=2$ 知，$f'(1)=2$．所以 $f'(x)=\begin{cases}2, & 0<x\leqslant 1\\ 2x, & 1<x<2\end{cases}$.

2.2.2 反函数求导法则

法则 2 若函数 $x=\varphi(y)$ 在区间 (a,b) 内单调连续，且 $\varphi'(y)\neq 0$，则它的反函数 $y=f(x)$ 在相应区间内可导，且 $f'(x)=\dfrac{1}{\varphi'(y)}$ 或 $\dfrac{\mathrm{d}y}{\mathrm{d}x}=\dfrac{1}{\dfrac{\mathrm{d}x}{\mathrm{d}y}}$.

证明 由于函数 $x=\varphi(y)$ 在区间 (a,b) 内单调连续，因此它的反函数在相应区间内单调连续（对称性），设自变量在点 x 处有一增量 $\Delta x\neq 0$，由 $f(x)$ 的单调性可知

$$\Delta y=f(x+\Delta x)-f(x)\neq 0$$

因而有

$$\frac{\Delta y}{\Delta x}=\frac{1}{\dfrac{\Delta x}{\Delta y}}$$

根据 $y=f(x)$ 的连续性，当 $\Delta x\to 0$ 时，必有 $\Delta y\to 0$，而 $x=\varphi(y)$ 可导，所以

$$\lim_{\Delta x\to 0}\frac{\Delta x}{\Delta y}=\varphi'(y)\neq 0$$

从而有

$$\lim_{\Delta x\to 0}\frac{\Delta y}{\Delta x}=\lim_{\Delta x\to 0}\frac{1}{\dfrac{\Delta x}{\Delta y}}=\frac{1}{\varphi'(y)}$$

即

$$f'(x)=\frac{1}{\varphi'(y)}$$

也就是说：**反函数的导数等于直接函数导数的倒数**.

例 5 求 $y=\arcsin x\ (-1<x<1)$ 的导数.

解 设 $x=\sin y$，$y\in\left[-\dfrac{\pi}{2},\dfrac{\pi}{2}\right]$ 为直接函数，则 $y=\arcsin x$ 是它的反函数.

函数 $x=\sin y$ 在开区间 $\left(-\dfrac{\pi}{2},\dfrac{\pi}{2}\right)$ 内单调、可导，且 $(\sin y)'=\cos y>0$，由反函数的求导法则得

$$(\arcsin x)'=\frac{1}{(\sin y)'}=\frac{1}{\cos y}=\frac{1}{\sqrt{1-\sin^2 y}}=\frac{1}{\sqrt{1-x^2}}$$

即

$$(\arcsin x)'=\frac{1}{\sqrt{1-x^2}}$$

同理可得

$$(\arccos x)'=-\frac{1}{\sqrt{1-x^2}}$$

例 6　求函数 $y=\arctan x$ 的导数.

解　设 $x=\tan y$，$y\in\left(-\frac{\pi}{2},\frac{\pi}{2}\right)$ 为直接函数，则 $y=\arctan x$ 是它的反函数．函数 $x=\tan y$ 在区间 $\left(-\frac{\pi}{2},\frac{\pi}{2}\right)$ 内单调、可导，且 $(\tan y)'=\sec^2 y\neq 0$，由反函数求导法则得

$$(\arctan x)'=\frac{1}{(\tan y)'}=\frac{1}{\sec^2 y}=\frac{1}{1+\tan^2 y}=\frac{1}{1+x^2}$$

即

$$(\arctan x)'=\frac{1}{1+x^2}$$

同理可得

$$(\operatorname{arccot} x)'=-\frac{1}{1+x^2}$$

2.2.3　复合函数的求导法则

法则 3　设函数 $y=f(\varphi(x))$ 由函数 $y=f(u)$ 与 $u=\varphi(x)$ 复合而成，如果 $u=\varphi(x)$ 在点 x 处可导，而 $y=f(u)$ 在对应的 $u=\varphi(x)$ 可导，则函数 $y=f(\varphi(x))$ 在点 x 处可导，且有 $(f(\varphi(x)))'=f'(u)\cdot\varphi'(x)$.

证明　已知 $y=f(u)$ 在 u 可导且 $u=\varphi(x)$ 在点 x 处可导，即

$$\frac{\mathrm{d}u}{\mathrm{d}x}=\lim_{\Delta x\to 0}\frac{\Delta u}{\Delta x},\quad \frac{\mathrm{d}y}{\mathrm{d}u}=\lim_{\Delta u\to 0}\frac{\Delta y}{\Delta u}$$

从而可知

$$\frac{\mathrm{d}y}{\mathrm{d}x}=\lim_{\Delta x\to 0}\frac{\Delta y}{\Delta x}=\lim_{\Delta x\to 0}\left(\frac{\Delta y}{\Delta u}\cdot\frac{\Delta u}{\Delta x}\right)=\lim_{\Delta x\to 0}\frac{\Delta y}{\Delta u}\cdot\lim_{\Delta x\to 0}\frac{\Delta u}{\Delta x}=\frac{\mathrm{d}y}{\mathrm{d}u}\cdot\frac{\mathrm{d}u}{\mathrm{d}x}$$

即

$$(f(\varphi(x)))'=f'(u)\cdot\varphi'(x)$$

复合函数求导法则也称**链式法则**，可简单记为

$$\frac{\mathrm{d}y}{\mathrm{d}x}=\frac{\mathrm{d}y}{\mathrm{d}u}\cdot\frac{\mathrm{d}u}{\mathrm{d}x} \text{ 或 } y'_x=y'_u\cdot u'_x=f'(u)\cdot\varphi'(x)$$

例 7　求 $y=\ln\sin x$ 的导数.

解　$y=\ln\sin x$ 可看作是由 $y=\ln u$，$u=\sin x$ 复合而成的，因此

$$\frac{\mathrm{d}y}{\mathrm{d}x}=\frac{\mathrm{d}y}{\mathrm{d}u}\cdot\frac{\mathrm{d}u}{\mathrm{d}x}=\frac{1}{u}\cdot\cos x=\frac{\cos x}{\sin x}=\cot x$$

例 8　求 $y=\mathrm{e}^{x^2}$ 的导数.

解　$y=\mathrm{e}^{x^2}$ 可看作是由 $y=\mathrm{e}^u$，$u=x^2$ 复合而成的，因此

$$\frac{dy}{dx}=\frac{dy}{du}\cdot\frac{du}{dx}=e^u\cdot 2x=2xe^{x^2}$$

由上面的例子可以看出，应用复合函数求导法则时，能够将所给复合函数分解成比较简单的几个函数非常重要．当然，对复合函数的求导比较熟练后，就可以不用再写中间变量u而直接求导了．

例 9 求$y=\ln\cos x$的导数．

解 $\dfrac{dy}{dx}=(\ln\cos x)'=\dfrac{1}{\cos x}(\cos x)'=\dfrac{-\sin x}{\cos x}=-\tan x$．

例 10 求$y=\sqrt[3]{1-2x^2}$的导数．

解 $\dfrac{dy}{dx}=[(1-2x^2)^{\frac{1}{3}}]'=\dfrac{1}{3}(1-2x^2)^{-\frac{2}{3}}\cdot(1-2x^2)'=\dfrac{-4x}{3\sqrt[3]{(1-2x^2)^2}}$

例 11 利用复合函数求导法则证明$(x^a)'=ax^{a-1}$（$x>0$，a为任意实数）．

证明 将函数x^a变形为$x^a=e^{\ln x^a}=e^{a\ln x}$．则$y=e^{a\ln x}$可看作是由函数$y=e^u$与$u=a\ln x$两个函数复合而成的，所以$(x^a)'=(e^{a\ln x})'=e^{a\ln x}\cdot(a\ln x)'=e^{a\ln x}\cdot\dfrac{a}{x}=x^a\cdot\dfrac{a}{x}=ax^{a-1}$，得证．

复合函数的求导法则可以推广到多个中间变量的情形．我们以两个中间变量为例，得到如下推论．

推论 设函数$y=f(u)$，$u=\varphi(v)$，$v=\psi(x)$均可导，则复合函数$y=f(\varphi(\psi(x)))$也可导，且$\dfrac{dy}{dx}=\dfrac{dy}{du}\cdot\dfrac{du}{dv}\cdot\dfrac{dv}{dx}$．

对于多个中间变量的复合函数，可由外层向里层，层层求导，且中间过程可以省略．

例 12 求$y=\cos^2(\ln x)$的导数．

解
$$\begin{aligned}\frac{dy}{dx}&=2\cos(\ln x)\cdot\left[\cos(\ln x)\right]'=2\cos(\ln x)(-\sin\ln x)\cdot(\ln x)'\\&=2\cos(\ln x)(-\sin\ln x)\cdot\frac{1}{x}=-\frac{1}{x}\sin(2\ln x)\end{aligned}$$

例 13 求函数$y=e^{\sin\frac{1}{x}}$的导数．

解 $y'=e^{\sin\frac{1}{x}}\left(\sin\dfrac{1}{x}\right)'=e^{\sin\frac{1}{x}}\cdot\cos\dfrac{1}{x}\cdot\left(\dfrac{1}{x}\right)'=-\dfrac{1}{x^2}e^{\sin\frac{1}{x}}\cdot\cos\dfrac{1}{x}$．

2.2.4　基本求导公式与求导法则

基本初等函数的求导公式与本节中所讨论的求导法则，在初等函数的求导运算中起着重要的作用．为了熟练地掌握它们，特归纳如下．

1．基本初等函数的导数公式

基本初等函数的导数公式如下：

（1）$(C)'=0$（C 为常数）；

（2）$(x^{\mu})'=\mu x^{\mu-1}$（μ 为任意实数）；

（3）$(a^x)'=a^x\ln a$（$a>0$，$a\neq 1$）；

（4）$(\mathrm{e}^x)'=\mathrm{e}^x$；

（5）$(\log_a x)'=\dfrac{1}{x\ln a}$（$a>0$，$a\neq 1$）；

（6）$(\ln x)'=\dfrac{1}{x}$；

（7）$(\sin x)'=\cos x$；

（8）$(\cos x)'=-\sin x$；

（9）$(\tan x)'=\sec^2 x=\dfrac{1}{\cos^2 x}$；

（10）$(\cot x)'=-\csc^2 x=-\dfrac{1}{\sin^2 x}$；

（11）$(\sec x)'=\sec x\tan x$；

（12）$(\csc x)'=-\csc x\cot x$；

（13）$(\arcsin x)'=\dfrac{1}{\sqrt{1-x^2}}$；

（14）$(\arccos x)'=-\dfrac{1}{\sqrt{1-x^2}}$；

（15）$(\arctan x)'=\dfrac{1}{1+x^2}$；

（16）$(\operatorname{arccot} x)'=-\dfrac{1}{1+x^2}$．

2．函数的和、差、积、商的求导法则

设 $u=u(x)$，$v=v(x)$ 都可导，则

（1）$(u\pm v)'=u'\pm v'$；

（2）$(uv)'=u'v+uv'$，特别地，$(cu)'=cu'$；

（3）$\left(\dfrac{u}{v}\right)'=\dfrac{u'v-uv'}{v^2}$．

3．反函数的求导法则

设 $y=f(x)$ 是 $x=\varphi(y)$ 的反函数，则

$$\frac{\mathrm{d}y}{\mathrm{d}x}=\frac{1}{\frac{\mathrm{d}x}{\mathrm{d}y}} \text{ 或 } f'(x)=\frac{1}{\varphi'(y)}$$

4．复合函数的求导法则

设 $y=f(u)$，$u=\varphi(x)$，则复合函数 $y=f(\varphi(x))$ 的导数为

$$y'=f'(u)\cdot\varphi'(x) \text{ 或 } \frac{\mathrm{d}y}{\mathrm{d}x}=\frac{\mathrm{d}y}{\mathrm{d}u}\cdot\frac{\mathrm{d}u}{\mathrm{d}x}$$

例 14 设 $f(x)$ 可导，求下列函数的导数 $\dfrac{\mathrm{d}y}{\mathrm{d}x}$.

（1）$y=f(\sin^2 x)+f(\cos^2 x)$；（2）$y=f(\mathrm{e}^x)\mathrm{e}^{f(x)}$.

解 （1）$\dfrac{\mathrm{d}y}{\mathrm{d}x}=f'(\sin^2 x)2\sin x\cos x+f'(\cos^2 x)[2\cos x\cdot(-\sin x)]$

$$=\sin 2x[f'(\sin^2 x)-f'(\cos^2 x)]$$

（2）$\dfrac{\mathrm{d}y}{\mathrm{d}x}=f'(\mathrm{e}^x)\cdot\mathrm{e}^x\cdot\mathrm{e}^{f(x)}+f(\mathrm{e}^x)\cdot\mathrm{e}^{f(x)}\cdot f'(x)$

$$=\mathrm{e}^{f(x)}[\mathrm{e}^x f'(\mathrm{e}^x)+f'(x)f(\mathrm{e}^x)]$$

习题 2.2

习题 2.2 答案

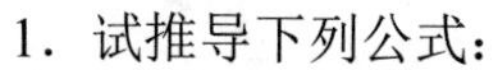

1．试推导下列公式：

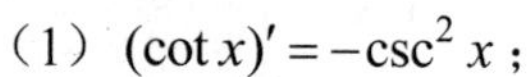

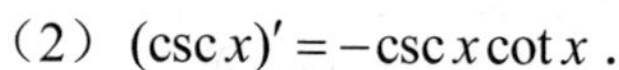

（1）$(\cot x)'=-\csc^2 x$；（2）$(\csc x)'=-\csc x\cot x$.

2．求下列函数的导数：

（1）$y=2x^3-5x^2+3x-7$；（2）$y=x^3-5x^2+3x-3$；

（3）$y=\sqrt{x}(x^2-1)$；（4）$y=\dfrac{\sqrt{x}}{x^2-1}$；

（5）$y=\sqrt[7]{x}+7^x+\sqrt[7]{7}$；（6）$y=5x^3-2^x+3\mathrm{e}^x$；

（7）$y=(x+1)(x+2)^2(x+3)^3$；（8）$y=(1-x)(1-x^2)^2(1-x^3)^3$；

（9）$y=x^3+\dfrac{7}{x^4}-\dfrac{2}{x}+12$；（10）$y=\dfrac{1}{x}+\dfrac{2}{x^2}+\dfrac{3}{x^3}$.

3．求下列函数的导数：

（1）$y=x+\sqrt{x}+\sqrt[3]{x}$；（2）$y=\dfrac{1}{x}+\dfrac{1}{\sqrt{x}}+\dfrac{1}{\sqrt[3]{x}}$；

（3）$y=x\sqrt{1+x^2}$；（4）$y=(1+x)\cdot\sqrt{2+x^2}\cdot\sqrt[3]{3+x^3}$；

（5）$y=\dfrac{\sin^2 x}{\sin x^2}$；（6）$y=\dfrac{\cos x}{2\sin^2 x}$；

（7）$y=\mathrm{e}^x(x^2-2x+2)$；（8）$y=\mathrm{e}^{-x}\left(\dfrac{1-x^2}{2}\sin x-\dfrac{(1+x)^2}{2}\cos x\right)$；

（9）$y=\sin x\cos x$；（10）$y=(x\sin\alpha+\cos\alpha)(x\cos\alpha-\sin\alpha)$.

4．求下列函数的导数：

（1）$y=\ln(1+x^2)$；（2）$y=\ln\cos x$；

（3）$y=\frac{1}{4}\ln\frac{x^2-1}{x^2+1}$；　　（4）$y=\frac{1}{4(1+x^4)}+\frac{1}{4}\ln\frac{x^4}{1+x^4}$；

（5）$y=\ln(\ln(\ln x))$；　　（6）$y=\ln(\ln^2(\ln^3 x))$；

（7）$y=\sqrt{x+1}-\ln(1+\sqrt{x+1})$；　　（8）$y=\ln(x+\sqrt{x^2+1})$．

5．求下列函数的导数：

（1）$y=\ln\tan\frac{x}{2}$；　　（2）$y=\ln\tan\left(\frac{x}{2}+\frac{\pi}{4}\right)$；

（3）$y=\ln\sqrt{\frac{1-\sin x}{1+\sin x}}$；　　（4）$y=-\frac{\cos x}{2\sin^2 x}+\ln\sqrt{\frac{1+\cos x}{\sin x}}$；

（5）$y=\arcsin\frac{x}{2}$；　　（6）$y=\arccos\frac{1-x}{\sqrt{2}}$；

（7）$y=\arctan\frac{x^2}{a}$；　　（8）$y=\frac{1}{\sqrt{2}}\operatorname{arccot}\frac{\sqrt{2}}{x}$．

6．（1）引入中间变量 $u=\cos^2 x$，求函数 $y=\ln(\cos^2 x+\sqrt{1+\cos^4 x})$ 的导数；

（2）引入中间变量 $u=\arccos x$，求函数 $y=(\arccos x)^2\left[\ln^2(\arccos x)-\ln(\arccos x)+\frac{1}{2}\right]$ 的导数．

2.3　高阶导数

一个函数的导数仍然是一个函数．因此若有必要的话，可以对它继续进行求导．事实上，在大量实际问题的研究中也会遇到这类情况．

2.3.1　高阶导数的概念

一般地，函数 $y=f(x)$ 的导数 $y'=f'(x)$ 仍然是 x 的函数．设 $f'(x)$ 在点 x 处的某邻域内有定义，若

$$\lim_{\Delta x\to 0}\frac{f'(x+\Delta x)-f'(x)}{\Delta x}$$

存在，则称此极限为函数 $y=f(x)$ 在点 x 处的**二阶导数**，记作 y''、$f''(x)$ 或 $\frac{\mathrm{d}^2 y}{\mathrm{d}x^2}$，即

$$y''=(y')' \text{ 或 } \frac{\mathrm{d}^2 y}{\mathrm{d}x^2}=\frac{\mathrm{d}}{\mathrm{d}x}\left(\frac{\mathrm{d}y}{\mathrm{d}x}\right)$$

如果 $s=s(t)$ 表示一物体做直线运动的运动方程，则其导数 $v=s'(t)$ 代表物体运动的瞬时速度，而二阶导数

$$s''(t)=\lim_{\Delta t\to 0}\frac{v(t+\Delta t)-v(t)}{\Delta t}$$

是物体在时刻 t 的瞬时加速度 a，即有

$$a=\frac{\mathrm{d}^2 s}{\mathrm{d}t^2}=\frac{\mathrm{d}v}{\mathrm{d}t}$$

这就是二阶导数的物理意义.

显然，二阶导数是一阶导数的导数. 类似地，二阶导数的导数叫作**三阶导数**，三阶导数的导数叫作四阶导数……由此，我们可以定义一般的 n 阶导数.

定义 1 设函数 $f(x)$ 的 $n-1$ 阶导数 $f^{(n-1)}(x)$（$n=1,2,\cdots$）仍是个可导函数，则称它的导数

$$[f^{(n-1)}(x)]'=\frac{\mathrm{d}}{\mathrm{d}x}\left(\frac{\mathrm{d}^{n-1}y}{\mathrm{d}x^{n-1}}\right)$$

为 $f(x)$ 的 ***n* 阶导数**，记为

$$y^{(n)},\ f^{(n)}(x),\ \frac{\mathrm{d}^n y}{\mathrm{d}x^n} \text{或} \frac{\mathrm{d}^n f}{\mathrm{d}x^n}$$

并称 $f(x)$ 是 n 阶可导函数［简称 $f(x)$ n 阶可导］或 $f(x)$ 的 n 阶导数存在.

显然，若 $f(x)$ 的 n 阶导数存在，则它的低于 n 阶的导数都存在.

由高阶导数的定义，只要按求导法则对 $f(x)$ 逐次求导，就能得到它的任意阶的导数. 我们先来求几个初等函数的高阶导数.

例 1 求函数 $y=3x^3-5x^2+7x+9$ 的四阶导数 $y^{(4)}$.

解 $y'=9x^2-10x+7$，$y''=18x-10$，$y'''=18$，$y^{(4)}=0$.

例 2 设 $y=\mathrm{e}^x\cos x$，求 y'''.

解 $y'=\mathrm{e}^x\cos x+\mathrm{e}^x(-\sin x)=\mathrm{e}^x(\cos x-\sin x)$，

$y''=\mathrm{e}^x(\cos x-\sin x)+\mathrm{e}^x(-\sin x-\cos x)=\mathrm{e}^x(-2\sin x)$，

$y'''=-2(\mathrm{e}^x\sin x+\mathrm{e}^x\cos x)=-2\mathrm{e}^x(\sin x+\cos x)$.

例 3 求复合函数 $y=\mathrm{e}^{\sin x}$ 的二阶导数.

解 $y'=(\mathrm{e}^{\sin x})'=\mathrm{e}^{\sin x}\cdot\cos x$，再求一次导数，就有

$$(\mathrm{e}^{\sin x})''=(\mathrm{e}^{\sin x}\cdot\cos x)'=(\mathrm{e}^{\sin x})'\cos x+\mathrm{e}^{\sin x}(\cos x)'=\mathrm{e}^{\sin x}(\cos^2 x-\sin x)$$

例 4 求函数 $y=a^x$ 的 n 阶导数.

解　因为 $y' = a^x \ln a$，故 $y'' = a^x (\ln a)^2$，$y''' = a^x (\ln a)^3$，$y^{(4)} = a^x (\ln a)^4$，$\cdots$ 所以可得

$$(a^x)^{(n)} = a^x (\ln a)^n$$

特别地，有 $(\mathrm{e}^x)^{(n)} = \mathrm{e}^x$．

例 5　求 $y = \sin x$ 的 n 阶导数.

解　$y' = \cos x = \sin\left(x + \dfrac{\pi}{2}\right)$

$$y'' = -\sin x = \sin(x + \pi) = \sin\left(x + 2 \cdot \frac{\pi}{2}\right)$$

$$y'' = -\cos x = \sin\left(x + \frac{3\pi}{2}\right) = \sin\left(x + 3 \cdot \frac{\pi}{2}\right)$$

…………

$$y^{(n)} = \sin\left(x + n \cdot \frac{\pi}{2}\right)$$

即 $(\sin x)^{(n)} = \sin\left(x + n \cdot \dfrac{\pi}{2}\right)$．

同理可得，$(\cos x)^{(n)} = \cos\left(x + n \cdot \dfrac{\pi}{2}\right)$．

例 6　设 $y = x^\mu$，μ 为任意常数，求各阶导数.

解　$y = x^\mu$，$y' = \mu x^{\mu-1}$，$y'' = \mu(\mu-1)x^{\mu-2}$，$y''' = \mu(\mu-1)(\mu-2)x^{\mu-3}$，$y^{(4)} = \mu(\mu-1)(\mu-2)(\mu-3)x^{\mu-4}$．故

$$y^{(n)} = \mu(\mu-1)(\mu-2)\cdots(\mu-n+1)x^{\mu-n}$$

即 $(x^\mu)^{(n)} = \mu(\mu-1)(\mu-2)\cdots(\mu-n+1)x^{\mu-n}$．

当 $\mu = n$ 时得到，$(x^n)^{(n)} = n(n-1)(n-2)\cdots 3 \cdot 2 \cdot 1 = n!$，而 $(x^n)^{(n+k)} = 0$（$k = 1,2,\cdots$）．

如，函数 $y = x^5$，$y^{(5)} = 5!$，$y^{(n)} = 0$（$n > 5$）．

例 7　设 $y = \ln(x + a)$，求 $y^{(n)}$．

解　$y' = \dfrac{1}{x+a}$，$y'' = -\dfrac{1}{(x+a)^2}$，$y''' = \dfrac{2}{(x+a)^3}$，$y^{(4)} = -\dfrac{6}{(x+a)^4}$，$\cdots$

所以 $y^{(n)} = (-1)^{n-1} \dfrac{(n-1)!}{(x+a)^n}$．

2.2 间接求 n 阶导数

2.3.2 高阶导数的运算法则

如果函数 $u=u(x)$ 及 $v=v(x)$ 都在点 x 处具有 n 阶导数，那么显然函数 $u(x)\pm v(x)$ 也在点 x 处具有 n 阶导数，且

$$(u\pm v)^{(n)}=u^{(n)}\pm v^{(n)}$$

但 $u\cdot v$ 的 n 阶导数并不简单，由 $(uv)'=u'v+uv'$ 可得

$$(uv)''=(u'v+uv')'=u''v+2u'v'+uv''$$

$$(uv)'''=u'''v+3u''v'+3u'v''+uv'''$$

用数学归纳法可以证明：

$$(uv)^{(n)}=u^{(n)}v+nu^{(n-1)}v'+\frac{n(n-1)}{2!}u^{(n-2)}v''+\cdots+\frac{n(n-1)\cdots(n-k+1)}{k!}u^{(n-k)}v^{(k)}+\cdots+uv^{(n)}$$

这一公式称为**莱布尼茨公式**.

对莱布尼茨公式，我们可以参照二项式展开定理进行记忆：

$$(u+v)^n=u^nv^0+nu^{n-1}v^1+\frac{n(n-1)}{2!}u^{n-2}v^2+\cdots+u^0v^n$$

即

$$(u+v)^n=\sum_{k=0}^{n}C_n^ku^{n-k}v^k$$

把 k 阶幂换成 k 阶导数（零阶导数即为函数本身），再将 $u+v$ 换成 uv，则得到莱布尼茨公式：

$$(uv)^{(n)}=\sum_{k=0}^{n}C_n^ku^{(n-k)}v^{(k)}$$

例 8 设 $y=x^2\cos x$，求 $y^{(10)}$.

解 令 $u=\cos x$，$v=x^2$，代入莱布尼茨公式，得

$$y^{(10)}=C_{10}^0(\cos x)^{(10)}x^2+C_{10}^1(\cos x)^{(9)}(x^2)'+C_{10}^2(\cos x)^{(8)}(x^2)''+\cdots+C_{10}^{10}(\cos x)(x^2)^{(10)}$$

这里，由于当 $n>2$ 时，$v^{(n)}=0$，因此

$$\text{原式}=C_{10}^0(\cos x)^{(10)}x^2+C_{10}^1(\cos x)^{(9)}(x^2)'+C_{10}^2(\cos x)^{(8)}(x^2)''$$

$$=\left[\cos\left(x+10\cdot\frac{\pi}{2}\right)\right]\cdot x^2+10\left[\cos\left(\cos x+9\cdot\frac{\pi}{2}\right)\right]\cdot 2x+$$

$$\frac{90}{2}\left[\cos\left(x+8\cdot\frac{\pi}{2}\right)\right]\cdot 2=-x^2\cos x-20x\sin x+90\cos x$$

例 9　设 $y=x^3\mathrm{e}^{2x}$，求 $y^{(n)}$（n 为正整数）.

解　由于 $n>3$ 时，$(x^3)^{(n)}=0$，且 $(\mathrm{e}^{2x})^{(n)}=2^n\mathrm{e}^{2x}$，因此，由莱布尼茨公式，有

$$\begin{aligned}y^{(n)}&=\sum_{k=0}^{n}C_n^k(x^3)^{(k)}(\mathrm{e}^{2x})^{(n-k)}\\&=x^3(\mathrm{e}^{2x})^{(n)}+3nx^2(\mathrm{e}^{2x})^{(n-1)}+\frac{n(n-1)}{2}6x(\mathrm{e}^{2x})^{(n-2)}+\\&\quad\frac{n(n-1)(n-2)}{6}\cdot 6\cdot(\mathrm{e}^{2x})^{(n-3)}\\&=2^{n-3}\mathrm{e}^{2x}[8x^3+12nx^2+6n(n-1)x+n(n-1)(n-2)].\end{aligned}$$

习题 2.3

习题 2.3 答案

1．求下列函数的二阶导数：

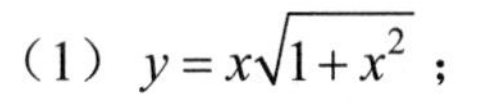
（1）$y=x\sqrt{1+x^2}$；

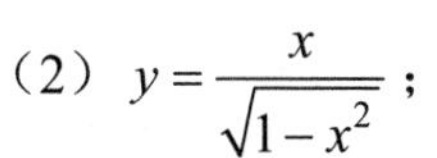
（2）$y=\dfrac{x}{\sqrt{1-x^2}}$；

（3）$y=\mathrm{e}^{-x^2}$；　　（4）$y=x\mathrm{e}^{x^2}$；

（5）$y=\tan x$；　　（6）$y=(1+x^2)\arctan x$；

（7）$y=\ln(1-x^2)$；　　（8）$y=\ln(x+\sqrt{1+x^2})$.

2．求下列函数的二阶导数：

（1）$y=\ln f(x)$；　　（2）$y=f(\ln x)$.

3．$y=\mathrm{e}^{\sin x}\cos(\sin x)$，求 $y(0)$、$y'(0)$ 和 $y''(0)$.

4．设 $u=\varphi(x)$ 及 $v=\psi(x)$ 为二次可导函数，求 y''：

（1）$y=u^2$；　　（2）$y=\ln\dfrac{u}{v}$.

5．$f(x)$ 为三次可导函数，求 y'' 和 y'''：

（1）$y=f(x^2)$；　　（2）$y=f\left(\dfrac{1}{x}\right)$.

6．求下列函数指定阶的导数：

（1）$y=x\ln x$，求 $y^{(5)}$；　　（2）$y=\dfrac{\ln x}{x}$，求 $y^{(5)}$；

（3）$y=x^2\mathrm{e}^{2x}$，求 $y^{(20)}$；　　（4）$y=x^2\sin 2x$，求 $y^{(50)}$.

7．（1）若函数 $f(x)$ 有 n 阶导数，求 $[f(ax+b)]^{(n)}$；

（2）$P(x)=a_0x^n+a_1x^{n-1}+\cdots+a_n$，求 $P^{(n)}(x)$．

8．求下列函数 $y^{(n)}$：

（1）$y=\sin^2 x$；（2）$y=\cos^2 x$．

2.4 对数求导法、隐函数及参数方程所确定的函数的导数

2.4.1 对数求导法

对数求导法在计算导数时常常能起很大作用．这个方法是 1697 年瑞士数学家伯努利提出来的，是复合函数求导法则的一个简单应用，主要用于形如 $f(x)=u(x)^{v(x)}$ 的函数的求导．

对给定的函数 $f(x)$，在使 $f(x)\neq 0$ 的点 x 处计算 $f'(x)$ 时，可令

$$g(x)=\ln|f(x)|$$

则由复合函数求导法则可得

$$g'(x)=\frac{f'(x)}{f(x)}$$

如果 $g'(x)$ 可用某些其他的方法求出，那么乘上 $f(x)$ 就可以得到所要求的 $f'(x)$．

事实上，在计算 $g'(x)$ 之前，往往可利用对数函数的性质，将 $g(x)$ 先作适当的变形后再进行求导．这样，当 $g'(x)$ 的计算比 $f'(x)$ 的计算简单时，就能显示出对数求导法的作用，而有 $f'(x)=f(x)g'(x)$．

例 1 求函数 $y=x^x$ $(x>0)$ 的导数．

解 利用对数求导法，方程两边取对数得

$$\ln y=\ln x^x$$

即

$$\ln y=x\cdot\ln x$$

两边对自变量 x 求导，得

$$\frac{1}{y}y'=\ln x+x\cdot\frac{1}{x}$$

所以 $y'=x^x(\ln x+1)$．

例 2　求函数 $f(x)=x^2\cos x(1+x^4)^{-7}$ 的导数.

解　利用对数求导法，注意到 $f(x)$ 不恒为正，取 $f(x)$ 绝对值的对数，有

$$\begin{aligned}g(x)&=\ln|f(x)|=\ln x^2+\ln|\cos x|+\ln(1+x^4)^{-7}\\&=2\ln|x|+\ln|\cos x|-7\ln(1+x^4)\end{aligned}$$

两边同时求导，可得

$$g'(x)=\frac{f'(x)}{f(x)}=\frac{2}{x}-\frac{\sin x}{\cos x}-\frac{28x^3}{1+x^4}$$

用 $f(x)$ 乘以等式两边，得

$$f'(x)=\frac{2x\cos x}{(1+x^4)^7}-\frac{x^2\sin x}{(1+x^4)^7}-\frac{28x^5\cos x}{(1+x^4)^8}$$

例 3　求函数 $y=x\sqrt{\dfrac{1-x}{1+x}}$ 的导数.

解　将函数两边取绝对值后，再取对数，得

$$\ln|y|=\ln\left|x\sqrt{\frac{1-x}{1+x}}\right|$$

进一步化简得

$$\ln|y|=\ln|x|+\ln\sqrt{\frac{1-x}{1+x}}$$

即

$$\ln|y|=\ln|x|+\frac{1}{2}\ln|1-x|-\frac{1}{2}\ln|1+x|$$

上式两边对自变量 x 求导得

$$\frac{1}{y}y'=\frac{1}{x}-\frac{1}{2(1-x)}-\frac{1}{2(1+x)}$$

所以

$$y'=y\left(\frac{1}{x}-\frac{1}{1-x^2}\right)=x\sqrt{\frac{1-x}{1+x}}\left(\frac{1}{x}-\frac{1}{1-x^2}\right)$$

2.4.2　隐函数的导数

之前讨论的求导方法，都是对显函数而言的．所谓显函数，就是指函数的因变量 y 可以用自变量 x 的一个表达式 $y=f(x)$ 直接表达出来，如 $y=\cos x$，$y=3x^3-5x^2$ 等．若变量 x 与 y 的函数关系是由方程来确定的，则称此类函数为**隐函数**.

把一个隐函数化为显函数，称为**隐函数的显化**．隐函数的显化有时是困难的，甚至是不可能的．但在实际问题中，有时候还需要计算隐函数的导数，因此，我

们需要一种方法，不管隐函数是否能显化，都可以直接由方程得到它所确定的隐函数的导数．下面通过例题来具体说明这种求导方法．

例 4 设 $y=y(x)$ 是由方程 $x^3+y^3-\sin 3x+6y=0$ 所确定的隐函数，求 $\left.\dfrac{\mathrm{d}y}{\mathrm{d}x}\right|_{x=0}$．

解 在方程两边同时对 x 求导，并注意 y 是 x 的函数，即

$$3x^2+3y^2y'-3\cos 3x+6y'=0$$

解出 y'，得

$$y'=\frac{\cos 3x-x^2}{y^2+2}$$

又由原方程可得，当 $x=0$ 时，$y=0$．将 $x=0$，$y=0$ 代入上式，即得

$$\left.\frac{\mathrm{d}y}{\mathrm{d}x}\right|_{x=0}=\frac{1}{2}$$

例 5 求由方程 $xy-\sin(\pi y^2)=0$ 所确定的隐函数 $y=y(x)$ 的导数．

解 方程两边同时对自变量 x 求导，得

$$y+xy'-\cos(\pi y^2)\cdot 2\pi yy'=0$$

解出 y'，得

$$y'=\frac{y}{2\pi y\cos(\pi y^2)-x}$$

例 6 设方程 $(\cos x)^y=(\sin y)^x$ 确定了 y 是 x 的函数，求 y'．

解 方程两边同时取对数，得

$$y\ln\cos x=x\ln\sin y$$

方程两边再同时对自变量 x 求导，得

$$y'\ln\cos x+y\frac{-\sin x}{\cos x}=\ln\sin y+x\frac{\cos y}{\sin y}y'$$

于是

$$y'=\frac{\ln\sin y+y\tan x}{\ln\cos x-x\cot y}$$

例 7 求椭圆 $\dfrac{x^2}{16}+\dfrac{y^2}{9}=1$ 在 $(2,\dfrac{3}{2}\sqrt{3})$ 处的切线方程．

解 在椭圆方程的两边同时对自变量 x 求导，得

$$\frac{x}{8}+\frac{2}{9}y\cdot y'=0$$

从而

$$y'=-\frac{9x}{16y}$$

当 $x=2$ 时，$y=\frac{3}{2}\sqrt{3}$，代入上式得所求切线斜率为

$$k=y'|_{x=2}=-\frac{\sqrt{3}}{4}$$

于是，所求的切线方程为

$$y-\frac{3}{2}\sqrt{3}=-\frac{\sqrt{3}}{4}(x-2)$$

即 $\sqrt{3}x+4y-8\sqrt{3}=0$.

例 8　求由方程 $\sin y=\ln(x+y)$ 所确定的隐函数的二阶导数.

解　方程两边分别对 x 求导，得

$$\cos y\cdot y'=\frac{1}{x+y}(1+y')$$

解得

$$y'=\frac{1}{(x+y)\cos y-1}$$

上式两边再对 x 求导，得

$$y''=-\frac{(1+y')\cos y+(x+y)(-\sin y)\cdot y'}{[(x+y)\cos y-1]^2}$$

将 y' 代入，得

$$y''=-\frac{(x+y)\cos^2 y-(x+y)\sin y}{[(x+y)\cos y-1]^3}$$

2.4.3　由参数方程所确定的函数的导数

在实际问题中，函数 y 与自变量 x 可能不是直接由解析式 $y=f(x)$ 表示，而是用**参数方程** $\begin{cases}x=\varphi(t)\\ y=\psi(t)\end{cases}$（$t$ 为参变量）的形式来表示. 下面给出这类函数的求导方法.

设 $x=\varphi(t)$ 有连续反函数 $t=\varphi^{-1}(x)$，又 $\varphi'(t)$ 与 $\psi'(t)$ 都存在，且 $\varphi'(t)\neq 0$，则 y 为复合函数 $y=\psi(t)=\psi(\varphi^{-1}(x))$，利用反函数和复合函数求导法则，得

$$\frac{\mathrm{d}y}{\mathrm{d}x}=\frac{\mathrm{d}y}{\mathrm{d}t}\cdot\frac{\mathrm{d}t}{\mathrm{d}x}=\psi'(t)\cdot\frac{1}{\varphi'(t)}=\frac{\psi'(t)}{\varphi'(t)}=\frac{y'_t}{x'_t}$$

即 $\frac{\mathrm{d}y}{\mathrm{d}x}=\frac{\frac{\mathrm{d}y}{\mathrm{d}t}}{\frac{\mathrm{d}x}{\mathrm{d}t}}$.

例 9 已知参数方程$\begin{cases} x = t\sin t \\ y = \cos t \end{cases}$，求$\dfrac{\mathrm{d}y}{\mathrm{d}x}$.

解 由参数方程求导法则，$\dfrac{\mathrm{d}y}{\mathrm{d}x} = \dfrac{\frac{\mathrm{d}y}{\mathrm{d}t}}{\frac{\mathrm{d}x}{\mathrm{d}t}} = -\dfrac{\sin t}{\sin t + t\cos t}$.

例 10 求参数方程$\begin{cases} x = \ln(1+t^2) \\ y = \arctan t \end{cases}$在对应点$t=1$处的切线方程和法线方程.

解 由于

$$\frac{\mathrm{d}y}{\mathrm{d}x} = \frac{\frac{\mathrm{d}y}{\mathrm{d}t}}{\frac{\mathrm{d}x}{\mathrm{d}t}} = \frac{\frac{1}{1+t^2}}{\frac{2t}{1+t^2}} = \frac{1}{2t}$$

因此$\left.\dfrac{\mathrm{d}y}{\mathrm{d}x}\right|_{t=1} = \dfrac{1}{2}$.

而当$t=1$时，$x=\ln 2$，$y=\dfrac{\pi}{4}$，于是所求切线方程为

$$y - \frac{\pi}{4} = \frac{1}{2}(x - \ln 2)$$

即$y = \dfrac{1}{2}x - \dfrac{1}{2}\ln 2 + \dfrac{\pi}{4}$.

所求法线方程为

$$y - \frac{\pi}{4} = -2(x - \ln 2)$$

即$y = -2x + 2\ln 2 + \dfrac{\pi}{4}$.

若$x=\varphi(t)$，$y=\psi(t)$二阶可导，可继续求二阶导数y''，由$\dfrac{\mathrm{d}y}{\mathrm{d}x} = \dfrac{\psi'(t)}{\varphi'(t)}$，得

$$\begin{aligned}\frac{\mathrm{d}^2 y}{\mathrm{d}x^2} &= \frac{\mathrm{d}}{\mathrm{d}x}\left(\frac{\mathrm{d}y}{\mathrm{d}x}\right) = \frac{\mathrm{d}}{\mathrm{d}t}\left[\frac{\psi'(t)}{\varphi'(t)}\right]\frac{\mathrm{d}t}{\mathrm{d}x} = \frac{\psi''(t)\varphi'(t) - \psi'(t)\varphi''(t)}{\varphi'^2(t)} \cdot \frac{1}{\varphi'(t)} \\ &= \frac{\psi''(t)\varphi'(t) - \psi'(t)\varphi''(t)}{\varphi'^3(t)}\end{aligned}$$

例 11 设参数方程$\begin{cases} x = \arctan t \\ y = \ln(1+t^2) \end{cases}$，求$\dfrac{\mathrm{d}^2 y}{\mathrm{d}x^2}$.

解　先求 $\frac{\mathrm{d}y}{\mathrm{d}x}$，即 $\frac{\mathrm{d}y}{\mathrm{d}x}=\frac{\frac{\mathrm{d}y}{\mathrm{d}t}}{\frac{\mathrm{d}x}{\mathrm{d}t}}=\frac{\frac{2t}{1+t^2}}{\frac{1}{1+t^2}}=2t$.

则 $\frac{\mathrm{d}^2y}{\mathrm{d}x^2}=\frac{\mathrm{d}\left(\frac{\mathrm{d}y}{\mathrm{d}x}\right)}{\mathrm{d}x}=\frac{\frac{\mathrm{d}\left(\frac{\mathrm{d}y}{\mathrm{d}x}\right)}{\mathrm{d}t}}{\frac{\mathrm{d}x}{\mathrm{d}t}}=\frac{2}{\frac{1}{1+t^2}}=2(1+t^2)$.

2.4.4　相关变化率

设 $x=x(t)$ 与 $y=y(t)$ 都是可导函数，而变量 x 与 y 间存在某种关系，从而变化率 $\frac{\mathrm{d}x}{\mathrm{d}t}$ 与 $\frac{\mathrm{d}y}{\mathrm{d}t}$ 之间也存在一定的关系．这两个相互依赖的变化率称为**相关变化率**．相关变化率问题就是研究 $\frac{\mathrm{d}x}{\mathrm{d}t}$ 与 $\frac{\mathrm{d}y}{\mathrm{d}t}$ 这两个变化率之间的关系，以便从其中一个变化率求出另一个变化率．

例 12　若圆半径以 2cm/s 等速度增加，则圆半径 $R=10\text{cm}$ 时，圆面积增加的速度如何？

解　设圆面积为 S，则 $S=\pi R^2$，则圆面积的增加速度可表示为 $\frac{\mathrm{d}S}{\mathrm{d}t}$，而

$$\frac{\mathrm{d}S}{\mathrm{d}t}=\frac{\mathrm{d}(\pi R^2)}{\mathrm{d}t}=2\pi R\frac{\mathrm{d}R}{\mathrm{d}t}$$

这里已知 $\frac{\mathrm{d}R}{\mathrm{d}t}=2\text{cm/s}$，所以

$$\left.\frac{\mathrm{d}S}{\mathrm{d}t}\right|_{R=10}=2\pi R\left.\frac{\mathrm{d}R}{\mathrm{d}t}\right|_{R=10}=40\pi\ \text{cm}^2/\text{s}$$

故当 $R=10\text{cm}$ 时，圆面积的增加速度为 $40\pi\ \text{cm}^2/\text{s}$.

习题 2.4

习题 2.4 答案

1．用对数求导法求下列函数的导数：

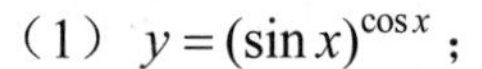

（1）$y=(\sin x)^{\cos x}$；　　（2）$y=(\cos x)^{\sin x}$；

（3）$y=(x^2+2)^{\sin x}$；　　（4）$y=(1+x^2)^{\tan x}$；

（5）$y=\sqrt[5]{\dfrac{(2x+5)(4x-3)^2}{x\cdot\sqrt[3]{6x+7}}}$；（6）$y=\dfrac{\sqrt[5]{x-3}\cdot\sqrt[3]{3x-2}}{\sqrt{2-x}}$；

（7）$y=\left(\dfrac{x}{1+x}\right)^x$；（8）$y=\sqrt[5]{\dfrac{x-5}{\sqrt[5]{x^2+2}}}$；

（9）$y=\left(\dfrac{b}{a}\right)^x\left(\dfrac{b}{x}\right)^a\left(\dfrac{x}{a}\right)^b$ （$a,b>0$，$\dfrac{a}{b}\neq 1$）.

2．求下列方程所确定的隐函数的导数$\dfrac{\mathrm{d}y}{\mathrm{d}x}$：

（1）$y^2-2xy+9=0$；（2）$x^3+y^3-3axy=0$；

（3）$y=x+\ln x$（$x>0$）；（4）$y=x+\mathrm{e}^x$.

3．求下列方程所确定的隐函数的导数$\dfrac{\mathrm{d}y}{\mathrm{d}x}$：

（1）$y^2=2px$；（2）$\dfrac{x^2}{a^2}+\dfrac{y^2}{b^2}=1$；

（3）$\sqrt{x}+\sqrt{y}=\sqrt{a}$；（4）$x^{\frac{2}{3}}+y^{\frac{2}{3}}=a^{\frac{2}{3}}$.

4．求下列方程所确定的隐函数的导数$\dfrac{\mathrm{d}y}{\mathrm{d}x}$：

（1）$r=a\varphi$；（2）$r=a(1+\cos\varphi)$.

其中$r=\sqrt{x^2+y^2}$及$\varphi=\arctan\dfrac{y}{x}$表示极坐标.

5．求下列参数方程所确定的函数的导数$\dfrac{\mathrm{d}y}{\mathrm{d}x}$：

（1）$\begin{cases}x=\sin^2 t\\ y=\cos^2 t\end{cases}$；（2）$\begin{cases}x=a\cos^3 t\\ y=b\sin^3 t\end{cases}$.

6．（1）写出曲线$\begin{cases}x=2t-t^2\\ y=3t-t^3\end{cases}$上于$t=0$，$t=1$两点处的切线和法线方程.

（2）写出曲线$\begin{cases}x=\dfrac{2t+t^2}{1+t^3}\\ y=\dfrac{2t-t^2}{1+t^3}\end{cases}$上于$t=0$，$t=1$两点处的切线和法线方程.

7．写出曲线方程在指定点的切线与法线方程：

（1）$\dfrac{x^2}{100}+\dfrac{y^2}{64}=1$，$M(6,6.4)$；　　（2）$xy+\ln y=1$，$M(1,1)$.

8．求下列参数方程所确定的函数的二阶导数 $\dfrac{\mathrm{d}^2y}{\mathrm{d}x^2}$：

（1）$\begin{cases} x=\dfrac{t^2}{2} \\ y=1-t \end{cases}$；　　（2）$\begin{cases} x=a\cos t \\ y=b\sin t \end{cases}$.

9．一长为 5m 的梯子斜靠在墙上，如果梯子下端以 0.5m/s 的速率滑离墙壁，试求当梯子与墙的夹角为 $\dfrac{\pi}{3}$ 时，该夹角的增加率（设夹角为 α）.

10．长方形的一边 $x=20\text{m}$，另一边 $y=15\text{m}$，若第一边以速度 1m/s 减少，而第二边以速度 2m/s 增加，求长方形的面积和对角线变化的速度.

2.5　函数的微分

2.5.1　微分的定义

在第一节中我们知道，函数的导数是表示函数在点 x 处的变化率，它描述了函数在点 x 处变化的快慢程度. 但有时我们还需要了解函数在某一点当自变量取得一个微小的改变量时，函数取得的相应改变量的大小，这就引入了微分的概念. 先看一个实例.

一块正方形的金属薄片受温度变化的影响，其边长由 x_0 变到 $x_0+\Delta x$，如图 2-2 所示，此薄片的面积改变了多少？

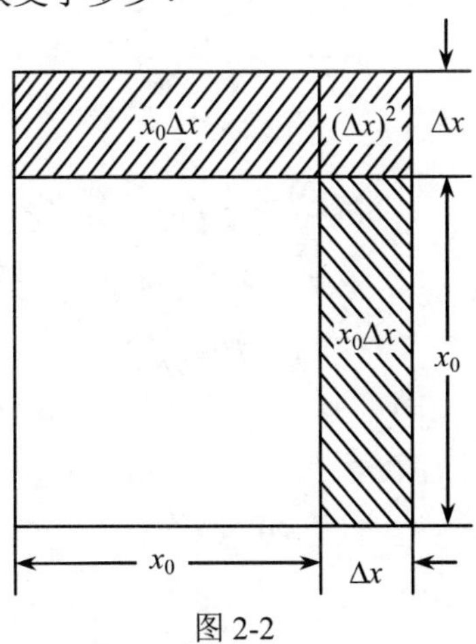

图 2-2

已知，正方形面积 S 为边长 x 的函数：$S=x^2$．

金属薄片受温度变化的影响，边长由 x_0 变到 $x_0+\Delta x$，这时函数 S 相应地改变量为 ΔS，即

$$\Delta S=(x_0+\Delta x)^2-{x_0}^2=2x_0\Delta x+(\Delta x)^2$$

上式有以下两个意义．

（1）几何意义．$2x_0\Delta x$ 表示两个长为 x_0、宽为 Δx 的长方形面积；$(\Delta x)^2$ 表示边长为 Δx 的正方形面积．

（2）数学意义．当 $\Delta x\to 0$ 时，$(\Delta x)^2$ 是比 Δx 高阶的无穷小量，即 $(\Delta x)^2=o(\Delta x)$；$2x_0\Delta x$ 是 Δx 的线性函数，是 ΔS 的主要部分，可以近似代替 ΔS．

一般地，如果函数 $y=f(x)$ 满足某些特定条件，且函数的增量 Δy 可记为

$$\Delta y=A\Delta x+o(\Delta x)$$

其中 A 是不依赖于 Δx 的常数，则当 $|\Delta x|$ 很小时，可以用 $A\Delta x$ 近似地代替 Δy，于是有以下定义．

定义 1 设函数 $y=f(x)$ 在某区间 I 内有定义，当自变量 x 在点 x_0 处产生一个改变量 Δx（其中 $x_0,x_0+\Delta x\in I$）时，函数的改变量 $\Delta y=f(x_0+\Delta x)-f(x_0)$ 与 Δx 有下列关系 $\Delta y=A\Delta x+o(\Delta x)$，其中 A 是与 Δx 无关的常数，则称函数 $f(x)$ 在点 x_0 处**可微**，称 $A\Delta x$ 为函数 $f(x)$ 在点 x_0 处相应于自变量增量 Δx 的**微分**，记为 $\mathrm{d}y$，即

$$\mathrm{d}y=A\Delta x$$

下面讨论上式中的常数 A．

设函数 $f(x)$ 在点 x_0 处可微，则按微分的定义有

$$\Delta y=A\Delta x+o(\Delta x)$$

上式两边同时除以 Δx，得

$$\frac{\Delta y}{\Delta x}=A+\frac{o(\Delta x)}{\Delta x}$$

于是，当 $\Delta x\to 0$ 时，就得到

$$\lim_{\Delta x\to 0}\frac{\Delta y}{\Delta x}=f'(x_0)=A$$

因此，这个与 Δx 无关的常数 A 就是函数 $y=f(x)$ 在点 x_0 处的导数 $f'(x_0)$，即

$$A=f'(x_0)$$

并且，由此可知，当函数 $f(x)$ 在点 x_0 处可微时，一定有 $f(x)$ 在点 x_0 处可导．

反之，如果 $f(x)$ 在点 x_0 处可导，即

$$\lim_{\Delta x\to 0}\frac{\Delta y}{\Delta x}=f'(x_0)$$

存在，根据函数极限与无穷小量的关系，上式可以写成

$$\frac{\Delta y}{\Delta x}=f'(x_0)+\alpha$$

其中α是$\Delta x\to 0$的无穷小量，故

$$\Delta y=f'(x_0)\Delta x+\alpha\Delta x$$

因为$f'(x_0)$不依赖于Δx，且$\alpha\Delta x=o(\Delta x)$，于是

$$\Delta y=A\Delta x+o(\Delta x)$$

所以$f(x)$在点x_0处也是可微的.

因此，**函数 $f(x)$ 在点 x_0 处可微的充分必要条件是函数 $f(x)$ 在点 x_0 处可导**，且当函数$f(x)$在点x_0处可微时，其微分一定是

$$\mathrm{d}y=f'(x_0)\Delta x$$

在$f'(x_0)\neq 0$的条件下，以微分$\mathrm{d}y=f'(x_0)\Delta x$近似代替增量$\Delta y=f(x_0+\Delta x)-f(x_0)$时，其误差为$o(\Delta x)$．因此，在$|\Delta x|$很小时，有近似等式$\Delta y\approx \mathrm{d}y$．

例 1　求函数$y=x^2$当$x=2$，$\Delta x=0.02$时的函数增量Δy与微分$\mathrm{d}y$．

解　先求函数在$x=2$处的函数增量Δy，即

$$\Delta y=f(2.02)-f(2)=2.02^2-2^2=0.0804$$

再求函数当$x=2$，$\Delta x=0.02$时的微分，即

$$\mathrm{d}y\Big|_{\substack{x=2\\ \Delta x=0.02}}=(x^2)'\Delta x\Big|_{\substack{x=2\\ \Delta x=0.02}}=2x\Delta x\Big|_{\substack{x=2\\ \Delta x=0.02}}=2\times 2\times 0.02=0.08$$

由此可见，在$x=2$处，当$\Delta x=0.02$时，微分$\mathrm{d}y$确实可以近似计算函数增量Δy，两者的误差为$|\Delta y-\mathrm{d}y|=|0.0804-0.08|=0.0004$，相差不大，且可以验证，当$\Delta x$越小时，误差越小.

例 2　求函数$y=x^3$在$x=1$和$x=2$处的微分.

解　函数$y=x^3$在$x=1$处的微分为

$$\mathrm{d}y=(x^3)'|_{x=1}\,\Delta x=3x^2\,|_{x=1}\,\Delta x=3\Delta x$$

在$x=2$处的微分为

$$\mathrm{d}y=(x^3)'|_{x=2}\,\Delta x=3x^2\,|_{x=2}\,\Delta x=12\Delta x$$

以上两例是函数$y=f(x)$在某点x_0处的微分，函数$f(x)$在任意点x处的微分，称为**函数的微分**，记作$\mathrm{d}y$或$\mathrm{d}f(x)$，即

$$\mathrm{d}y=f'(x)\Delta x$$

例如，$\mathrm{d}(\cos x)=(\cos x)'\Delta x=-\sin x\Delta x$；$\mathrm{d}\mathrm{e}^x=(\mathrm{e}^x)'\Delta x=\mathrm{e}^x\Delta x$；而$\mathrm{d}(x)=(x)'\Delta x=\Delta x$．

我们通常把$\mathrm{d}x$称为**自变量 x 的微分**，由于$\mathrm{d}x=\Delta x$，于是函数$y=f(x)$的微分又可记作

$$\mathrm{d}y=f'(x)\mathrm{d}x$$

从而有

$$\frac{\mathrm{d}y}{\mathrm{d}x}=f'(x)$$

也就是说，**函数的微分 $\mathrm{d}y$ 与自变量的微分 $\mathrm{d}x$ 之商等于该函数的导数**. 因此，导数也被称作“**微商**”.

2.5.2 微分的几何意义

为了直观地了解什么是微分，下面来讨论微分的几何意义.

如图 2-3 所示，函数$y=f(x)$的图形是一条曲线，曲线上有一定点$M(x_0,y_0)$，当自变量x有增量Δx时，可得到曲线上另一点$N(x_0+\Delta x,y_0+\Delta y)$，即有$MQ=\Delta x$，$QN=\Delta y$.

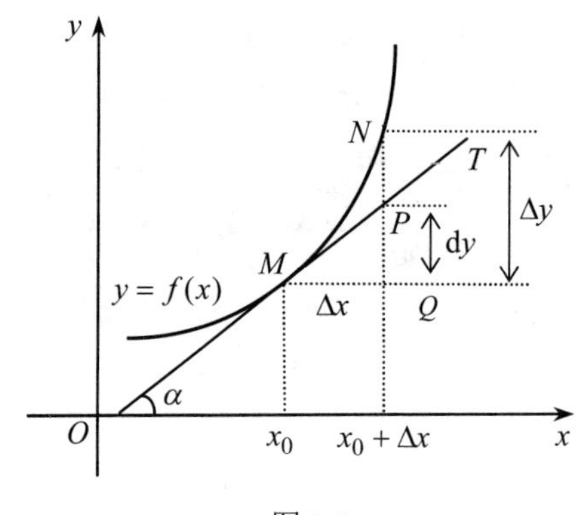

图 2-3

过M点作曲线的切线MT，倾角记为α，则有

$$QP=MQ\cdot\tan\alpha=\Delta x\cdot f'(x_0)$$

即$\mathrm{d}y=QP$.

事实上，当Δy是曲线$y=f(x)$上点的纵坐标的增量时，$\mathrm{d}y$就是曲线的切线上点的纵坐标的相应增量. 当$|\Delta x|$很小时，$|\Delta y-\mathrm{d}y|$比$|\Delta x|$小得多. 因此在点M的邻近，我们可以用**切线段长来近似代替曲线段长**.

2.5.3 基本初等函数的微分公式与微分运算法则

从函数微分的表达式：

$$dy = f'(x)dx$$

可以看出，要计算函数的微分，只要计算函数的导数，再乘以自变量的微分即可. 因此可得到如下的微分公式和微分运算法则.

1. 基本初等函数的微分公式

基本初等函数的微分公式如下：

（1）$d(C) = 0$；　（2）$d(x^{\mu}) = \mu x^{\mu-1}dx$；

（3）$d(a^x) = a^x \ln a dx$；　（4）$d(e^x) = e^x dx$；

（5）$d(\log_a x) = \frac{1}{x\ln a}dx$；　（6）$d(\ln x) = \frac{1}{x}dx$；

（7）$d(\sin x) = \cos x dx$；　（8）$d(\cos x) = -\sin x dx$；

（9）$d(\tan x) = \sec^2 x dx$；　（10）$d(\cot x) = -\csc^2 x dx$；

（11）$d(\sec x) = \sec x \tan x dx$；　（12）$d(\csc x) = -\csc x \cot x dx$；

（13）$d(\arcsin x) = \frac{1}{\sqrt{1-x^2}}dx$；　（14）$d(\arccos x) = -\frac{1}{\sqrt{1-x^2}}dx$；

（15）$d(\arctan x) = \frac{1}{1+x^2}dx$；　（16）$d(\operatorname{arccot} x) = -\frac{1}{1+x^2}dx$.

2. 函数和、差、积、商的微分法则

函数和、差、积、商的微分法则如下：

（1）$d(u \pm v) = du \pm dv$；　（2）$d(Cu) = Cdu$；

（3）$d(uv) = vdu + udv$；　（4）$d\left(\frac{u}{v}\right) = \frac{vdu - udv}{v^2}$（$v \neq 0$）.

3. 复合函数的微分法则

设 $y = f(u)$， $u = \varphi(x) \in D$.

（1）$dy = f'(u)du$（注：此处 dy 是关于 Δx 的微分）.

证明　由复合函数求导法则得， $y' = f'(u)\cdot\varphi'(x)$ ，所以

$$dy = y'dx = f'(u)\cdot\varphi'(x)dx = f'(u)du$$

（2）微分形式的不变性：无论 u 是否为自变量，微分形式 $dy = f'(u)du$ 保持不变.

例 3　已知函数 $y = \sin(2x+1)$ ，求 dy .

解　设 $y = \sin u$ ， $u = 2x+1$ ，而 $dy = \cos u du$ ， $du = 2dx$ ，于是

$$dy = \cos u du = \cos(2x+1)\cdot 2dx = 2\cos(2x+1)dx$$

例 4　求函数 $y = \frac{x^2+1}{x+1}$ 的微分.

解 $\mathrm{d}y=\left(\dfrac{x^2+1}{x+1}\right)'\mathrm{d}x=\left(x-1+\dfrac{2}{x+1}\right)'\mathrm{d}x=\mathrm{d}x+2\mathrm{d}\left(\dfrac{1}{x+1}\right)$

$$=\mathrm{d}x+\frac{-2}{(x+1)^2}\mathrm{d}x=\frac{x^2+2x-1}{(x+1)^2}\mathrm{d}x$$

例 5 求函数 $y=\ln(2+\tan x^2)$ 的微分.

解 $\mathrm{d}y=\mathrm{d}[\ln(2+\tan x^2)]=\dfrac{\mathrm{d}(2+\tan x^2)}{2+\tan x^2}=\dfrac{\sec x^2}{2+\tan x^2}\mathrm{d}(x^2)=\dfrac{2x\sec x^2}{2+\tan x^2}\mathrm{d}x$.

例 6 已知函数 $y=\mathrm{e}^{1-3x}\cos x$ ，求 $\mathrm{d}y$.

解 $\mathrm{d}y=\cos x\mathrm{d}\mathrm{e}^{1-3x}+\mathrm{e}^{1-3x}\mathrm{d}\cos x=\mathrm{e}^{1-3x}\cos x\mathrm{d}(1-3x)+\mathrm{e}^{1-3x}\cdot(-\sin x)\mathrm{d}x$

$$=-3\mathrm{e}^{1-3x}\cos x\mathrm{d}x-\mathrm{e}^{1-3x}\sin x\mathrm{d}x=-\mathrm{e}^{1-3x}(3\cos x+\sin x)\mathrm{d}x$$

例 7 设方程 $y+x\mathrm{e}^y=1$ 中 $y=y(x)$ ，求 $\mathrm{d}y$.

解 方程两端同时求自变量 x 的微分，得 $\mathrm{d}(y+x\mathrm{e}^y)=\mathrm{d}(1)$ ，则

$$\mathrm{d}y+\mathrm{e}^y\mathrm{d}x+x\mathrm{e}^y\mathrm{d}y=0$$

于是 $\mathrm{d}y=-\dfrac{\mathrm{e}^y}{1+x\mathrm{e}^y}\mathrm{d}x$.

例 8 设函数 $f(x)$ 可微， $y=f(\ln x)\cdot\mathrm{e}^{f(x)}$ ，求 $\mathrm{d}y$.

解 $\mathrm{d}y=f(\ln x)\mathrm{d}\mathrm{e}^{f(x)}+\mathrm{e}^{f(x)}\mathrm{d}f(\ln x)=f'(x)\mathrm{e}^{f(x)}f(\ln x)\mathrm{d}x+\dfrac{1}{x}f'(\ln x)\mathrm{e}^{f(x)}\mathrm{d}x$

$$=\mathrm{e}^{f(x)}\left[f'(x)f(\ln x)+\frac{1}{x}f'(\ln x)\right]\mathrm{d}x.$$

例 9 在下列等式左端的括号中填入适当的函数，使等式成立.

（1） $\mathrm{d}(\ )=5x\mathrm{d}x$ ；（2） $\mathrm{d}(\ )=\sec^2 2x\mathrm{d}x$.

解 （1）因为 $\left(\dfrac{5}{2}x^2+C\right)'=5x$ ，所以，有 $\mathrm{d}\left(\dfrac{5}{2}x^2+C\right)=5x\mathrm{d}x$ （C 为任意常数）；

（2）因为 $(\tan 2x)'=2\sec^2 2x$ ，所以，有 $\mathrm{d}\left(\dfrac{1}{2}\tan 2x+C\right)=\sec^2 2x\mathrm{d}x$ （C 为任意常数）.

2.5.4 微分在近似计算中的应用

在工程问题中，经常会遇到一些复杂的计算公式，如果直接用这些公式进行计算，那是很麻烦的．利用微分往往可以把一些复杂的计算公式用简单的近似公式来代替.

当函数 $y=f(x)$ 在点 x_0 处的导数 $f'(x)\neq 0$，且 $|\Delta x|$ 很小时，我们有

$$\Delta y=f(x_0+\Delta x)-f(x_0)\approx \mathrm{d}y=f'(x_0)\Delta x$$

即

$$f(x_0+\Delta x)\approx f(x_0)+f'(x_0)\Delta x \tag{2-6}$$

若令 $x=x_0+\Delta x$，即 $\Delta x=x-x_0$，则

$$f(x)\approx f(x_0)+f'(x_0)(x-x_0) \tag{2-7}$$

特别地，当 $x_0=0$ 时，有

$$f(x)\approx f(0)+f'(0)x \tag{2-8}$$

这些都是近似计算公式.

应用式（2-8），可以推得一些**常用近似公式**，当 $|x|$ 很小时，有：

（1）$\sqrt[n]{1+x}\approx 1+\frac{1}{n}x$；

（2）$\mathrm{e}^x\approx 1+x$；

（3）$\ln(1+x)\approx x$；

（4）$\sin x\approx x$（x 用弧度单位）；

（5）$\tan x\approx x$（x 用弧度单位）.

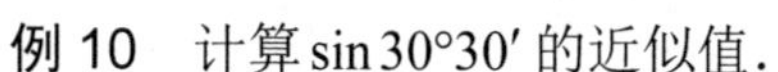

2.3 近似公式证明

例 10　计算 $\sin 30°30'$ 的近似值.

解　设 $f(x)=\sin x$，则 $f'(x)=\cos x$，由式（2-6），得

$$\begin{aligned}\sin 30°30'&=f(30°30')=f(30°+30')\approx f(30°)+f'(30°)\cdot 30'\\&=\sin 30°+\cos 30°\cdot\frac{\pi}{360}\quad（这里，1°=\frac{\pi}{180}，1°=60'）\\&=\frac{1}{2}+\frac{\pi}{360}\cdot\frac{\sqrt{3}}{2}\approx 0.5000+0.0076=0.5076\end{aligned}$$

例 11　一外径为 10cm 的球，球壳厚度为 $\frac{1}{16}$cm，试估计球壳的体积.

解　已知 $V=\frac{4}{3}\pi R^3$，而 $V'=4\pi R^2$，又 $R_0=10\text{cm}$，$\Delta R=\frac{1}{16}\text{cm}$，那么

$$\Delta V\approx \mathrm{d}V=V'\Delta R=4\pi R_0^2\Delta R=4\times 3.14\times 10^2\times\left(\frac{1}{16}\right)\text{cm}^3\approx 78.5\text{cm}^3$$

于是球壳的体积近似为 78.5cm^3.

例 12　计算 $\sqrt[4]{1.002}$ 的近似值.

解　因为 $\sqrt[4]{1.002}=\sqrt[4]{1+0.002}$，这里 $x=0.002$，其值较小，利用近似公式 $\sqrt[n]{1+x}\approx 1+\frac{1}{n}x$，可得

$$\sqrt[4]{1.002}=\sqrt[4]{1+0.002}\approx 1+\frac{1}{4}\times 0.002=1.0005$$

2.5.5* 误差估计

在生产实践中，经常要测量各种数据. 在测量某一量时，所测的结果与精确值有个误差，有误差的结果在计算过程中，必导致所计算的其他量也带有误差，下面讨论如何利用微分来估计这些误差.

一般地，设 A 为某量的精确值，a 为所测的近似值，$|A-a|$ 称为其绝对误差，$\left|\dfrac{A-a}{a}\right|$ 称为其相对误差，然而，A 经常是无法知道的，但根据使用者的经验，有时能够确定其绝对误差 $|A-a|$ 不超过 δ_A，即 $|A-a|\leqslant\delta_A$，此时，称 δ_A 为 A 的绝对误差限，而 $\dfrac{\delta_A}{|a|}$ 为 A 的相对误差限.

设 x 在测量时测得值为 x_0，且测量的绝对误差限为 δ_x，即 $|\Delta x|\leqslant\delta_x$，从而，当 $f'(x_0)\neq 0$ 时，有

$$|\Delta y|\approx|\mathrm{d}y|=|f'(x_0)\Delta x|=|f'(x_0)||\Delta x|\leqslant|f'(x_0)|\delta_x$$

$\delta_y=|f'(x_0)|\delta_x$ 称为 y **的绝对误差限**，$\dfrac{f'(x_0)\delta_x}{|f(x_0)|}$ 称为 y **的相对误差限**. 绝对误差限常简称为**绝对误差**，同理，相对误差限也简称为**相对误差**.

例 13 已测得一球的半径为 43cm，并知在测量中的绝对误差不超过 0.2cm，求以此数据计算体积时所产生的误差.

解 已知球的体积 $V=\dfrac{4}{3}\pi r^3$，$V'=4\pi r^2$，则以此数据算得球的体积为

$$V=\frac{4}{3}\cdot\pi\cdot 43^3=333038.14\text{cm}^3$$

绝对误差为

$$\delta_V\approx 4\cdot\pi\cdot 43^2\cdot 0.2\text{cm}^3=4647.0438\text{cm}^3$$

相对误差为

$$\frac{\delta_V}{V}\approx\frac{3\times 0.2}{43}=0.014$$

习题 2.5

习题 2.5 答案

1. 对于函数 $y=x^3-2x+1$，设：（1）$\Delta x=1$；（2）$\Delta x=0.1$；（3）$\Delta x=0.01$，求出 Δy 与 $\mathrm{d}y$，并比较它们.

2．设运动方程为$x=5t^2$，其中t的单位为 s，x的单位为 m.

设：（1）$\Delta t=1\text{s}$；（2）$\Delta t=0.1\text{s}$；（3）$\Delta t=0.01\text{s}$．对$t=2\text{s}$的时刻，求出路程的增量Δx及路程的微分 dx，并作比较.

3．求下列函数y的微分：

（1）$y=\dfrac{1}{x}$；

（2）$y=\dfrac{1}{x}+2\sqrt{x}$；

（3）$y=\dfrac{1}{2a}\ln\left|\dfrac{x-a}{x+a}\right|$；

（4）$y=\ln\left|x+\sqrt{x^2+a}\right|$；

（5）$y=\dfrac{x}{\sqrt{x^2+1}}$；

（6）$y=\dfrac{x}{\sqrt{1-x^2}}$；

（7）$y=\ln^2(1-x)$；

（8）$y=\ln(1-x^2)$；

（9）$y=x\mathrm{e}^x$；

（10）$y=x^2\mathrm{e}^{2x}$.

4．u、v、w为x的可微分的函数，求函数y的微分：

（1）$y=uvw$；

（2）$y=\dfrac{u}{v^2}$；

（3）$y=\dfrac{1}{\sqrt{u^2+v^2}}$；

（4）$y=\ln(\sqrt{u^2+v^2})$.

5．求证：（1）可微分的偶函数的导数为奇函数；

（2）可微分的奇函数的导数为偶函数.

6．设扇形的圆心角$\alpha=60°$，半径$R=100\text{cm}$．如果R不变，α减少$30'$，扇形面积大约改变了多少？又如果α不变，R增加1cm，扇形面积大约改变了多少？

7．计算下列根式的近似值：

（1）$\sqrt{1.02}$；　　（2）$\sqrt[3]{996}$.

8．求下列三角函数的近似值：

（1）$\sin 29°$； （2）$\cos 29°$．

9．计算下列反三角函数值的近似值：

（1）$\arcsin 0.5002$； （2）$\arccos 0.4995$．

10．证明近似公式：

（1）$\sqrt{a^2+x} \approx a+\dfrac{x}{2a}$（$a>0$），其中$|x| \ll a$（正数$A$和$B$的关系式$A \ll B$表示$A$与$B$相比较时，$A$为高阶无穷小量），利用这个公式近似地计算$\sqrt{5}$、$\sqrt{34}$、$\sqrt{120}$；

（2）$\sqrt[n]{a^n+x} \approx a+\dfrac{x}{na^{n-1}}$（$a>0$），其中$|x| \ll a$，利用此公式近似地计算$\sqrt[3]{9}$、$\sqrt[4]{80}$．

11．正方形的边长$x=2.4\text{m} \pm 0.05\text{m}$，计算所得正方形面积的绝对误差和相对误差．

第2章测试题

第 3 章　微分中值定理与导数的应用

上一章我们讨论了导数和微分的概念及其计算方法．本章将进一步研究构成微分学理论基础的、反映导数更深刻性质的微分中值定理，由于这些定理都与自变量区间当中的某个值有关，因此被统称为中值定理．

3.1　微分中值定理

微分中值定理由特例到一般可分为三种情况，分别用罗尔定理、拉格朗日中值定理、柯西中值定理来描述，下面逐个加以讨论．

3.1.1　罗尔定理

定理 1　设函数 $f(x)$ 满足：

（1）在 $[a,b]$ 上连续；

（2）在 (a,b) 内可导；

（3）$f(a)=f(b)$，

则在 (a,b) 内至少存在一点 ξ，使 $f'(\xi)=0$．

该定理的**几何意义**：该定理假设 $f(x)$ 在 $[a,b]$ 上连续，在 (a,b) 内可导，说明 $f(x)$ 在平面上是一条以 A、B 为端点、连续的且处处有不垂直于 x 轴的切线的曲线段（见图 3-1）；由 $f(a)=f(b)$，知线段 AB 平行于 x 轴；定理结论为 $f'(\xi)=0$，说明曲线段 $f(x)$ 上必有一点 C（相对于横坐标为 ξ 的点），在该点处的切线斜率为 0，即曲线在该点的切线平行于 x 轴．这个定理的结论告诉我们，在曲线段 AB 上至少存在一点，在该点处具有水平切线．

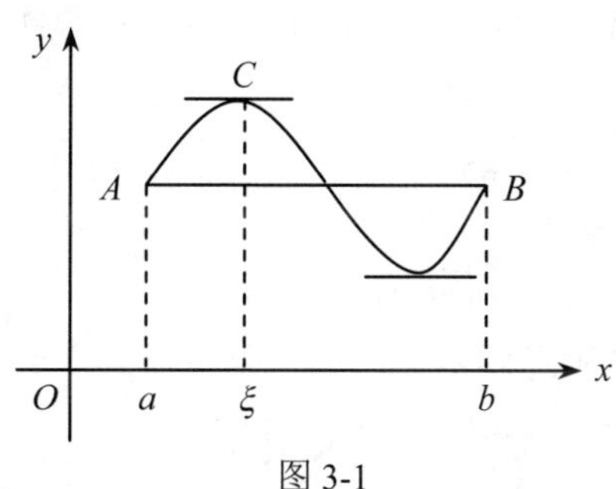

图 3-1

显然，如图 3-1 所示，ξ 可能是函数的最大值（或最小值）点. 因此，我们只需证明两点：首先，$f(x)$ 在 (a,b) 有取最大值（或最小值）的点 ξ；其次，$f'(\xi)=0$.

证明 由于 $f(x)$ 在 $[a,b]$ 上连续，根据闭区间上连续函数的性质，$f(x)$ 在 $[a,b]$ 上必有最大值 M 和最小值 m.

① 如果 $m=M$，则 $f(x)$ 在 $[a,b]$ 区间内恒为常数，即

$$f(x)=m=M$$

这时，在 (a,b) 内恒有 $f'(x)=0$. 于是对 (a,b) 内任一点 ξ，都有 $f'(\xi)=0$.

② 如果 $m<M$，因 $f(a)=f(b)$，则 M 与 m 中至少有一个不等于 $f(a)$.

设 $M\neq f(a)$，于是在 (a,b) 内至少有一点 ξ，使得 $f(\xi)=M$. 我们来证明 $f'(\xi)=0$.

事实上，因为 $f(\xi)=M$，所以不论 Δx 取正还是取负，只要 $\xi+\Delta x\in(a,b)$，就有

$$f(\xi+\Delta x)\leqslant f(\xi)$$

由于 $f(x)$ 在点 ξ 处可导以及极限的保号性，知

$$f'_+(\xi)=\lim_{\Delta x\to 0^+}\frac{f(\xi+\Delta x)-f(\xi)}{\Delta x}\leqslant 0$$

$$f'_-(\xi)=\lim_{\Delta x\to 0^-}\frac{f(\xi+\Delta x)-f(\xi)}{\Delta x}\geqslant 0$$

由于 $f'(\xi)=f'_+(\xi)=f'_-(\xi)$，因此有 $f'(\xi)=0$. 证毕.

这里需要注意的是，罗尔定理的条件是结论成立的充分条件，而非必要条件. 三个条件中缺少任何一个条件，都可能导致结论不成立.

例如，函数 $y=\dfrac{1}{(x-1)^2}$ 在 $[0,2]$ 上的 $x=1$ 处不连续，导致结论不成立.

函数 $y=|x|$ 在 $[-2,2]$ 上的 $x=0$ 处不可导，导致定理结论不成立;

函数 $y=2x-1$ 在 $[0,1]$ 上的端点值不等，导致定理结论不成立;

例 1 验证函数 $f(x)=x^3+4x^2-7x-10$ 在区间 $[-1,2]$ 上满足罗尔定理的三个条件，并求出满足 $f'(\xi)=0$ 的 ξ 点.

解 因为函数 $f(x)=x^3+4x^2-7x-10$ 在 $(-\infty,+\infty)$ 内可导，所以，$f(x)$ 在 $[-1,2]$ 上连续，在 $(-1,2)$ 内可导，且

$$f(-1)=f(2)=0$$

因此，函数 $f(x)$ 在 $[-1,2]$ 满足罗尔定理的三个条件.

而 $f'(x)=3x^2+8x-7$，令 $f'(x)=0$，解得

$$x_1=\frac{-4+\sqrt{37}}{3},\ x_2=\frac{-4-\sqrt{37}}{3}$$

显然x_2不在区间$(-1,2)$内，而$x_1\in(-1,2)$，因此，所求ξ为$\frac{-4+\sqrt{37}}{3}$.

例 2 求证方程$3x^2-2x=0$在区间$(0,1)$内至少有一根.

证明　令$f(x)=x^3-x^2$，则$f'(x)=3x^2-2x$.

由于$f(x)$在$[0,1]$上连续，在$(0,1)$内可导，且$f(0)=f(1)=0$，于是，由罗尔定理得，在$(0,1)$内至少存在一点ξ，使$f'(\xi)=0$，即$3\xi^2-2\xi=0$，这说明方程$3x^2-2x=0$在区间$(0,1)$内至少有一根.

实际上，由方程$3x^2-2x=0$解得其中一根$x=\frac{2}{3}$就恰好在区间$(0,1)$内，对于这种简单的方程我们通过求解就能得到其根，但对于一些较为复杂的方程，要得到其具体的根就不那么容易了，这时证明根的存在性以及估计根的取值范围就显得很有必要，罗尔定理在这方面有很重要的应用.

例 3　不求导数，判别函数$f(x)=(x-1)(x-2)(x-3)(x-4)$的导数$f'(x)=0$的实根个数.

解　因为函数$f(x)=(x-1)(x-2)(x-3)(x-4)$在$[1,4]$上可导，且

$$f(1)=f(2)=f(3)=f(4)$$

所以$f(x)$在$[1,2]$，$[2,3]$，$[3,4]$上都满足罗尔定理的条件，于是$f'(x)=0$至少有三个实根，分别位于$(1,2)$，$(2,3)$，$(3,4)$三个区间内.

又因为$f'(x)$是三次多项式，故$f'(x)=0$至多有三个实根，于是$f'(x)=0$的实根有三个，分别位于$(1,2)$，$(2,3)$，$(3,4)$三个区间内.

3.1.2　拉格朗日中值定理

定理 2　设函数$f(x)$满足：

（1）在$[a,b]$上连续；

（2）在(a,b)内可导，

则至少存在一点$\xi\in(a,b)$，使得

$$f'(\xi)=\frac{f(b)-f(a)}{b-a}$$

或

$$f(b)-f(a)=f'(\xi)(b-a)$$

如图 3-2 所示，$\frac{f(b)-f(a)}{b-a}$实际上是曲线两端点连线AB的斜率，而$f'(\xi)$就

是 $y=f(x)$ 这条曲线上点 $C(\xi,f(\xi))$ 处的切线斜率.

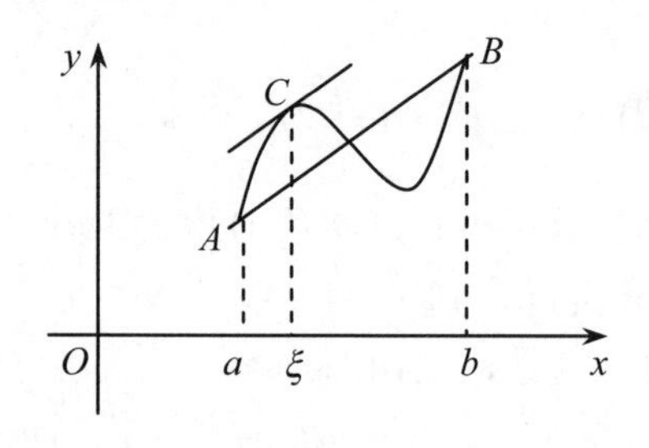

图 3-2

所以，拉格朗日中值定理的**几何意义是**：如果在 $[a,b]$ 区间上有一条连续曲线 $y=f(x)$，且曲线上每一点处都有切线，则在曲线 $y=f(x)$ 上至少有一点 $C(\xi,f(\xi))$，使曲线在点 C 处的切线与曲线两端点连线 AB 平行.

证明 引进辅助函数：

3.1 辅助函数设法

$$F(x)=f(x)-\frac{f(b)-f(a)}{b-a}\cdot x$$

由于 $F(x)$ 在 $[a,b]$ 上连续，在 (a,b) 内可导，且

$$F(a)=f(a)-\frac{f(b)-f(a)}{b-a}\cdot a=\frac{bf(a)-af(b)}{b-a}$$

$$F(b)=f(b)-\frac{f(b)-f(a)}{b-a}\cdot b=\frac{bf(a)-af(b)}{b-a}$$

即 $F(a)=F(b)$，则由罗尔定理满足条件，可知在 (a,b) 内至少存在一点 ξ，$a<\xi<b$，使得

$$F'(\xi)=0$$

即

$$f'(\xi)-\frac{f(b)-f(a)}{b-a}=0$$

亦即

$$f'(\xi)=\frac{f(b)-f(a)}{b-a}$$

或

$$f(b)-f(a)=f'(\xi)(b-a)$$

证毕.

这里，若在拉格朗日中值定理条件中加上 $f(a)=f(b)$，则拉格朗日中值定理的结论就变成了罗尔定理的结论 $f'(\xi)=0$．由此可见，**罗尔定理是拉格朗日中值定理当 $f(a)=f(b)$ 时的一种特殊情况**.

例 4　对于函数 $f(x)=\ln x$，在闭区间 $[1,\mathrm{e}]$ 上验证拉格朗日中值定理的正确性并求出 ξ 的值.

解　显然 $f(x)=\ln x$ 在 $[1,\mathrm{e}]$ 上连续，在 $(1,\mathrm{e})$ 内可导，满足拉格朗日中值定理的两个条件．而 $f'(x)=\dfrac{1}{x}$，则由拉格朗日中值定理的结论得

$$f'(\xi)=\frac{f(\mathrm{e})-f(1)}{\mathrm{e}-1}$$

即

$$\frac{1}{\xi}=\frac{\ln\mathrm{e}-\ln 1}{\mathrm{e}-1}$$

从而解得 $\xi=\mathrm{e}-1$.

例 5　证明不等式 $|\sin b-\sin a|\leqslant|b-a|$ 成立.

证明　令 $f(x)=\sin x$，对于任意实数 a、b，不妨设 $a<b$，显然函数 $f(x)$ 在区间 $[a,b]$ 上满足拉格朗日中值定理的两个条件，所以，至少存在一点 $\xi\in(a,b)$，有

$$\sin b-\sin a=\cos\xi(b-a)$$

也有 $|\sin b-\sin a|=|\cos\xi(b-a)|=|\cos\xi||b-a|$ 成立，因为 $|\cos\xi|\leqslant 1$，所以

$$|\sin b-\sin a|\leqslant|b-a|$$

例 6　设 $a<b$，证明不等式 $\dfrac{b-a}{1+b^2}<\arctan b-\arctan a<\dfrac{b-a}{1+a^2}$.

证明　设 $f(x)=\arctan x$，则 $f(x)$ 在闭区间 $[a,b]$ 上连续，在 (a,b) 内可导，且

$$f'(x)=\frac{1}{1+x^2}$$

由拉格朗日中值定理，至少存在一点 ξ，$a<\xi<b$，有

$$\arctan b-\arctan a=\frac{1}{1+\xi^2}(b-a)$$

又因为 $a<\xi<b$，所以

$$\frac{1}{1+b^2}<\frac{1}{1+\xi^2}<\frac{1}{1+a^2}$$

从而

$$\frac{b-a}{1+b^2}<\frac{1}{1+\xi^2}(b-a)<\frac{b-a}{1+a^2}$$

即不等式成立.

推论 1　如果函数 $f(x)$ 在区间 I 上的导数恒为零，则函数 $f(x)$ 在区间 I 上是一个常数，即 $f(x)=C$（$x\in I$，C 为某一常数）.

证明　设x_1、x_2是区间I内任意两点，不妨设$x_1 < x_2$，于是$f(x)$在区间$[x_1,x_2]$上满足拉格朗日中值定理的两个条件，因此有

$$f(x_2)-f(x_1)=f'(\xi)(x_2-x_1)\text{，}\quad \xi\in(x_1,x_2)$$

由假设$f'(\xi)=0$，得到

$$f(x_1)=f(x_2)$$

说明区间I内任意两点的函数值相等，故$f(x)$在区间I内是一个常数.

推论 2　如果在区间I上恒有$f'(x)=g'(x)$，则在区间I上$f(x)=g(x)+C$（C为某一常数）.

证明　设$F(x)=f(x)-g(x)$，则

$$F'(x)=f'(x)-g'(x)$$

由于在区间I上恒有$f'(x)=g'(x)$，于是$F'(x)\equiv 0$，由推论 1 知

$$F(x)=C\text{（}C\text{为某一常数）}$$

即$f(x)-g(x)=C$，$f(x)=g(x)+C$.

例 7　证明：$\arctan x+\operatorname{arccot} x=\dfrac{\pi}{2}$（$-\infty<x<+\infty$）.

证明　设$F(x)=\arctan x+\operatorname{arccot} x$，则对任意$x\in(-\infty,+\infty)$，有

$$(\arctan x+\operatorname{arccot} x)'=\frac{1}{1+x^2}+\left(-\frac{1}{1+x^2}\right)=0$$

由推论 2 可知

$$F(x)=C\text{（}C\text{为某一常数）}$$

即

$$\arctan x+\operatorname{arccot} x=C$$

为确定常数C，可令$x=1$，于是有

$$C=\arctan 1+\operatorname{arccot} 1=\frac{\pi}{4}+\frac{\pi}{4}=\frac{\pi}{2}$$

即$\arctan x+\operatorname{arccot} x=\dfrac{\pi}{2}$，$x\in(-\infty,+\infty)$.

3.1.3　柯西中值定理

定理 3　设函数$f(x)$与$g(x)$满足：

（1）在闭区间$[a,b]$上连续；

（2）在开区间(a,b)可导；

（3）对任意$x\in(a,b)$，都有$g'(x)\neq 0$，

则至少存在一点$\xi\in(a,b)$，使得

$$\frac{f(b)-f(a)}{g(b)-g(a)}=\frac{f'(\xi)}{g'(\xi)}$$

证明　引进辅助函数 $F(x)=f(x)-\frac{f(b)-f(a)}{g(b)-g(a)}\cdot g(x)$，则 $F(x)$ 在 $[a,b]$ 连续，在 $(a,.b)$ 可导，且有

$$F(a)=f(a)-\frac{f(b)-f(a)}{g(b)-g(a)}\cdot g(a)=\frac{f(a)g(b)-f(b)g(a)}{g(b)-g(a)}$$

$$F(b)=f(b)-\frac{f(b)-f(a)}{g(b)-g(a)}\cdot g(b)=\frac{f(a)g(b)-f(b)g(a)}{g(b)-g(a)}$$

即 $F(a)=F(b)$，于是，由罗尔定理，在 (a,b) 内至少存在一点 ξ，使得

$$F'(\xi)=0$$

即
$$f'(\xi)-\frac{f(b)-f(a)}{g(b)-g(a)}\cdot g'(\xi)=0$$

于是有 $\frac{f(b)-f(a)}{g(b)-g(a)}=\frac{f'(\xi)}{g'(\xi)}$．证毕.

在定理 3 中，需要注意的是，$g(b)-g(a)\neq 0$．因为若 $g(b)=g(a)$，则由罗尔定理知，在 (a,b) 内至少存在一点 ξ，使 $g'(\xi)=0$，这与定理 3 中条件（3）矛盾.

还需注意的一点是，在柯西中值定理中，若 $g(x)=x$，则 $g'(x)=1$，$g(a)=a$，$g(b)=b$，于是柯西中值定理的结论就变为

$$\frac{f(b)-f(a)}{b-a}=f'(\xi)$$

这说明，**拉格朗日中值定理是柯西中值定理当 $g(x)=x$ 时的特殊情况**，但同时，**柯西中值定理也是拉格朗日中值定理的参数形式的特殊情况**.

例 8　对函数 $f(x)=x^3$ 及 $g(x)=x^2+1$ 在区间 $[1,2]$ 上验证柯西中值定理的正确性并求出 ξ 的值.

解　显然 $f(x)=x^3$ 和 $g(x)=x^2+1$ 在 $[1,2]$ 上连续，在 $(1,2)$ 内可导，且 $g'(x)\neq 0$，$x\in(1,2)$，所以由柯西中值定理，有

$$\frac{f(2)-f(1)}{g(2)-g(1)}=\frac{f'(\xi)}{g'(\xi)}$$

即
$$\frac{8-1}{5-2}=\frac{3\xi^2}{2\xi}$$

在 $(1,2)$ 内，解得 $\xi=\frac{14}{9}$.

习题 3.1

1．试问罗尔定理对下列函数是否成立：

（1）$f(x)=x^2-2x-3$，$[-1,3]$；（2）$f(x)=x\sqrt{3-x}$，$[0,3]$；

（3）$f(x)=\dfrac{3}{x^2+1}$，$[-1,1]$；（4）$f(x)=\ln\sin x$，$\left[\dfrac{\pi}{6},\dfrac{5\pi}{6}\right]$.

2．下列函数在给定区间上是否满足拉格朗日中值定理的所有条件？如果满足，求出定理中的ξ．

（1）$f(x)=x^3-5x^2+x-2$，$[-1,0]$；（2）$f(x)=4x^3-5x^2+x-2$，$[0,1]$；

（3）$f(x)=\arctan x$，$[0,1]$；（4）$f(x)=\arcsin x$，$\left[-\dfrac{1}{2},\dfrac{\sqrt{3}}{2}\right]$.

3．试对下列函数写出柯西公式$\dfrac{f(b)-f(a)}{g(b)-g(a)}=\dfrac{f'(\xi)}{g'(\xi)}$，并求出$\xi$．

（1）$f(x)=x^2,\ g(x)=\sqrt{x}$，$[1,4]$；（2）$f(x)=\sin x,\ g(x)=\cos x$，$\left[0,\dfrac{\pi}{2}\right]$.

4．已知函数$f(x)=x^3-2x^2$，不求$f(x)$的导数，讨论方程$f'(x)=0$有几个实根？并指出它们所在区间.

5．证明方程$4ax^3+3bx^2+2cx=a+b+c$在区间$(0,1)$内至少有一个实根.

6．证明方程$1+x+\dfrac{x^2}{2}+\dfrac{x^3}{6}=0$有且仅有一个实根.

7．（1）若函数$f(x)$在(a,b)内具有二阶导数，且$f(x_1)=f(x_2)=f(x_3)$，其中$a<x_1<x_2<x_3<b$，证明：在(x_1,x_3)内至少有一点ξ，使得$f''(\xi)=0$．

（2）设函数$f(x)$的导数$f'(x)$在$[a,b]$上连续，且$f(a)<0$，$f(c)>0$，$f(b)<0$，其中c是介于a、b之间的一个实数．证明：存在$\xi\in(a,b)$，使得$f'(\xi)=0$．

（3）设函数$f(x)$在$[0,1]$上连续，在$(0,1)$可导，且$f(0)=f(1)=0,\ f\left(\dfrac{1}{2}\right)=1$，证明：存在$\xi\in(0,1)$，使得$f'(\xi)=1$．

（4）设函数$f(x)$在$[0,1]$上连续，在$(0,1)$内可导．证明：至少存在一点$\xi\in(0,1)$，使得$f'(\xi)=2\xi[f(1)-f(0)]$.

8．证明恒等式：（1）$\arcsin x+\arccos x=\dfrac{\pi}{2}$，$x\in(-1,1)$；

（2）$2\arctan x+\arcsin\dfrac{2x}{1+x^2}=\pi$，　$x\in[1,+\infty)$．

9．证明：对函数 $y=px^2+qx+r$ 应用拉格朗日中值定理时所求的点 ξ 总是位于区间的正中间．

10．试用拉格朗日中值定理证明下列不等式：

（1）当 $0<x<\pi$ 时，$\dfrac{\sin x}{x}>\cos x$；

（2）当 $x>0$ 时，$\dfrac{x}{1+x}<\ln(1+x)<x$；

（3）当 $a>b>0$ 时，$\dfrac{a-b}{a}<\ln\dfrac{a}{b}<\dfrac{a-b}{b}$；

（4）当 $a>b>0$，$n>1$ 时，$nb^{n-1}(a-b)<a^n-b^n<na^{n-1}(a-b)$．

3.2　洛必达法则

如果两个函数 $f(x)$ 和 $g(x)$ 当 $x\to x_0$（或 $x\to\infty$）时，都趋向于零或无穷大，那么极限 $\lim\limits_{\substack{x\to x_0\\(x\to\infty)}}$ 可能存在，也可能不存在，而且不能用商的极限法则进行计算，我们把这类极限称为 $\dfrac{0}{0}$ 型或 $\dfrac{\infty}{\infty}$ 型未定式．对于这类极限我们将根据柯西中值定理导出一个简便且重要的方法，即洛必达法则．

3.2.1　$\dfrac{0}{0}$ 型未定式

洛必达法则　设函数 $f(x)$ 和 $g(x)$ 满足：

（1）$\lim\limits_{x\to a}f(x)=\lim\limits_{x\to a}g(x)=0$；

（2）在点 a 的某个去心邻域 $\mathring{U}(a)$ 内可导，且 $g'(x)\neq 0$；

（3）$\lim\limits_{x\to a}\dfrac{f'(x)}{g'(x)}=A$（或 ∞），

则有
$$\lim_{x\to a}\frac{f(x)}{g(x)}=\lim_{x\to a}\frac{f'(x)}{g'(x)}=A\ （或\infty）$$

证明　由于极限 $\lim\limits_{x\to a}\dfrac{f(x)}{g(x)}$ 存在与否，与 $f(a)$ 和 $g(a)$ 取值无关，故不妨假设
$$f(a)=g(a)=0$$
由定理条件知，$f(x)$ 与 $g(x)$ 在点 a 的某邻域内连续，设 x 为该邻域内的任一点

$(x \neq a)$，则 $f(x)$ 与 $g(x)$ 在 $[a,x]$（或 $[x,a]$）上满足柯西定理的条件，即至少存在一点 $\xi \in (a,x)$ [或 $\xi \in (x,a)$]，使得

$$\frac{f(x)-f(a)}{g(x)-g(a)} = \frac{f'(\xi)}{g'(\xi)}$$

也即

$$\frac{f(x)}{g(x)} = \frac{f'(\xi)}{g'(\xi)}$$

将上式两端取极限，有

$$\lim_{x \to a} \frac{f(x)}{g(x)} = \lim_{x \to a} \frac{f'(\xi)}{g'(\xi)}$$

注意到，当 $x \to a$ 时，有 $\xi \to a$，所以

$$\lim_{x \to a} \frac{f(x)}{g(x)} = \lim_{\xi \to a} \frac{f'(\xi)}{g'(\xi)} = \lim_{x \to a} \frac{f'(x)}{g'(x)} = A \text{（或}\infty\text{）}$$

即

$$\lim_{x \to a} \frac{f(x)}{g(x)} = \lim_{x \to a} \frac{f'(x)}{g'(x)} = A \text{（或}\infty\text{）}$$

证毕.

例 1 求极限 $\lim\limits_{x \to 0} \dfrac{\sin x}{x}$.

解 由洛必达法则，$\lim\limits_{x \to 0} \dfrac{\sin x}{x} = \lim\limits_{x \to 0} \dfrac{\cos x}{1} = 1$.

这是**重要极限 1**，典型的 $\dfrac{0}{0}$ 型未定式，从另一个角度验证了它的极限是 1.

例 2 求极限 $\lim\limits_{x \to 0} \dfrac{e^x - e^{-x} - 2x}{x - \sin x}$.

解 $\lim\limits_{x \to 0} \dfrac{e^x - e^{-x} - 2x}{x - \sin x} = \lim\limits_{x \to 0} \dfrac{e^x + e^{-x} - 2}{1 - \cos x} = \lim\limits_{x \to 0} \dfrac{e^x - e^{-x}}{\sin x} = \lim\limits_{x \to 0} \dfrac{e^x + e^{-x}}{\cos x} = 2$.

这里，需要注意的是，在求 $\dfrac{0}{0}$ 型未定式的极限时，如果 $\lim\limits_{x \to a} \dfrac{f'(x)}{g'(x)}$ 仍为 $\dfrac{0}{0}$ 型未定式，且 $f'(x)$、$g'(x)$ 都满足洛必达法则的条件，则洛必达法则可重复多次使用.

例 3 求极限 $\lim\limits_{x \to 0} \dfrac{2xe^x - e^x + 1}{6(e^x - 1)e^x}$.

解
$$\lim_{x \to 0} \frac{2xe^x - e^x + 1}{6(e^x - 1)e^x} = \lim_{x \to 0} \frac{2xe^x - e^x + 1}{e^x - 1} \cdot \lim_{x \to 0} \frac{1}{6e^x} = \lim_{x \to 0} \frac{2xe^x - e^x + 1}{e^x - 1} \cdot \frac{1}{6}$$
$$= \frac{1}{6} \lim_{x \to 0} \frac{2e^x + 2xe^x - e^x}{e^x} = \frac{1}{6}$$

本题虽是$\frac{0}{0}$型未定式，但在使用洛必达法则前，如能适当地进行化简，将极限存在的因子先提取出来求极限，则可避免直接使用洛必达法则造成的复杂情况出现.

当然，有时还可利用等价无穷小量替换无穷小量因子，同样可以达到简化题目的目的. 如，上题还可以先进行这样的化简：

$$\lim_{x\to 0}\frac{2x\mathrm{e}^x-\mathrm{e}^x+1}{6(\mathrm{e}^x-1)\mathrm{e}^x}=\lim_{x\to 0}\frac{2x\mathrm{e}^x-\mathrm{e}^x+1}{6x\mathrm{e}^x}=\lim_{x\to 0}\frac{2x\mathrm{e}^x-\mathrm{e}^x+1}{x}\cdot\lim_{x\to 0}\frac{1}{6\mathrm{e}^x}$$

$$=\lim_{x\to 0}\frac{2x\mathrm{e}^x-\mathrm{e}^x+1}{x}\cdot\frac{1}{6}=\frac{1}{6}\lim_{x\to 0}\frac{2\mathrm{e}^x+2x\mathrm{e}^x-\mathrm{e}^x}{1}=\frac{1}{6}$$

例 4　求极限$\lim\limits_{x\to+\infty}\dfrac{\pi-2\arctan x}{\ln\left(1+\dfrac{1}{x}\right)}$.

解
$$\lim_{x\to+\infty}\frac{\pi-2\arctan x}{\ln\left(1+\frac{1}{x}\right)}=\lim_{x\to+\infty}\frac{\pi-2\arctan x}{\frac{1}{x}}=\lim_{x\to+\infty}\frac{-\frac{2}{1+x^2}}{-\frac{1}{x^2}}$$

$$=\lim_{x\to+\infty}\frac{2x^2}{1+x^2}=\lim_{x\to+\infty}\frac{2}{1+\frac{1}{x^2}}=2$$

例 5　求极限$\lim\limits_{x\to 0}\dfrac{\ln(1+x)}{x^2}$.

解
$$\lim_{x\to 0}\frac{\ln(1+x)}{x^2}=\lim_{x\to 0}\frac{\frac{1}{1+x}}{2x}=\lim_{x\to 0}\frac{1}{2x(1+x)}=\infty.$$

这是运用洛必达法则后的另一种情形，即极限不存在且为∞.

例 6　求极限$\lim\limits_{x\to 0}\dfrac{x^2\sin\frac{1}{x}}{\sin x}$.

解　这是$\frac{0}{0}$型未定式，运用洛必达法则，我们得到

3.2 洛必达法则总结

$$\lim_{x\to 0}\frac{x^2\sin\frac{1}{x}}{\sin x}=\lim_{x\to 0}\frac{2x\sin\frac{1}{x}-\cos\frac{1}{x}}{\cos x}$$

其中的函数$\cos\frac{1}{x}$，当$x\to 0$时极限振荡不存在，所以使用洛必达法则不能求出极限.

但该式极限存在，可用如下方式求出：

$$\lim_{x\to 0}\frac{x^2\sin\frac{1}{x}}{\sin x}=\lim_{x\to 0}\left(\frac{x}{\sin x}\cdot x\sin\frac{1}{x}\right)=\lim_{x\to 0}\frac{x}{\sin x}\cdot\lim_{x\to 0}x\sin\frac{1}{x}=0$$

例 6 说明，使用洛必达法则后极限不存在（极限为∞时除外），不能断定原式 $\lim\limits_{x\to a}\dfrac{f(x)}{g(x)}$ 也不存在，只能说明此时不能使用洛必达法则，而需改用其他方法讨论．即洛必达法则中的条件（3）仅是充分条件．

3.2.2　$\dfrac{\infty}{\infty}$ 型未定式

对于$\dfrac{\infty}{\infty}$型未定式，仍有下面结论成立．

设函数 $f(x)$ 与 $g(x)$ 满足：

（1）$\lim\limits_{x\to a}f(x)=\lim\limits_{x\to a}g(x)=\infty$；

（2）在 a 点的某个去心邻域$\mathring{U}(a)$内可导，且 $g'(x)\neq 0$；

（3）$\lim\limits_{x\to a}\dfrac{f'(x)}{g'(x)}=A$（或$\infty$），

则有

$$\lim_{x\to a}\frac{f(x)}{g(x)}=\lim_{x\to a}\frac{f'(x)}{g'(x)}=A\text{（或}\infty\text{）}$$

在洛必达法则中，将 $x\to a$ 换成 $x\to\infty$，结论亦成立．

例 7　求极限 $\lim\limits_{x\to+\infty}\dfrac{x^n}{e^x}$．

解　$\lim\limits_{x\to+\infty}\dfrac{x^n}{e^x}=\lim\limits_{x\to+\infty}\dfrac{nx^{n-1}}{e^x}=\lim\limits_{x\to+\infty}\dfrac{n(n-1)x^{n-2}}{e^x}=\cdots=\lim\limits_{x\to+\infty}\dfrac{n!}{e^x}=0$．

例 8　求极限 $\lim\limits_{x\to+\infty}\dfrac{\ln(1+e^x)}{\sqrt{1+x^2}}$．

解　$$\lim_{x\to+\infty}\frac{\ln(1+e^x)}{\sqrt{1+x^2}}=\lim_{x\to+\infty}\frac{\frac{e^x}{1+e^x}}{\frac{x}{\sqrt{1+x^2}}}=\frac{\lim\limits_{x\to+\infty}\frac{1}{1+e^{-x}}}{\lim\limits_{x\to+\infty}\frac{1}{\sqrt{1+\frac{1}{x^2}}}}=\frac{1}{1}=1$$

3.2.3　其他类型未定式

对于$\infty-\infty$、$0\cdot\infty$型的未定式，只需将它们进行简单的变形即可转化为$\dfrac{0}{0}$或$\dfrac{\infty}{\infty}$

型未定式，然后再用洛必达法则来计算.

例 9　求极限 $\lim\limits_{x\to\frac{\pi}{2}}(\sec x-\tan x)$.

解　上式为 $\infty-\infty$ 型未定式，则有

$$\lim_{x\to\frac{\pi}{2}}(\sec x-\tan x)=\lim_{x\to\frac{\pi}{2}}\left(\frac{1}{\cos x}-\frac{\sin x}{\cos x}\right)=\lim_{x\to\frac{\pi}{2}}\frac{1-\sin x}{\cos x}=\lim_{x\to\frac{\pi}{2}}\frac{-\cos x}{-\sin x}=0$$

例 10　求极限 $\lim\limits_{x\to 0^+}x^2\cdot\ln x$.

解　上式为 $0\cdot\infty$ 型未定式，则有

$$\lim_{x\to 0^+}x^2\cdot\ln x=\lim_{x\to 0^+}\frac{\ln x}{x^{-2}}=\lim_{x\to 0^+}\frac{\frac{1}{x}}{-2x^{-3}}=-\frac{1}{2}\lim_{x\to 0^+}x^2=0$$

对于 0^0、1^∞、∞^0 型的未定式，即形如 $f(x)^{g(x)}$，需借助等式

$$f(x)^{g(x)}=\mathrm{e}^{\ln f(x)^{g(x)}}=\mathrm{e}^{g(x)\ln f(x)}$$

取极限，得

$$\lim f(x)^{g(x)}=\lim\mathrm{e}^{\ln f(x)^{g(x)}}=\lim\mathrm{e}^{g(x)\ln f(x)}=\mathrm{e}^{\lim g(x)\ln f(x)}$$

然后再进行简单的变形，即可转化为 $\frac{0}{0}$ 或 $\frac{\infty}{\infty}$ 型未定式，最后用洛必达法则来计算.

例 11　求极限 $\lim\limits_{x\to 0^+}x^x$.

解　上式为 0^0 型未定式，$x^x=\mathrm{e}^{\ln x^x}=\mathrm{e}^{x\cdot\ln x}$，则

$$\lim_{x\to 0^+}x^x=\lim_{x\to 0^+}\mathrm{e}^{x\cdot\ln x}=\mathrm{e}^{\lim\limits_{x\to 0^+}x\cdot\ln x}=\mathrm{e}^{\lim\limits_{x\to 0^+}\frac{\ln x}{\frac{1}{x}}}=\mathrm{e}^{\lim\limits_{x\to 0^+}\frac{\frac{1}{x}}{-\frac{1}{x^2}}}=\mathrm{e}^{\lim\limits_{x\to 0^+}(-x)}=\mathrm{e}^0=1$$

例 12 求极限 $\lim\limits_{x\to\mathrm{e}}(\ln x)^{\frac{1}{1-\ln x}}$.

解　上式为 1^∞ 型未定式，则

$$\lim_{x\to\mathrm{e}}(\ln x)^{\frac{1}{1-\ln x}}=\lim_{x\to\mathrm{e}}\mathrm{e}^{\ln(\ln x)^{\frac{1}{1-\ln x}}}=\lim_{x\to\mathrm{e}}\mathrm{e}^{\frac{\ln(\ln x)}{1-\ln x}}=\mathrm{e}^{\lim\limits_{x\to\mathrm{e}}\frac{\ln(\ln x)}{1-\ln x}}$$

$$=\mathrm{e}^{\lim\limits_{x\to\mathrm{e}}\frac{\frac{1}{\ln x}\cdot\frac{1}{x}}{-\frac{1}{x}}}=\mathrm{e}^{\lim\limits_{x\to\mathrm{e}}-\frac{1}{\ln x}}=\mathrm{e}^{-1}$$

例 13　求极限 $\lim\limits_{x\to 0}(\cot x)^{\sin x}$.

解　上式为 ∞^0 型未定式，则

$$\lim_{x\to0}(\cot x)^{\sin x}=\lim_{x\to0}e^{\ln(\cot x)^{\sin x}}=\lim_{x\to0}e^{\sin x\cdot\ln(\cot x)}=e^{\lim\limits_{x\to0}\sin x\cdot\ln(\cot x)}$$

$$=e^{\lim\limits_{x\to0}\frac{\ln(\cot x)}{1/\sin x}}=e^{\lim\limits_{x\to0}\frac{\frac{1}{\cot x}\cdot(-\csc^2 x)}{-\csc x\cdot\cot x}}=e^{\lim\limits_{x\to0}\frac{\sin x}{\cos^2 x}}=e^0=1$$

习题 3.2

习题 3.2 答案

1．求下列极限：

（1）$\lim\limits_{x\to\pi}\dfrac{\sin 3x}{\tan 4x}$；

（2）$\lim\limits_{x\to\frac{\pi}{4}}\dfrac{\tan x-1}{\sin 4x}$；

（3）$\lim\limits_{x\to1}\dfrac{\ln x}{(x-1)^2}$；

（4）$\lim\limits_{x\to0^+}\dfrac{\ln(1+x)-x}{\cos x-1}$；

（5）$\lim\limits_{x\to0}\dfrac{x-\sin x}{x^3}$；

（6）$\lim\limits_{x\to0}\dfrac{1-\cos x^2}{x^2\sin x^2}$；

（7）$\lim\limits_{x\to0}\dfrac{\tan x-x}{x-\sin x}$；

（8）$\lim\limits_{x\to0}\dfrac{\tan x-\sin x}{x^3}$；

（9）$\lim\limits_{x\to0^+}\dfrac{\ln\sin 3x}{\ln\sin 5x}$；

（10）$\lim\limits_{x\to0^+}\dfrac{\ln\tan 2x}{\ln\tan 7x}$；

（11）$\lim\limits_{x\to\frac{\pi}{2}}\dfrac{\ln\sin x}{(\pi-2x)^2}$；

（12）$\lim\limits_{x\to0}\dfrac{\ln(1+x^2)}{\sec x-\cos x}$；

（13）$\lim\limits_{x\to+\infty}\dfrac{\ln\left(1+\dfrac{1}{x}\right)}{\operatorname{arccot} x}$；

（14）$\lim\limits_{x\to+\infty}\dfrac{\dfrac{\pi}{2}-\arctan x}{\operatorname{arccot} x}$；

（15）$\lim\limits_{x\to+\infty}\dfrac{x^2}{e^{3x}}$；

（16）$\lim\limits_{x\to0^+}\dfrac{\ln x}{\ln\sin x}$；

（17）$\lim\limits_{x\to+\infty}\dfrac{\ln x}{x^2}$；

（18）$\lim\limits_{x\to+\infty}\dfrac{(\ln x)^2}{\sqrt{x}}$．

2．求下列极限（其他型未定式）：

（1）$\lim\limits_{x\to1}\left(\dfrac{2}{x^2-1}-\dfrac{1}{x-1}\right)$；

（2）$\lim\limits_{x\to1}\left(\dfrac{x}{x-1}-\dfrac{1}{\ln x}\right)$；

（3）$\lim\limits_{x\to0}\left(\dfrac{1}{x}-\dfrac{1}{e^x-1}\right)$；

（4）$\lim\limits_{x\to0}\left(\dfrac{1}{x^2}-\cot^2 x\right)$；

（5）$\lim\limits_{x\to0}x\cot 2x$；

（6）$\lim\limits_{x\to0^+}\sin x\ln x$；

（7）$\lim\limits_{x\to 1^-}\ln x\ln(1-x)$；　（8）$\lim\limits_{x\to +\infty}x\left(\dfrac{\pi}{2}-\arctan x\right)$；

（9）$\lim\limits_{x\to 0^+}x^{\sin x}$；　（10）$\lim\limits_{x\to \frac{\pi}{2}^-}(\cos x)^{\frac{\pi}{2}-x}$；

（11）$\lim\limits_{x\to 0}(1+\sin x)^{\frac{1}{x}}$；　（12）$\lim\limits_{x\to +\infty}\left(\dfrac{2}{\pi}\arctan x\right)^x$；

（13）$\lim\limits_{x\to 0^+}\left(\dfrac{1}{x}\right)^{\tan x}$；　（14）$\lim\limits_{x\to 0^+}(\cot x)^{\frac{1}{\ln x}}$.

3．验证极限 $\lim\limits_{x\to\infty}\dfrac{x+\sin x}{x}$ 存在，但不能用洛必达法则求出.

4．讨论函数 $f(x)=\begin{cases}\left[\dfrac{(1+x)^{\frac{1}{x}}}{\mathrm{e}}\right]^{\frac{1}{x}}, & x>0\\ \mathrm{e}^{-\frac{1}{2}}, & x\leqslant 0\end{cases}$ 在 $x=0$ 处的连续性.

3.3　函数的单调性和曲线的凹凸性

我们曾介绍了函数单调性的定义，并掌握了用定义来判断函数在区间上的单调性，本节我们利用导数知识对函数的单调性进行研究.

3.3.1　函数的单调性

如果函数 $f(x)$ 在 (a,b) 上单调增加（减少），那么它的图形是一条沿 x 轴正向上升（下降）的曲线，如图 3-3（图 3-4）所示，曲线上各点处的切线的倾斜角都是锐角（钝角），其斜率 $f'(x)>0$ ［$f'(x)<0$］，由此可见，函数的单调性与导数的符号有关.

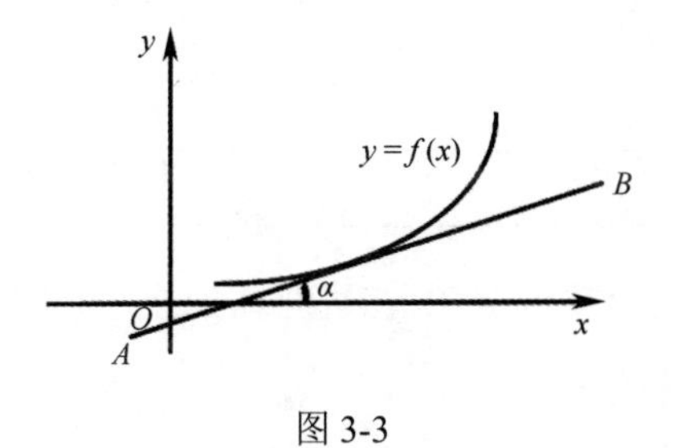

图 3-3

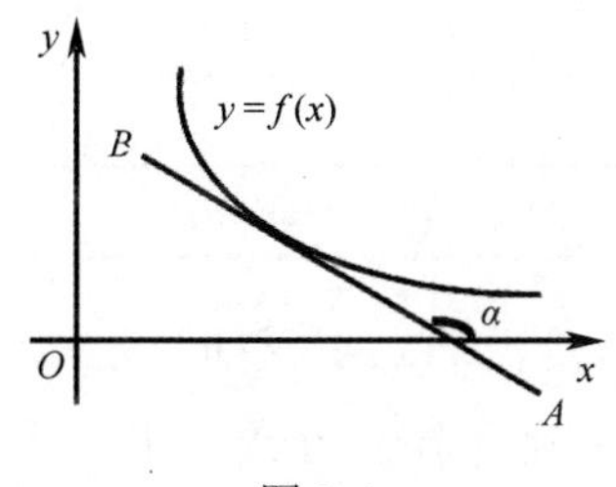

图 3-4

下面给出利用导数判别函数单调性的定理.

定理 1（函数单调性判别法） 设 $f(x)$ 在 $[a,b]$ 上连续，在 (a,b) 内可导，则有

（1）如果在 (a,b) 内恒有 $f'(x)>0$，则 $f(x)$ 在 $[a,b]$ 上**单调增加**;

（2）如果在 (a,b) 内恒有 $f'(x)<0$，则 $f(x)$ 在 $[a,b]$ 上**单调减少**.

证明 （1）对 $\forall\ x_1,x_2\in[a,b]$，不妨设 $x_1<x_2$，在区间 $[x_1,x_2]$ 上应用拉格朗日中值定理，则至少存在一点 $\xi\in(x_1,x_2)$，使得

$$f(x_2)-f(x_1)=f'(\xi)(x_2-x_1)$$

由假设知，$x_2-x_1>0$，且在 (a,b) 内 $f'(x)>0$，而 $\xi\in(x_1,x_2)$，所以 $f'(\xi)>0$，从而 $f(x_2)-f(x_1)>0$，即

$$f(x_1)<f(x_2)$$

这说明 $y=f(x)$ 在 $[a,b]$ 上单调增加.

同理可证（2）.

这里需要注意的是，若在区间 (a,b) 内有 $f'(x)=0$ 的点，且 $f'(x)=0$ 的点为有限多个，则这些点不影响函数本身的单调性.

如果将区间 $[a,b]$ 改为区间 I，结论仍成立.

例 1 讨论函数 $y=\arctan x-x$ 的单调性.

解 $y'=\dfrac{1}{1+x^2}-1=-\dfrac{x^2}{1+x^2}\leqslant 0$，在 $(-\infty,+\infty)$ 内，仅当 $x=0$ 时，$y'=0$，因此，$y=\arctan x-x$ 在 $(-\infty,+\infty)$ 内单调减少.

例 2 确定函数 $f(x)=2x^3-9x^2+12x-3$ 的单调区间.

解 该函数的定义域为 $(-\infty,+\infty)$，而 $f'(x)=6x^2-18x+12=6(x-1)(x-2)$．令 $f'(x)=0$，得 $x_1=1$，$x_2=2$．

用点 $x_1=1$，$x_2=2$ 将区间 $(-\infty,+\infty)$ 划分为 $(-\infty,1]$，$[1,2]$，$[2,+\infty)$ 三部分，则函数的单调区间见表 3-1.

表 3-1

x	$(-\infty,1)$	1	$(1,2)$	2	$(2,+\infty)$
$f'(x)$	+	0	−	0	+
$f(x)$	↗单调增加		↘单调减少		↗单调增加

所以，函数 $f(x)$ 在区间 $(-\infty,1)$ 和 $(2,+\infty)$ 上单调增加，在区间 $(1,2)$ 上单调减少.

例 3 确定函数 $f(x)=\ln(1-x^2)$ 的单调区间.

解 函数的定义域为 $(-1,1)$，且

$$f'(x)=\frac{-2x}{1-x^2}$$

当 $x=0$ 时，$f'(x)=0$.

用点 $x=0$ 将区间 $(-1,1)$ 划分为 $(-1,0)$，$(0,1)$ 两部分，则函数的单调区间见表 3-2.

表 3-2

x	$(-1,0)$	0	$(0,1)$
$f'(x)$	$+$	0	$-$
$f(x)$	↗单调增加		↘单调减少

所以，函数 $f(x)$ 在区间 $(-1,0)$ 上单调增加，在区间 $(0,1)$ 上单调减少.

例 4　确定函数 $f(x)=(2x-5)\sqrt[3]{x^2}$ 的单调区间.

解　函数的定义域为 $(-\infty,+\infty)$，且

$$f'(x)=\frac{10}{3}x^{\frac{2}{3}}-\frac{10}{3}x^{-\frac{1}{3}}=\frac{10}{3}\cdot\frac{x-1}{\sqrt[3]{x}}\,(x\neq 0)$$

当 $x=0$ 时，导数不存在；当 $x=1$ 时，$f'(x)=0$.

用点 $x=0$，$x=1$ 将区间 $(-\infty,+\infty)$ 划分为 $(-\infty,0]$，$[0,1]$，$[1,+\infty)$ 三部分，则函数的单调区间见表 3-3.

表 3-3

x	$(-\infty,0)$	0	$(0,1)$	1	$(1,+\infty)$
$f'(x)$	$+$	不存在	$-$	0	$+$
$f(x)$	↗单调增加		↘单调减少		↗单调增加

所以，函数 $f(x)$ 在区间 $(-\infty,0)$ 和 $(1,+\infty)$ 上单调增加，在区间 $(0,1)$ 上单调减少.

由以上这些例子可以看出，函数 $f(x)$ 单调区间的可能分界点是使 $f'(x)=0$ 的点以及 $f'(x)$ 不存在的点.

综上所述，求函数 $f(x)$ 单调区间的**步骤如下**：

（1）确定函数 $f(x)$ 的定义域；

（2）求出函数 $f(x)$ 单调区间所有可能的分界点［$f'(x)=0$ 的点，导数不存在的点］，并根据分界点把定义域分成相应的区间；

（3）判断一阶导数 $f'(x)$ 在各区间的符号，从而判断出 $f(x)$ 在各区间的单调性.

利用函数的单调性还可证明一些不等式.

例 5 对任一实数 x，证明：$\mathrm{e}^x \geqslant x+1$.

证明 设 $f(x)=\mathrm{e}^x-x-1$，则有

$$f'(x)=\mathrm{e}^x-1$$

在 $(-\infty,0)$ 内，$f'(x)<0$，知 $f(x)=\mathrm{e}^x-x-1$ 在 $(-\infty,0]$ 内单调减少.

于是，$f(x)>f(0)=0$，即 $\mathrm{e}^x>x+1$.

在 $(0,+\infty)$ 内，$f'(x)>0$，知 $f(x)=\mathrm{e}^x-x-1$ 在 $[0,+\infty)$ 内单调增加，于是，$f(x)>f(0)=0$，即 $\mathrm{e}^x>x+1$.

当 $x=0$ 时，有 $\mathrm{e}^0=0+1$ 成立，故对任一实数 x，都有 $\mathrm{e}^x \geqslant x+1$.

3.3.2 函数的凹凸性及拐点

1. 凹凸性

通过前面的分析，我们已经能够判断一个函数的单调性，但只知道函数的单调性，并不能准确地反映函数图形的主要特性. 例如，图 3-5 和图 3-6 中的两条曲线弧，虽然都是单调上升的，但图形却有明显的不同. 图 3-5 中的曲线 AB 是向上弯曲的，即凹的，图 3-6 中的曲线 AB 是向下弯曲的，即凸的，于是它们的凹凸性不同.

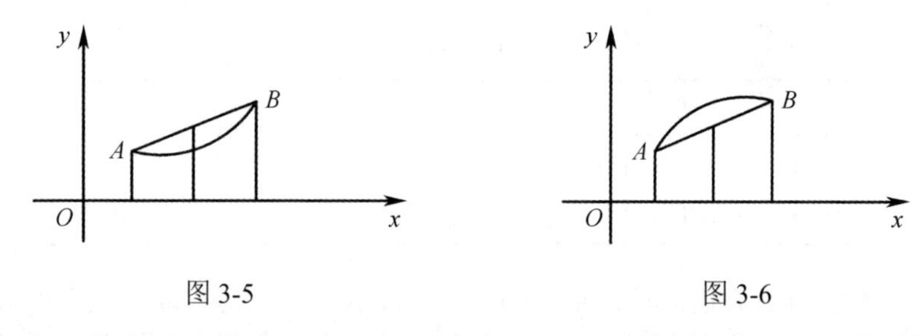

图 3-5　　图 3-6

再进一步分析，图 3-5 中，任取两点 x_1、x_2，则连接这两点间的弦总位于这两点间弧段上方；而图 3-6 中，任取两点 x_1、x_2，则连接这两点间的弦总位于这两点间弧段下方. 由此可见，曲线的凹凸性可以通过连接这两点间的弦与相应的弧的位置关系来描述.

定义 1 设 $f(x)$ 在区间 I 上连续，如果对于 I 上任意两点 x_1、x_2（$x_1 \neq x_2$），都有

$$f\left(\frac{x_1+x_2}{2}\right)<\frac{1}{2}[f(x_1)+f(x_2)]$$

则称 $f(x)$ 在 I 上的图形是（向上）**凹的**；如果都有

$$f\left(\frac{x_1+x_2}{2}\right)>\frac{1}{2}[f(x_1)+f(x_2)]$$

则称 $f(x)$ 在 I 上的图形是（向下）**凸的**.

下面讨论如何判断一条曲线在一个区间内的凹凸性.

定理 2（凹凸性的一阶判别准则）　设函数 $f(x)$ 在 (a,b) 内可微，则 $f(x)$ 在 (a,b) 内为凹（或凸）的充要条件是 $f'(x)$ 在 (a,b) 内单调增加（或减少）（见图 3-7、图 3-8）.

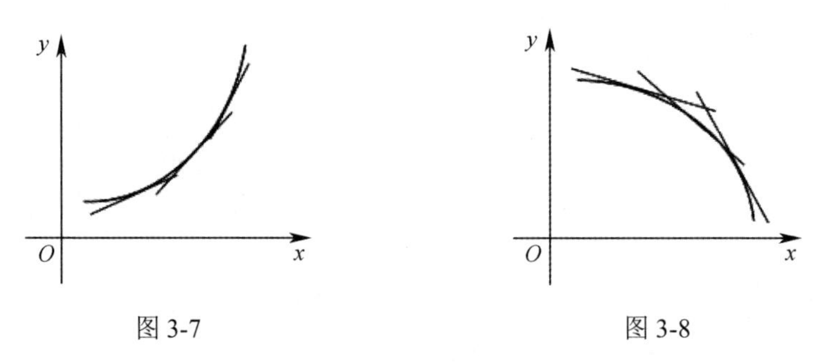

图 3-7　　图 3-8

于是，由定理 2 及函数 $f(x)$ 的二阶导数，有如下定理.

定理 3（凹凸性的二阶判别准则）　设 $f(x)$ 在 $[a,b]$ 上连续，在 (a,b) 内具有一阶和二阶导数，则有

（1）若在 (a,b) 内，$f''(x)>0$，则 $f(x)$ 在 $[a,b]$ 上的图形是凹的；

（2）若在 (a,b) 内，$f''(x)<0$，则 $f(x)$ 在 $[a,b]$ 上的图形是凸的.

例 6　判定曲线 $y=x-\ln(x+1)$ 的凹凸性.

解　因为函数定义域为 $(-1,+\infty)$，$y'=1-\dfrac{1}{x+1}$，$y''=\dfrac{1}{(x+1)^2}>0$，所以，函数在 $(-1,+\infty)$ 上的图形是凹的.

例 7　判定曲线 $y=2x^3+3x^2-12x+14$ 的凹凸性.

解　函数的定义域为 **R**，$y'=6x^2+6x-12$，$y''=12x+6$．令 $y''=0$，得 $x=-\dfrac{1}{2}$．点 $x=-\dfrac{1}{2}$ 将函数的定义域 **R** 分为 $\left(-\infty,-\dfrac{1}{2}\right)$ 和 $\left(-\dfrac{1}{2},+\infty\right)$ 两部分，则函数的凹凸性见表 3-4.

表 3-4

x	$\left(-\infty,-\frac{1}{2}\right)$	$-\frac{1}{2}$	$\left(-\frac{1}{2},+\infty\right)$
$f''(x)$	−	0	+
$f(x)$	凸		凹

所以，曲线在$\left(-\infty,-\frac{1}{2}\right)$上是凸的，在$\left(-\frac{1}{2},+\infty\right)$上是凹的.

2. 拐点

一般地，设$y=f(x)$在区间上连续，x_0是I内的点．如果曲线$y=f(x)$在经过点$(x_0,f(x_0))$时，曲线的凹凸性改变了，那么就称点$(x_0,f(x_0))$为曲线的**拐点**.

下面讨论怎样求出曲线$y=f(x)$的拐点.

由于拐点是凹凸区间的分界点，因此在该点两侧$f''(x)$的符号一定异号，于是要求出拐点一定是从$f''(x)=0$的点或$f''(x)$不存在的点中去寻找．这里需要注意的是，拐点是曲线$y=f(x)$上的点，求出拐点的横坐标x_0后应代入$y=f(x)$求出纵坐标$f(x_0)$.

综上所述，判断曲线$f(x)$的凹凸性及拐点的**步骤如下**：

（1）确定函数$y=f(x)$的定义域；

（2）求$f'(x)$和$f''(x)$；

（3）在定义域内解出$f''(x)=0$及$f''(x)$不存在的点；

（4）对于步骤（3）得到的每一个点x_0，判断$f''(x)$在x_0左、右两侧邻近的符号是否异号，如果异号，则点$(x_0,f(x_0))$就是拐点，否则不是.

例 8 求函数$y=\ln(1+x^2)$的凹凸性及拐点.

解 函数的定义域为$(-\infty,+\infty)$，且

$$y'=\frac{2x}{1+x^2},\quad y''=\frac{2(1+x^2)-2x\cdot 2x}{(1+x^2)^2}=\frac{2(1-x^2)}{(1+x^2)^2}$$

令$y''=0$，得$x=\pm 1$，将定义域分为$(-\infty,-1)$，$(-1,1)$，$(1,+\infty)$三个区间．函数的凹凸性见表 3-5.

表 3-5

x	$(-\infty,-1)$	-1	$(-1,1)$	1	$(1,+\infty)$
y''	−	0	+	0	−
y	凸	拐点$(-1,\ln 2)$	凹	拐点$(1,\ln 2)$	凸

所以，函数$y=\ln(1+x^2)$的凸区间为$(-\infty,-1)$和$(1,+\infty)$，凹区间为$(-1,1)$，拐

点为$(-1,\ln 2)$和$(1,\ln 2)$.

例 9 讨论函数$f(x)=(x-1)\sqrt[3]{x^5}$的凹凸性及拐点.

解 函数的定义域为$(-\infty,+\infty)$，$f'(x)=\frac{8}{3}\cdot x^{\frac{5}{3}}-\frac{5}{3}\cdot x^{\frac{2}{3}}$，$f''(x)=\frac{10}{9}\cdot\frac{4x-1}{\sqrt[3]{x}}$，令$f''(x)=0$，得$x=\frac{1}{4}$. 当$x=0$时，$f''(x)$不存在.

于是$x=0$与$x=\frac{1}{4}$将函数的定义域$(-\infty,+\infty)$划分为三个区间. 函数的凹凸性见表 3-6.

表 3-6

x	$(-\infty,0)$	0	$\left(0,\frac{1}{4}\right)$	$\frac{1}{4}$	$\left(\frac{1}{4},+\infty\right)$
$f''(x)$	+	不存在	−	0	+
$f(x)$	凹	拐点$(0,0)$	凸	拐点$\left(\frac{1}{4},-\frac{3}{16\sqrt[3]{16}}\right)$	凹

所以，函数的凹区间为$(-\infty,0)$和$\left(\frac{1}{4},+\infty\right)$，凸区间为$\left(0,\frac{1}{4}\right)$，拐点为$(0,0)$和$\left(\frac{1}{4},-\frac{3}{16\sqrt[3]{16}}\right)$.

习题 3.3 答案

习题 3.3

1. 确定下列函数的单调区间：

（1）$y=2x^3-6x^2-18x-7$；（2）$y=(x-2)(x+1)^3$；

（3）$y=\frac{2x}{1+x^2}$；（4）$y=\frac{\sqrt{x}}{x+100}$；

（5）$y=x^2-\ln x^2$；（6）$y=\ln(x+\sqrt{1+x^2})$.

2. 利用函数的单调性证明下列不等式：

（1）当$x>1$时，$2\sqrt{x}>3-\frac{1}{x}$；

（2）当$x>0$时，$1+\frac{1}{2}x>\sqrt{1+x}$；

（3）当$x>0$时，$\sin x > x-\frac{x^3}{6}$；

（4）当$0<x<\frac{\pi}{2}$时，$\tan x > x+\frac{x^3}{3}$；

（5）当$x>1$时，$\ln x > \frac{2(x-1)}{x+1}$；

（6）当$x>0$时，$(x^2-1)\ln x \geqslant (x-1)^2$；

（7）当$0<x<\frac{\pi}{2}$时，$x-\frac{x^2}{2}<\sin x<x$；

（8）当$0<x_1<x_2<\frac{\pi}{2}$时，$\frac{\tan x_2}{\tan x_1}>\frac{x_2}{x_1}$.

3.（1）证明方程$\sin x = x$在区间$[0,\pi]$有且仅有一个实根；

（2）讨论方程$\ln x = ax$（其中$a>0$，为常数）有几个实根.

4．判定下列函数图形的凹凸性：

（1）$y=4x-x^2$；（2）$y=x\arctan x$.

5．求下列函数图形的拐点及凹或凸的区间：

（1）$y=x^3-5x^2+3x+5$；（2）$y=x^4-2x^3+1$；

（3）$y=\frac{x}{e^x}$；（4）$y=x+\frac{x}{x^2-1}$；

（5）$y=2+(x-4)^{\frac{1}{3}}$；（6）$y=2-3\sqrt{x-1}$.

6．利用函数图形的凹凸性证明下列不等式：

（1）当$0<x<\pi$时，$\sin\frac{x}{2}>\frac{x}{\pi}$；（2）$\frac{e^x+e^y}{2}>e^{\frac{x+y}{2}}$（$x \neq y$）.

7．当a、b为何值时，点$(1,3)$为曲线$y=ax^3+bx^2$的拐点？

8．试确定曲线$y=ax^3+bx^2+cx+d$中a、b、c、d的值，使得$x=-2$处曲线有水平切线，$(1,-10)$为拐点，且点$(-2,44)$在曲线上.

3.4 函数的极值与最值

3.4.1 函数的极值

在讨论函数的单调性时，曾遇到这样的情形：函数先是递增的，到达某一点后它又变为递减的；也有先递减，后又变为递增的．于是，在函数的增减性发生变化的地方，就出现了这样的函数值，它与附近的函数值比较起来，是最大的或者是最小的，通常把前者称为函数的极大值，把后者称为极小值.

定义 1　设函数 $f(x)$ 在点 x_0 的某邻域 $U(x_0)$ 内有定义，如果对于去心邻域 $\mathring{U}(x_0)$ 内的任一 x，有 $f(x) < f(x_0)$ [或 $f(x) > f(x_0)$]，那么就称 $f(x_0)$ 是函数 $f(x)$ 的一个**极大值**（或**极小值**）.

极大值、极小值统称为**极值**；极大值点、极小值点统称为**极值点**.

极值与最值的概念有些相似，它们**既有区别又有联系**：

（1）极值是局部区域的最大与最小，而最值是整体区域的最大与最小.

（2）最大值一定大于最小值，而极大值未必大于极小值.

例如，图 3-9 中，在点 x_6 处的极小值大于在点 x_2 处的极大值.

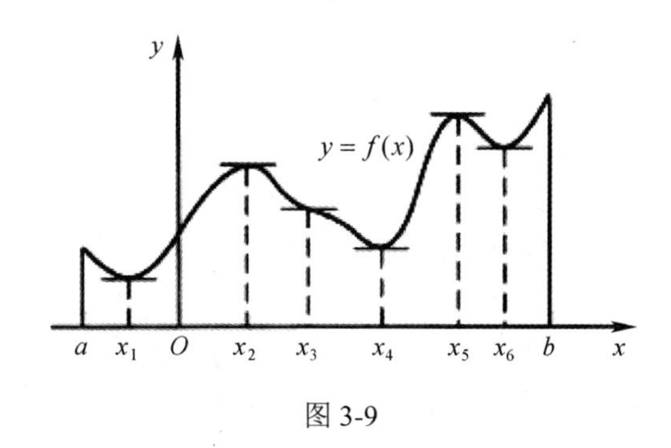

图 3-9

（3）最值是唯一的，而极值不唯一．例如，图 3-9 中，在区间 (a,b) 内，有三个极小值，分别在点 x_1、x_4、x_6 处取得；两个极大值，分别在点 x_2、x_5 处取得.

（4）极值只能在区间内部取得，但最值可以在区间内部取得，也可取到区间端点．例如，图 3-9 中，函数 $f(x)$ 所有的极值都是在区间内部取得的；而最大值是在区间的右端点 $x = b$ 处取得的；最小值则在区间内部点 x_1 处取得.

（5）当在区间内部只存在一个唯一的极大（或极小）值点时，它同时也是最大（或最小）值点.

从图 3-9 中还可看到，在可导的条件下，极值点处的切线平行于 x 轴，即该点处的导数为零．于是，得到下面的结论.

定理 1（极值存在的必要条件）　设函数 $f(x)$ 在点 x_0 处可导，且在点 x_0 处取得极值，则有 $f'(x_0) = 0$.

证明　不妨设 $f(x_0)$ 为极大值．即对于任意的 $x \in \mathring{U}(x_0)$，都有

$$f(x) < f(x_0)$$

当 $x < x_0$ 时，有

$$f'_-(x_0) = \lim_{x \to x_0^-} \frac{f(x) - f(x_0)}{x - x_0} \geqslant 0$$

当 $x > x_0$ 时，有

$$f'_+(x_0) = \lim_{x \to x_0^+} \frac{f(x) - f(x_0)}{x - x_0} \leqslant 0$$

由于函数 $f(x)$ 在点 x_0 处可导，所以 $f'(x_0) = 0$.

同理可证，当 $f(x_0)$ 为极小值时，亦有 $f'(x_0) = 0$.

导数为零的点［即方程 $f'(x) = 0$ 的根］，称为函数 $f(x)$ 的**驻点**.

定理 1 指出，在可导的情况下，极值点一定是驻点．但是反过来，驻点却不一定是极值点．如图 3-10 所示，函数 $f(x) = x^3$ 的导数为 $f'(x) = 3x^2$，$f'(0) = 0$，但 $x = 0$ 不是极值点.

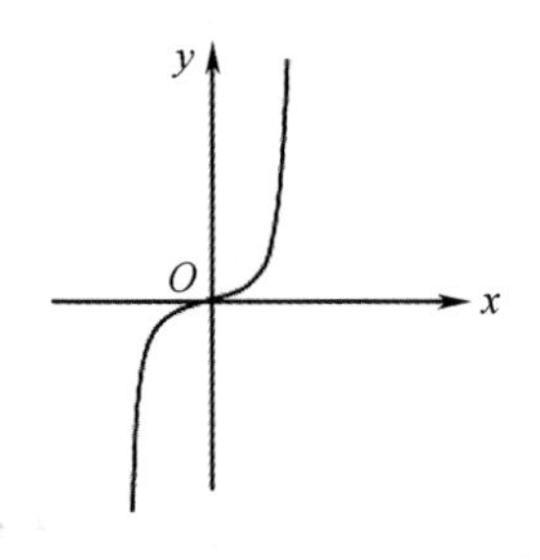

图 3-10

此外导数不存在的点也有可能是极值点．例如，$y = |x|$ 在点 $x = 0$ 处不可导，但函数在 $x = 0$ 处取得极小值.

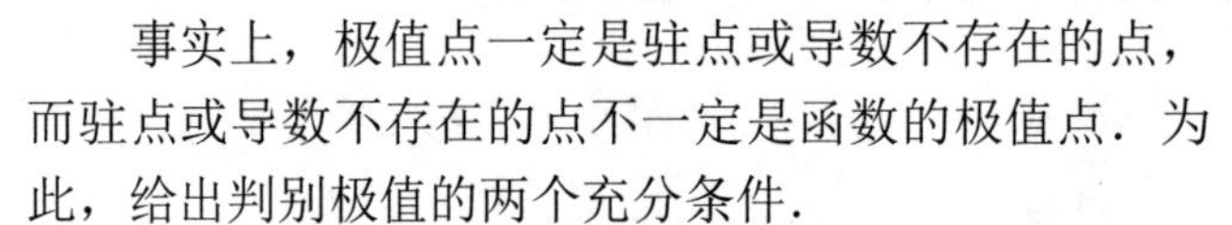
事实上，极值点一定是驻点或导数不存在的点，而驻点或导数不存在的点不一定是函数的极值点．为此，给出判别极值的两个充分条件.

定理 2（极值存在的一阶充分条件） 设函数 $f(x)$ 在点 x_0 处连续，在 x_0 的某去心邻域 $\mathring{U}(x_0, \delta)$ 内可导，则有如下结论.

（1）当 $x \in (x_0 - \delta, x_0)$ 时，$f'(x) > 0$；当 $x \in (x_0, x_0 + \delta)$ 时，$f'(x) < 0$，则函数 $f(x)$ 在点 x_0 处取得极大值 $f(x_0)$.

（2）当 $x \in (x_0 - \delta, x_0)$ 时，$f'(x) < 0$；当 $x \in (x_0, x_0 + \delta)$ 时，$f'(x) > 0$，则函数 $f(x)$ 在点 x_0 处取得极小值 $f(x_0)$.

（3）当 $x \in (x_0 - \delta, x_0) \cup (x_0, x_0 + \delta)$ 时，$f'(x)$ 符号相同，则点 x_0 不是函数 $f(x)$ 的极值点.

证明 先证明结论（1）.

当 $x \in (x_0 - \delta, x_0)$ 时，$f'(x) > 0$，得到函数单调增加，即 $f(x) < f(x_0)$；当 $x \in (x_0, x_0 + \delta)$ 时，$f'(x) < 0$，得到函数单调减少，即 $f(x) < f(x_0)$.

则对于任意 $x \in \mathring{U}(x_0, \delta)$，都有

$$f(x) < f(x_0)$$

从而函数 $f(x)$ 在点 x_0 处取得极大值 $f(x_0)$.

同理可证结论（2）.

（3）由于当 $x \in \mathring{U}(x_0,\delta)$ 时，$f'(x)$ 不变号，即 $f'(x) > 0$ 或 $f'(x) < 0$，得到函数在 $\mathring{U}(x_0,\delta)$ 内单调增加或单调减少，因此 $f(x)$ 在点 x_0 处没有极值.

于是得到求函数极值的**一般步骤**：

（1）确定函数 $f(x)$ 的定义域；

（2）求出 $f'(x)$，找出定义域内 $f'(x)=0$ 或 $f'(x)$ 不存在的点，用这些点作为分界点将函数的定义域分成若干区间；

（3）判断 $f'(x)$ 在各个区间上的符号，若在点左右两侧区间上 $f'(x)$ 符号异号，则可判断该点是极值点，否则不是.

例 1　求函数 $f(x)=(x+2)^2(x-1)^3$ 的极值.

解　$f(x)$ 的定义域是 $(-\infty,+\infty)$，且有

$$f'(x)=2(x+2)(x-1)^3+3(x+2)^2(x-1)^2=(x+2)(x-1)^2(5x+4)$$

令 $f'(x)=(x+2)(x-1)^2(5x+4)=0$，解得 $x_1=-2$，$x_2=-\dfrac{4}{5}$，$x_3=1$，则函数的极值见表 3-7.

表 3-7

x	$(-\infty,-2)$	-2	$\left(-2,-\frac{4}{5}\right)$	$-\frac{4}{5}$	$\left(-\frac{4}{5},1\right)$	1	$(1,+\infty)$
$f'(x)$	+	0	−	0	+	0	+
$f(x)$	↗	极大值	↘	极小值	↗	无极值	↗

所以，$f(x)$ 在 $x=-2$ 处取得极大值，为 0；在 $x=-\dfrac{4}{5}$ 处取得极小值，为-8.39808.

例 2　求函数 $f(x)=(x-4)\sqrt[3]{(x+1)^2}$ 的极值.

解　显然函数 $f(x)$ 在 $(-\infty,+\infty)$ 内连续，且 $f'(x)=\dfrac{5(x-1)}{3\sqrt[3]{x+1}}$，令 $f'(x)=0$，得驻点 $x=1$，而 $x=-1$ 为 $f(x)$ 的不可导点，则函数的极值见表 3-8.

表 3-8

x	$(-\infty,-1)$	-1	$(-1,1)$	1	$(1,+\infty)$
$f'(x)$	$+$	不可导	$-$	0	$+$
$f(x)$	↗	极大值	↘	极小值	↗

所以，函数 $f(x)$ 有极值，极大值为 $f(-1)=0$，极小值为 $f(1)=-3\sqrt[3]{4}$.

如果函数 $f(x)$ 在驻点处存在二阶导数且二阶导数不为零，则有如下判定定理.

定理 3（极值存在的二阶充分条件）　设 $y=f(x)$ 在点 x_0 处具有二阶导数，且 $f'(x_0)=0$，$f''(x_0)\neq 0$，则有

（1）当 $f''(x_0)<0$ 时，函数 $f(x)$ 在点 x_0 处取得极大值；

（2）当 $f''(x_0)>0$ 时，函数 $f(x)$ 在点 x_0 处取得极小值.

证明　因为 $f'(x_0)=0$，利用导数定义有

$$f''(x_0)=\lim_{x\to x_0}\frac{f'(x)-f'(x_0)}{x-x_0}=\lim_{x\to x_0}\frac{f'(x)}{x-x_0}$$

（1）由 $f''(x_0)<0$ 及极限的保号性知，在 x_0 的某一去心邻域内有 $\frac{f'(x)}{x-x_0}<0$，当 $x<x_0$ 时，有 $f'(x)>0$；当 $x>x_0$ 时，有 $f'(x)<0$.

则由定理 2 知，点 x_0 是函数 $f(x)$ 的极大值点，$f(x_0)$ 是极大值.

同理可证结论（2）.

为此，又得到用二阶导数判别函数 $f(x)$ 极值的**一般步骤**：

（1）确定函数 $f(x)$ 的定义域；

（2）求 $f'(x)$ 及 $f''(x)$，并求出所有驻点；

（3）通过驻点的二阶导数的符号判断其为极大值点还是极小值点，并求出极值.

例 3　求函数 $f(x)=x^3+9x^2+15x+3$ 的极值.

解　函数的定义域为 $(-\infty,+\infty)$，且有

$$f'(x)=3x^2-18x+15=3(x^2-6x+5)=3(x-1)(x-5)$$

故驻点为 $x=1$，$x=5$. 又

$$f''(x)=6x-18=6(x-3)$$

所以，$f''(1)=-12<0$，$f''(5)=12>0$.

故极大值为 $f(1)=10$，极小值为 $f(5)=-22$.

这里需要注意的是，如果函数 $f(x)$ 在驻点 x_0 处的二阶导数 $f''(x_0)\neq 0$，那么

该点 x_0 一定是极值点，并可以按 $f''(x_0)$ 的符号来判定 $f(x_0)$ 是极大值还是极小值．但如果 $f''(x_0)=0$，定理 3 就不能应用，此时需用定理 2 或极值定义判别．

例 4　讨论函数 $f(x)=x^4$，$g(x)=x^3$ 在 $x=0$ 处是否取得极值？

解　先讨论函数 $f(x)$，因为 $f'(x)=4x^3$，$f''(x)=12x^2$，则 $f'(0)=0$，$f''(0)=0$，所以，用定理 3 无法判别 $x=0$ 是否为极值点，但当 $x<0$ 时，$f'(x)<0$，当 $x>0$ 时，$f'(x)>0$，由定理 2 知，$f(x)$ 在 $x=0$ 处取得极小值．

再讨论函数 $g(x)$，$g'(x)=3x^2$，$g''(x)=6x$，于是 $g'(0)=0$，$g''(0)=0$，但当 $x<0$ 或 $x>0$ 时，总有 $g'(x)>0$，所以 $x=0$ 不是 $g(x)$ 的极值点．

3.4.2　函数的最值

1．闭区间 $[a,b]$ 上连续函数的最值

由于极值是局部区域的最大值与最小值，因此要求出连续函数 $f(x)$ 在给定区间 $[a,b]$ 上的最值，可利用前面讨论过的极值的求法，又因为极值点只能在区间内部取得，所以要考虑到两个特殊点即区间的左右端点．

综上所述，求连续函数 $f(x)$ 在 $[a,b]$ 上最大值和最小值的**一般步骤**：

（1）求 $f'(x)$，求出令 $f'(x)=0$ 的点及 $f'(x)$ 不存在的点；

（2）计算以上这些点处的函数值及 $f(a)$、$f(b)$；

（3）比较（2）中这些值的大小，最大的即为最大值，最小的即为最小值．

例 5　求函数 $y=2x^3+3x^2-12x+14$ 在 $[-3,4]$ 上的最大值和最小值．

解　$f'(x)=6x^2+6x-12$，令 $f'(x)=0$，得 $x_1=-2, x_2=1$．

由于 $f(-3)=23$，$f(-2)=34$，$f(1)=7$，$f(4)=142$，因此函数 $y=2x^3+3x^2-12x+14$ 在 $[-3,4]$ 上的最大值为 $f(4)=142$，最小值为 $f(1)=7$．

例 6　求函数 $f(x)=|x^2-3x+2|$ 在 $[-3,4]$ 上的最大值与最小值.

解　由于

$$f(x)=\begin{cases} x^2-3x+2, & x\in[-3,\ 1]\cup[2,\ 4] \\ -x^2+3x-2, & x\in(1,\ 2) \end{cases}$$

因此

$$f'(x)=\begin{cases} 2x-3, & x\in(-3,\ 1)\cup(2,\ 4) \\ -2x+3, & x\in(1,\ 2) \end{cases}$$

求得 $f(x)$ 在 $(-3,4)$ 内的驻点为 $x=\dfrac{3}{2}$，不可导点为 $x_1=1$，$x_2=2$．

而 $f(-3)=20$，$f(1)=0$，$f\left(\dfrac{3}{2}\right)=\dfrac{1}{4}$，$f(2)=0$，$f(4)=6$，经比较 $f(x)$ 在 $x=-3$ 处取得最大值 20，在 $x_1=1$ 和 $x_2=2$ 处取得最小值 0.

2. 最值的应用

在实际问题中，我们常常会遇到“时间最短”“用料最省”“收益最大”这类问题，这类问题实际上都是函数最值的应用. 解决这类问题的一般做法是：先将表述的问题具体化，即建立函数表达式，然后再确定函数定义域，最后在该定义区间内求出目标函数的最大（或最小）值.

这里需要注意的是，如果在定义区间内（开或闭，有限或无限），函数 $f(x)$ 可导且仅有一个驻点 x_0，则无需讨论 x_0 点是否为极值点，它必是函数 $f(x)$ 的最值点，这是由实际问题的性质决定的. 下面通过例题具体分析讨论.

例 7 如图 3-11 所示，铁路线上 AB 段的距离为 100km，工厂 C 距 A 处 20km，AC 垂直于 AB. 为了运输需要，要在 AB 线上选定一点 D 向工厂修筑一条公路. 已知铁路每千米货运的运费与公路上每千米货运的运费之比为 3:5. 为了使货物从供应站 B 运到工厂 C 的运费最省，D 点应选在何处？

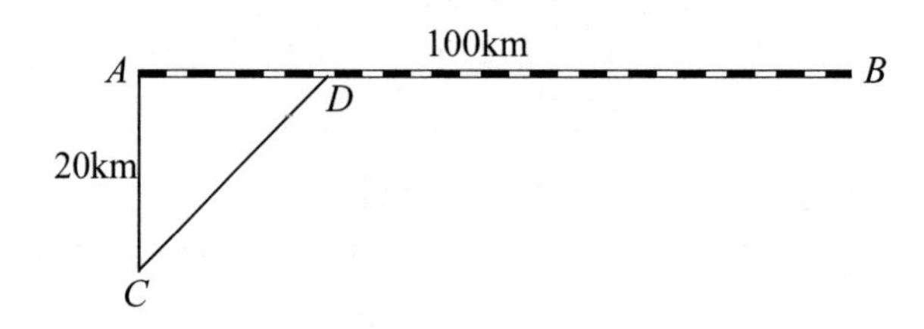

图 3-11

解 设 $AD=x$ km，则 $DB=(100-x)$ km，且有

$$CD=\sqrt{20^2+x^2}=\sqrt{x^2+400}\ \text{km}$$

由题意，不妨设铁路每千米运费为 $3k$，公路每千米运费为 $5k$（k 是某个正数），再设从 B 点到 C 点需要的总运费为 y，那么

$$y=5k\cdot CD+3k\cdot DB$$

即

$$y=5k\sqrt{x^2+400}+3k(100-x)\ ,\ (0\leqslant x\leqslant 100)$$

则

$$y'=k\left(\frac{5x}{\sqrt{400+x^2}}-3\right)$$

令 $y'=0$，得 $x=15$.

由于该驻点唯一，且该问题存在最小值，因此，当 $AD = 15$ km 时总运费最省.

例 8　如图 3-12 所示，把一根直径为 d 的圆木锯成截面为矩形的梁. 矩形截面的高 h 和宽 b 应如何选择才能使梁的抗弯截面模量 W（$W = \frac{1}{6}bh^2$）最大？

解　h 与 b 的关系为 $h^2 = d^2 - b^2$，因而

$$W = \frac{1}{6}b(d^2 - b^2)，(0 < b < d)$$

则

$$W' = \frac{1}{6}(d^2 - 3b^2)$$

令 $W' = 0$，得唯一驻点 $b = \sqrt{\frac{1}{3}}d$.

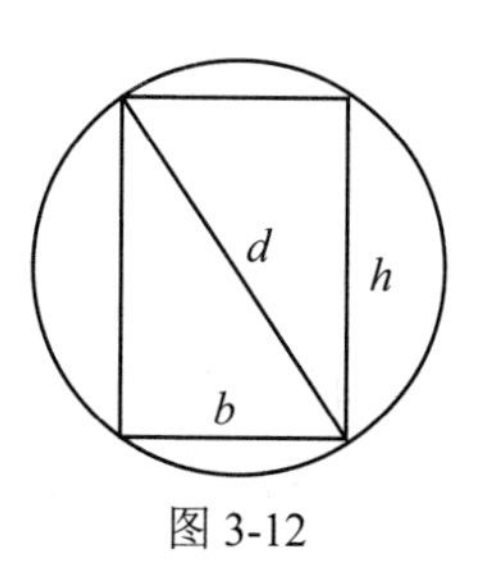

图 3-12

由于梁的最大抗弯截面模量一定存在，且 $b = \sqrt{\frac{1}{3}}d$ 在 $(0, d)$ 内部取得，因此当 $b = \sqrt{\frac{1}{3}}d$ 时，W 的值最大. 此时，$h^2 = d^2 - b^2 = d^2 - \frac{1}{3}d^2 = \frac{2}{3}d^2$，即

$$h = \sqrt{\frac{2}{3}}d$$

所以，当 $h = \sqrt{\frac{2}{3}}d$，$b = \sqrt{\frac{1}{3}}d$ 时才能使梁的抗弯截面模量 W 最大.

例 9　某房地产公司有 50 套公寓要出租，当租金定为每月 1800 元时，公寓会全部租出去. 当租金每月增加 100 元时，就有一套公寓租不出去，而租出去的房子每月需花费 200 元的整修维护费，房租定为多少可获得最大收入？

解　设房租为每月 x 元，则租出去的房子有 $\left(50 - \frac{x - 1800}{100}\right)$ 套，每月总收入为

$$R(x) = (x - 200)\left(50 - \frac{x - 1800}{100}\right) = (x - 200)\left(68 - \frac{x}{100}\right)，\quad x > 1800$$

$$R'(x) = \left(68 - \frac{x}{100}\right) + (x - 200)\left(-\frac{1}{100}\right) = 70 - \frac{x}{50}$$

令 $R'(x) = 0$，得 $x = 3500$.

由于该驻点唯一，且该问题存在最大值，因此每月每套租金为 3500 元时收入最高，最高收入为

$$R(x) = (3500 - 200)\left(68 - \frac{3500}{100}\right) = 108900 \text{ 元}$$

习题 3.4

1．求下列函数的极值：

（1）$y=2x^3-3x^2$；（2）$y=2x^3-6x^2-18x$；

（3）$y=3-2(x+1)^{\frac{1}{3}}$；（4）$y=x+\sqrt{1-x}$；

（5）$y=x-\ln(1+x)$；（6）$y=x^2\ln x$；

（7）$y=\mathrm{e}^x+\mathrm{e}^{-x}$；（8）$y=x^2\mathrm{e}^{-x^2}$；

（9）$y=x+\tan x$；（10）$y=\arctan x-\dfrac{1}{2}\ln(1+x^2)$．

2．当a为何值时，函数$f(x)=a\sin x+\dfrac{1}{3}\sin 3x$在$x=\dfrac{\pi}{3}$处取得极值？是极大值还是极小值？求出此极值．

3．求下列各函数在所给区间上的最大值、最小值．

（1）$y=2x^3-3x^2$，$[-1,4]$；（2）$y=x^4-8x^2+2$，$[-1,3]$；

（3）$y=x+2\cos x$，$\left[0,\dfrac{\pi}{2}\right]$；（4）$y=\sin 2x-x$，$\left[-\dfrac{\pi}{2},\dfrac{\pi}{2}\right]$；

（5）$y=\mathrm{e}^x\sin x$，$\left[-\dfrac{\pi}{2},\dfrac{\pi}{2}\right]$；（6）$y=2\tan x-\tan^2 x$，$\left[0,\dfrac{\pi}{3}\right]$．

4．用围墙围成面积为$216\mathrm{m}^2$的一块矩形土地，并在长边的正中用一堵墙将其隔成两块，这块地的长和宽选取多大尺寸，才能使所用建材最省？

5．由直线$y=0$、$x=8$及抛物线$y=x^2$围成一个曲边三角形，在曲边$y=x^2$上求一点，使曲线在该点处的切线与直线$y=0$、$x=8$所围成的三角形面积最大．

6．某公司每月生产 1000 件产品，每件有 10 元纯利润，生产 1000 件后，每增产一件获利减少 0.02 元，每月生产多少件产品，可使纯利润最大？

7．装饮料的易拉罐是用铝合金制造的，罐身（侧面和底面）用整块材料拉制而成，顶盖是另装上去的，为了安全，顶盖厚度是罐身厚度的 3 倍．为了使用料最省，如何确定它的高与底面半径？

3.5 函数图形的描绘

前面一系列的讨论说明导数对于函数作图有很大帮助．利用一阶导数可以确定函数的单调区间和极值，利用二阶导数可以确定函数的凹凸区间和拐点．但是，即便如此，当函数图形向无穷远处延伸时，还是很难将图形画得很准确．为此，还需讨论函数图形的渐近线问题．

3.5.1　函数图形的渐近线

定义　如果函数图形上一动点沿着函数图形趋于无穷远时，该点与某直线的距离趋于零，那么称此直线为该函数图形的**渐近线**，如图 3-13 所示．

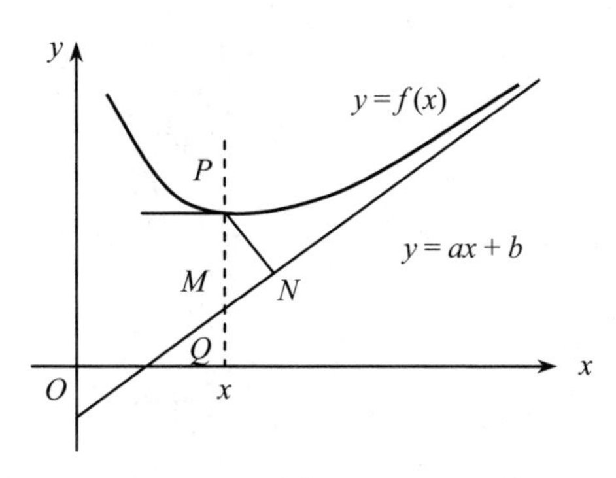

图 3-13

渐近线分为铅直渐近线、水平渐近线和斜渐近线．

1．铅直渐近线

如果 $\lim\limits_{x \to x_0^+} f(x) = \infty$ 或 $\lim\limits_{x \to x_0^-} f(x) = \infty$，则称直线 $x = x_0$ 是函数 $y = f(x)$ 的图形的一条**铅直渐近线**．

比如函数 $y = \ln x$，由于 $\lim\limits_{x \to 0^+} \ln x = -\infty$，所以它的图形有一条铅直渐近线 $x = 0$；再比如函数 $y = \dfrac{1}{x^2 - 1}$，容易看出，$x = -1$ 和 $x = 1$ 是它的图形的两条铅直渐近线；而 $y = \tan x$ 的图形则有着无数条渐近线，即 $x = \pm\dfrac{1}{2}\pi, x = \pm\dfrac{3}{2}\pi, \cdots$．

2．水平渐近线

如果 $\lim\limits_{x \to +\infty} f(x) = b$ 或 $\lim\limits_{x \to -\infty} f(x) = b$（$b$ 为常数)，则称直线 $y = b$ 是函数 $y = f(x)$ 的图形的一条**水平渐近线**．

比如函数 $y = \arctan x$，由于 $\lim\limits_{x \to +\infty} \arctan x = \dfrac{\pi}{2}$，$\lim\limits_{x \to -\infty} \arctan x = -\dfrac{\pi}{2}$，因此，函数 $y = \arctan x$ 的图形有两条水平渐近线，分别是 $y = \dfrac{\pi}{2}$，$y = -\dfrac{\pi}{2}$．

3. 斜渐近线

如果 $\lim\limits_{x\to+\infty}[f(x)-(ax+b)]=0$ 或 $\lim\limits_{x\to-\infty}[f(x)-(ax+b)]=0$，其中 $a\neq 0$，则称直线 $y=ax+b$ 是函数 $y=f(x)$ 的图形的**斜渐近线**.

由定义可得斜渐近线方程中 a、b 的求法为

$$a=\lim_{x\to+\infty}\frac{f(x)}{x}，\quad b=\lim_{x\to+\infty}[f(x)-ax]$$

或

$$a=\lim_{x\to-\infty}\frac{f(x)}{x}，\quad b=\lim_{x\to-\infty}[f(x)-ax]$$

例 1 求函数 $f(x)=\dfrac{2(x-2)(x+3)}{x-1}$ 的图形的渐近线.

解 函数的定义域为 $(-\infty,1)\cup(1,+\infty)$，而 $\lim\limits_{x\to1}\dfrac{2(x-2)(x-3)}{x-1}=\infty$，所以，函数图形有一条铅直渐近线，为 $x=1$．又因为

$$\lim_{x\to\infty}\frac{f(x)}{x}=\lim_{x\to\infty}\frac{2(x-2)(x+3)}{x(x-1)}=2$$

$$\lim_{x\to\infty}\left[\frac{2(x-2)(x+3)}{x-1}-2x\right]=\lim_{x\to\infty}\frac{2(x-2)(x+3)-2x(x-1)}{x-1}=4$$

所以，函数图形还有一条斜渐近线，为 $y=2x+4$．

3.5.2 函数图形的描绘

当我们建立了寻找渐近线的方法后，就对函数图形的变化轮廓有了全面的了解，因此可以作出比较正确的函数图形.

下面给出描绘函数图形的**一般步骤**:

（1）确定函数的定义域;

（2）讨论函数的对称性及周期性;

（3）讨论函数的单调性和极值;

（4）讨论函数的凸性和拐点;

（5）讨论函数图形的渐近线;

（6）由函数方程计算出一些点的坐标，特别是函数图形与坐标轴的交点坐标.

例 2 作函数 $f(x)=\dfrac{1}{\sqrt{2\pi}}\mathrm{e}^{-\frac{x^2}{2}}$ 的图形.

解 函数的定义域为 $(-\infty,+\infty)$，且该函数为偶函数，故图形关于 y 轴对称．易知

$$f'(x)=-\frac{x}{\sqrt{2\pi}}\mathrm{e}^{-\frac{x^2}{2}}，\quad f''(x)=\frac{(x+1)(x-1)}{\sqrt{2\pi}}\mathrm{e}^{-\frac{x^2}{2}}$$

令 $f'(x)=0$，得驻点 $x=0$；再令 $f''(x)=0$，得 $x=-1$ 和 $x=1$.

则求出函数一些点的坐标，见表 3-9.

表 3-9

x	$(-\infty,-1)$	-1	$(-1,0)$	0	$(0,1)$	1	$(1,+\infty)$
$f'(x)$	+		+	0	−		−
$f''(x)$	+	0	−		−	0	+
$f(x)$	↗		↗	极大值	↘		↘
	凹	拐点	凸		凸	拐点	凹

于是得到，拐点 $\left(-1,\frac{1}{\sqrt{2\pi\mathrm{e}}}\right)$，$\left(1,\frac{1}{\sqrt{2\pi\mathrm{e}}}\right)$；极大值点 $\left(0,\frac{1}{\sqrt{2\pi}}\right)$

又因为 $\lim\limits_{x\to\infty}\frac{1}{\sqrt{2\pi}}\mathrm{e}^{-\frac{x^2}{2}}=0$，故函数图形有一条水平渐近线，为 $y=0$.

先作出函数在区间 $(0,+\infty)$ 内的图形，然后利用对称性作出区间 $(-\infty,0)$ 内的图形，如图 3-14 所示.

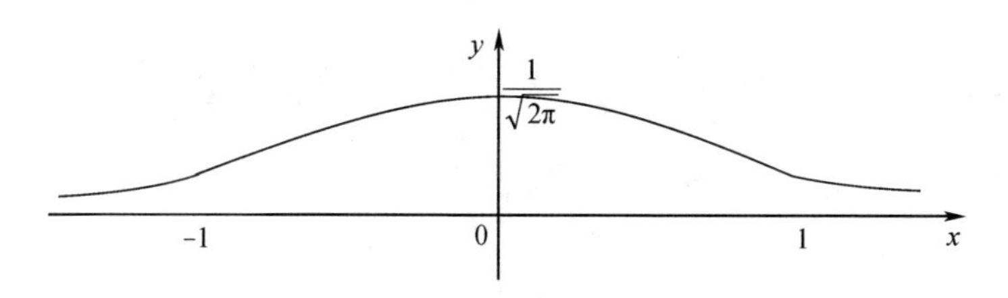

图 3-14

例 3　作出函数 $f(x)=\frac{4(x+1)}{x^2}-2$ 的图形.

解　函数的定义域为 $(-\infty,0)\cup(0,+\infty)$，且为非奇非偶函数，并无周期性. 易知

$$f'(x)=-\frac{4(x+2)}{x^3}，\quad f''(x)=\frac{8(x+3)}{x^4}$$

令 $f'(x)=0$，得驻点 $x=-2$；再令 $f''(x)=0$，得 $x=-3$.

则求出函数一些点的坐标，见表 3-10.

表 3-10

x	$(-\infty,-3)$	-3	$(-3,-2)$	-2	$(-2,0)$	$(0,+\infty)$
$f'(x)$	－	－	－	0	＋	－
$f''(x)$	－	0	＋	＋	＋	＋
$f(x)$	↘		↘	极小值−3	↗	↘
	凸	拐点	凹		凹	凹

于是得到，拐点为$\left(-3,-\dfrac{26}{9}\right)$；极小值点为$(-2,-3)$.

又因为

$$\lim_{x\to\infty} f(x)=\lim_{x\to\infty}\left[\frac{4(x+1)}{x^2}-2\right]=-2$$

所以，函数图形有一条水平渐近线，为$y=-2$，而

$$\lim_{x\to 0} f(x)=\lim_{x\to 0}\left[\frac{4(x+1)}{x^2}-2\right]=+\infty$$

所以，函数图形还有一条铅直渐近线，为$x=0$.

令$y=0$，得$x=1\pm\sqrt{3}$，于是得到函数图形与 x 轴的交点，为$(1-\sqrt{3},0)$，$(1+\sqrt{3},0)$.

再补充几个其他点：$A(-1,-2)$，$B(1,6)$，$C(2,1)$，于是描绘出函数图形，如图 3-15 所示.

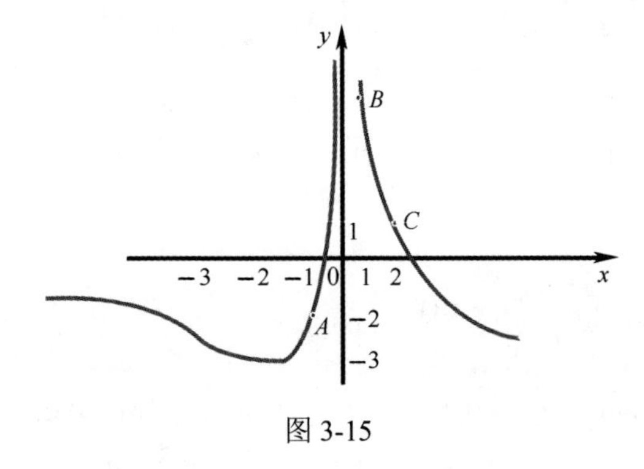

图 3-15

习题 3.5

1.（1）求函数$y=\dfrac{x^3}{(x+1)^2}$的图形的渐近线；

（2）求函数 $y=\dfrac{2x^2}{x^2-1}$ 的图形的渐近线；

（3）求函数 $y=\dfrac{x^3}{x^2+2x-3}$ 的图形的渐近线.

2.（1）作出函数 $y=\dfrac{(x-3)^2}{4(x-1)}$ 的图形；

（2）作出函数 $y=\dfrac{x^3-2}{2(x-1)^2}$ 的图形；

（3）作出函数 $y=1+\dfrac{36x}{(x+3)^2}$ 的图形.

*3.6　泰勒公式

由微分概念知：若函数 $f(x)$ 在点 x_0 处可导，则有

$$f(x)=f(x_0)+f'(x_0)(x-x_0)+o(x-x_0)$$

或

$$f(x)\approx f(x_0)+f'(x_0)(x-x_0)$$

即在点 x_0 附近，用一次多项式 $f(x_0)+f'(x_0)(x-x_0)$ 近似表达函数 $f(x)$ 时，其误差为 $x-x_0$ 的高阶无穷小量.

具体的例子有，当 $|x|$ 很小时，$\mathrm{e}^x\approx 1+x$，$\ln(1+x)\approx x$ 等．这些都是用一次多项式来近似表达函数的例子．但是这种近似表达存在明显的不足：首先，精确度不高；其次，误差不能估计.

如 $\mathrm{e}^x\approx 1+x$（一次多项式近似表达）与 $\mathrm{e}^x\approx 1+x+\dfrac{x^2}{2!}+\cdots+\dfrac{x^n}{n!}$（$n$ 次多项式近似表达），两者相比，显然后者精确度更高．因此，取一次多项式逼近是不够的，往往需要用二次或高于二次的多项式（通称为 n 次多项式）去逼近，并要求误差为 $o((x-x_0)^n)$，其中 n 为多项式的次数.

为此，我们考察任一 n 次多项式：

$$p_n(x)=a_0+a_1(x-x_0)+a_2(x-x_0)^2+\cdots+a_n(x-x_0)^n \tag{3-1}$$

逐次求它在点 x_0 处的各阶导数，得到

$$p_n(x_0)=a_0\,,\ p'_n(x_0)=a_1\ \ p_n''(x_0)=2!a_2\,,\cdots,p_n^{(n)}(x_0)=n!a_n$$

即

$$a_0 = p_n(x_0), a_1 = \frac{p'_n(x_0)}{1!}, a_2 = \frac{p_n''(x_0)}{2!}, \cdots, a_n = \frac{p_n^{(n)}(x_0)}{n!}$$

由此可见，多项式 $p_n(x)$ 的各项系数由其在点 x_0 处的各阶导数值所唯一确定.

3.6.1 带有佩亚诺型余项的泰勒公式

对于一般函数 $f(x)$，设它在点 x_0 处存在直到 n 阶的导数. 由这些导数构造一个 n 次多项式：

$$T_n(x) = f(x_0) + \frac{f'(x_0)}{1!}(x - x_0) + \frac{f''(x_0)}{2!}(x - x_0)^2 + \cdots + \frac{f^{(n)}(x_0)}{n!}(x - x_0)^n \tag{3-2}$$

式（3-2）称为函数 $f(x)$ 在点 x_0 处的**泰勒多项式**，$T_n(x)$ 的各项系数 $\frac{f^{(k)}(x_0)}{k!}$（$k = 1,2,\cdots,n$）称为**泰勒系数**.

由上面对多项式系数的讨论，易知 $f(x)$ 与其泰勒多项式 $T_n(x)$ 在点 x_0 处有相同的函数值和直至 n 阶的导数值，即

$$f^{(k)}(x_0) = T_n^{(k)}(x_0),\ k = 0,1,2,\cdots,n$$

下面将要证明 $f(x) - T_n(x) = o((x - x_0)^n)$，即以式（3-2）所示的泰勒多项式逼近 $f(x)$ 时，其误差为关于 $(x - x_0)^n$ 的高阶无穷小量.

泰勒中值定理 1 若函数 $f(x)$ 在点 x_0 处存在直至 n 阶的导数，那么存在 x_0 的一个邻域，对于该邻域内的任一 x，有

$$f(x) = T_n(x) + o((x - x_0)^n)$$

即

$$f(x) = f(x_0) + f'(x_0)(x - x_0) + \frac{f''(x_0)}{2!}(x - x_0)^2 + \cdots + \frac{f^{(n)}(x_0)}{n!}(x - x_0)^n + o((x - x_0)^n) \tag{3-3}$$

证明 设 $R_n(x) = f(x) - T_n(x)$，$Q_n(x) = (x - x_0)^n$，现在只需证明

$$\lim_{x \to x_0} \frac{R_n(x)}{Q_n(x)} = 0$$

由关系式 $f^{(k)}(x_0) = T_n^{(k)}(x_0)$,（$k = 0,1,2,\cdots,n$）可知

$$R_n(x_0) = R_n'(x_0) = \cdots = R_n^{(n)}(x_0) = 0$$

并易知

$$Q_n(x_0)=Q_n'(x_0)=\cdots=Q_n^{(n-1)}(x_0)=0，\ Q_n^{(n)}(x_0)=n!$$

因为 $f^{(n)}(x_0)$ 存在，所以在点 x_0 的某邻域 $U(x_0)$ 内，$f(x)$ 存在 $n-1$ 阶导数 $f^{(n-1)}(x)$．于是，当 $x\in\mathring{U}(x_0)$ 且 $x\to x_0$ 时，连续使用洛必达法则 $n-1$ 次，得到

$$\begin{aligned}\lim_{x\to x_0}\frac{R_n(x)}{Q(x)}&=\lim_{x\to x_0}\frac{R_n'(x)}{Q_n'(x)}=\cdots=\lim_{x\to x_0}\frac{R_n^{(n-1)}(x)}{Q_n^{(n-1)}(x)}\\&=\lim_{x\to x_0}\frac{R_n^{(n-1)}(x)-R_n^{(n-1)}(x_0)}{n(n-1)\cdots 2(x-x_0)}=\frac{1}{n!}\lim_{x\to x_0}\frac{R_n^{(n-1)}(x)-R_n^{(n-1)}(x_0)}{(x-x_0)}\\&=\frac{1}{n!}\lim_{x\to x_0}R_n^{(n)}(x_0)=0\end{aligned}$$

定理所证的式(3-3)称为函数 $f(x)$ 在点 x_0 处的**泰勒公式**，$R_n(x)=f(x)-T_n(x)$ 称为**泰勒公式的余项**，形如 $o((x-x_0)^n)$ 的余项称为**佩亚诺型余项**．所以式（3-3）又称为**带有佩亚诺型余项的泰勒公式**.

当 $x_0=0$ 时，得到式（3-3）的特殊形式，即

$$f(x)=f(0)+f'(0)x+\frac{f''(0)}{2!}x^2+\cdots+\frac{f^{(n)}(0)}{n!}x^n+o(x^n)\tag{3-4}$$

式（3-4）也称为**（带有佩亚诺型余项的）麦克劳林公式**.

例 1　验证麦克劳林公式：$\mathrm{e}^x=1+x+\dfrac{x^2}{2!}+\cdots+\dfrac{x^n}{n!}+o(x^n)$.

解　因为 $f'(x)=f''(x)=\cdots=f^{(n)}(x)=\mathrm{e}^x$，且

$$f(0)=f'(0)=f''(0)=\cdots=f^{(n)}(0)=1$$

于是，e^x 的带有佩亚诺型余项的 n 阶麦克劳林公式为

$$\mathrm{e}^x=1+x+\frac{x^2}{2!}+\cdots+\frac{x^n}{n!}+o(x^n)$$

例 2　求 $f(x)=\sin x$ 的 n 阶麦克劳林公式.

解　因为 $f^{(n)}(x)=\sin\left(x+n\cdot\dfrac{\pi}{2}\right)$，$n=1,2,\cdots$，所以 $f(0)=0,f'(0)=1,$ $f''(0)=0,f'''(0)=-1,f^{(4)}(0)=0,\cdots$，于是 $\sin x=x-\dfrac{x^3}{3!}+\dfrac{x^5}{5!}-\cdots+(-1)^{n+1}\dfrac{x^{2n-1}}{(2n-1)!}+$ $o(x^{2n-1})$．

同理可以得到下面一些**常用函数的麦克劳林公式**：

$$\cos x=1-\frac{x^2}{2!}+\frac{x^4}{4!}-\frac{x^6}{6!}+\cdots+(-1)^n\frac{x^{2n}}{(2n)!}+o(x^{2n})$$

$$\ln(1+x)=x-\frac{x^2}{2}+\frac{x^3}{3}-\cdots+(-1)^{n+1}\frac{x^n}{n}+o(x^n)$$

$$\frac{1}{1-x}=1+x+x^2+\cdots+x^n+o(x^n)$$

$$(1+x)^m=1+mx+\frac{m(m-1)}{2!}x^2+\cdots+\frac{m(m-1)\cdots(m-n+1)}{n!}x^n+o(x^n)$$

利用上述麦克劳林公式，可间接求得其他一些函数的麦克劳林公式或泰勒公式，还可求某种类型的极限.

例 3 求函数 $f(x)=\mathrm{e}^{-\frac{x^2}{2}}$ 的麦克劳林公式.

解 用 $\left(-\frac{x^2}{2}\right)$ 替换公式 $\mathrm{e}^x=1+x+\frac{x^2}{2!}+\cdots+\frac{x^n}{n!}+o(x^n)$ 中的 x，便得

$$\mathrm{e}^{-\frac{x^2}{2}}=1-\frac{x^2}{2}+\frac{x^4}{2^2\cdot 2!}+\cdots(-1)^n\cdot\frac{x^{2n}}{2^n n!}+o(x^{2n})$$

上式即为所求的麦克劳林公式.

例 4 求函数 $\ln x$ 在 $x=2$ 处的泰勒公式.

解 本题可以直接用式（3-3）展开，但较烦琐，所以可考虑用已知麦克劳林公式间接求出.

由于 $\ln x=\ln[2+(x-2)]=\ln 2+\ln\left(1+\frac{x-2}{2}\right)$，因此由公式 $\ln(1+x)=x-\frac{x^2}{2}+\frac{x^3}{3}-\cdots+(-1)^{n+1}\frac{x^n}{n}+o(x^n)$，得

$$\ln x=\ln 2+\frac{1}{2}(x-2)-\frac{1}{2\cdot 2^2}(x-2)^2+\cdots+(-1)^{n+1}\frac{1}{n\cdot 2^n}(x-2)^n+o((x-2)^n)$$

上式即为函数 $\ln x$ 在 $x=2$ 处的泰勒公式.

例 5 计算 $\lim\limits_{x\to 0}\frac{\mathrm{e}^{x^2}+2\cos x-3}{x^4}$.

解 本题可用洛必达法则，但较烦琐，因此用泰勒公式，注意到分母为 x^4，可考虑将分子中的 e^{x^2} 与 $\cos x$ 分别展开，即

$$\mathrm{e}^{x^2}=1+x^2+\frac{x^4}{2!}+o(x^4),\quad \cos x=1-\frac{x^2}{2!}+\frac{x^4}{4!}+o(x^4)$$

所以

$$\mathrm{e}^{x^2}+2\cos x-3=\left(\frac{1}{2!}+2\frac{1}{4!}\right)x^4+o(x^4)$$

故

$$原式=\lim_{x\to 0}\frac{\frac{7}{12}x^4+o(x^4)}{x^4}=\frac{7}{12}$$

3.6.2　带有拉格朗日型余项的泰勒公式

前面我们从微分近似出发，推广得到用 n 次多项式逼近函数的泰勒公式（3-3）．它的佩亚诺型余项只是定性地告诉我们：当 $x\to x_0$ 时，逼近误差是一个较 $(x-x_0)^n$ 高阶的无穷小量．下面我们给泰勒公式构造一个**定量**形式的余项，以便于对逼近误差进行具体的计算或估计．

泰勒中值定理 2　如果函数 $f(x)$ 在含有点 x_0 的某个开区间 (a,b) 内具有直到 $(n+1)$ 阶的导数，那么对于 $x\in(a,b)$，有

$$f(x)=f(x_0)+f'(x_0)(x-x_0)+\frac{f''(x_0)}{2!}(x-x_0)^2+\cdots+\frac{f^{(n)}(x_0)}{n!}(x-x_0)^n+R_n(x) \tag{3-5}$$

其中

$$R_n(x)=\frac{f^{(n+1)}(\xi)}{(n+1)!}(x-x_0)^{n+1}\text{（}\xi\text{ 在 }x_0\text{ 与 }x\text{ 之间）} \tag{3-6}$$

式(3-5)称为 $f(x)$ 在点 x_0 处关于 $(x-x_0)$ 的 n 阶**泰勒公式**;形如式(3-6)的余项 $R_n(x)$ 称为**拉格朗日型余项**．所以式（3-5）又称为**带有拉格朗日型余项的泰勒公式．**

注意到，当 $n=0$ 时，泰勒公式变成拉格朗日中值定理：

$$f(x)=f(x_0)+f'(\xi)(x-x_0)\quad\text{（}\xi\text{ 在 }x_0\text{ 与 }x\text{ 之间）}$$

因此，泰勒中值定理 2 可看作拉格朗日中值定理的推广．

若存在正数 M，当 $x\in(a,b)$ 时，有 $|f^{(n+1)}(x)|\leqslant M$，则有估计式：

$$|R_n(x)|=\left|\frac{f^{(n+1)}(\xi)}{(n+1)!}(x-x_0)^{n+1}\right|\leqslant\frac{M}{(n+1)!}|x-x_0|^{n+1}$$

若取 $x_0=0$，ξ 在 0 与 x 之间，可记 $\xi=\theta x$ $(0<\theta<1)$，从而泰勒公式变成**麦克劳林公式**，有

$$f(x)=f(0)+f'(0)x+\frac{f''(0)}{2!}x^2+\cdots+\frac{f^{(n)}(0)}{n!}x^n+\frac{f^{(n+1)}(\theta x)}{(n+1)!}x^{n+1}(0<\theta<1) \tag{3-7}$$

式（3-7）称为 $f(x)$ 的**带有拉格朗日型余项的** n **阶麦克劳林公式**.

于是，将前面 6 个带有佩亚诺型余项的麦克劳林公式改写为带有拉格朗日型余项的麦克劳林公式.

（1）$f(x)=\mathrm{e}^x$，由 $f^{(n+1)}(x)=\mathrm{e}^x$，得到

$$\mathrm{e}^x=1+x+\frac{x^2}{2!}+\cdots+\frac{x^n}{n!}+\frac{\mathrm{e}^{\theta x}}{(n+1)!}x^{n+1},\ 0<\theta<1$$

由上式可知 $\mathrm{e}^x\approx 1+x+\frac{x^2}{2!}+\cdots+\frac{x^n}{n!}$，进行误差估计（设 $x>0$），有

$$|R_n(x)|=\left|\frac{\mathrm{e}^{\theta x}}{(n+1)!}x^{n+1}\right|<\frac{\mathrm{e}^x}{(n+1)!}x^{n+1},\ 0<\theta<1.$$

取 $x=1$，则 $\mathrm{e}\approx 1+1+\frac{1}{2!}+\cdots+\frac{1}{n!}$，其误差 $|R_n|<\frac{\mathrm{e}}{(n+1)!}<\frac{3}{(n+1)!}$.

当 $n=10$ 时，可算出 $\mathrm{e}\approx 2.718282$，其误差不超过 10^{-6}.

（2）$f(x)=\sin x$，由 $f^{(2m+1)}(x)=\sin\left(x+\frac{2m+1}{2}\pi\right)=(-1)^m\cos x$，得到

$$\sin x=x-\frac{x^3}{3!}+\frac{x^5}{5!}-\cdots+(-1)^{m-1}\frac{x^{2m-1}}{(2m-1)!}+(-1)^m\frac{\cos\theta x}{(2m+1)!}x^{2m+1},\ 0<\theta<1$$

（3）类似于 $\sin x$，可得

$$\cos x=1-\frac{x^2}{2!}+\frac{x^4}{4!}+\cdots+(-1)^m\frac{x^{2m}}{(2m)!}+(-1)^{m+1}\frac{\cos\theta x}{(2m+2)!}x^{2m+2},\ 0<\theta<1$$

（4）$f(x)=\ln(1+x)$，由 $f^{(n+1)}(x)=(-1)^n n!(1+x)^{-n-1}$，得到

$$\ln(1+x)=x-\frac{x^2}{2}+\frac{x^3}{3}+\cdots+(-1)^{n-1}\frac{x^n}{n}+(-1)^n\frac{x^{n+1}}{(n+1)(1+\theta x)^{n+1}},\ 0<\theta<1$$

（5）$f(x)=(1+x)^\alpha$，由 $f^{(n+1)}(x)=\alpha(\alpha-1)\cdots(\alpha-n)(1+x)^{\alpha-n-1}$，得到

$$(1+x)^\alpha=1+\alpha x+\frac{\alpha(\alpha-1)}{2!}x^2+\cdots+\frac{\alpha(\alpha-1)\cdots(\alpha-n+1)}{n!}x^n+$$
$$\frac{\alpha(\alpha-1)\cdots(\alpha-n)}{(n+1)!}(1+\theta x)^{\alpha-n-1}x^{n+1},\ 0<\theta<1$$

（6）$f(x)=\frac{1}{1-x}$，由 $f^{(n+1)}(x)=\frac{(n+1)!}{(1-x)^{n+2}}$，得到

$$\frac{1}{1-x}=1+x+x^2+\cdots+x^n+\frac{x^{n+1}}{(1-\theta x)^{n+2}},\ 0<\theta<1$$

习题 3.6

习题 3.6 答案

1. 将 $f(x)=x^3+3x^2+2x+4$ 展开为 $x+1$ 的泰勒多项式.

2. 将 $f(x)=x^4-5x^3+x^2-3x+4$ 展开为 $x-4$ 的泰勒多项式.

3. 求函数 $f(x)=2^x$ 带有佩亚诺型余项的 n 阶麦克劳林公式.

4. 求函数 $f(x)=x^2\mathrm{e}^x$ 的带有佩亚诺型余项的 n 阶麦克劳林公式.

5. 求一个二次多项式 $p(x)$，使得 $2^x=p(x)+o(x^2)$.

6. 利用泰勒公式求极限：

（1）$\lim\limits_{x\to\infty}\left[x-x^2\ln\left(1+\dfrac{1}{x}\right)\right]$；　　（2）$\lim\limits_{x\to 0}\dfrac{\cos x\ln(1+x)-x}{x^2}$.

7. 设 $f(x)$ 有三阶导数，且 $\lim\limits_{x\to 0}\dfrac{f(x)}{x^2}=0$ ，$f(1)=0$ ，证明在 $(0,1)$ 内存在一点 ξ ，使 $f'''(\xi)=0$.

第 3 章测试题

第 4 章　不定积分

前面所讲的导数、微分、中值定理、导数的应用，总称为一元函数的微分学. 本章开始，我们将学习一元函数积分学. 这里所说的积分学包括两部分：不定积分和定积分. 本章介绍不定积分的概念、性质与积分法等.

4.1　不定积分的概念与性质

在微分学中，我们讨论了求已知函数的导数（或微分）的问题. 但是，在科学、技术和经济的许多问题中，常常还需要解决相反的问题，也就是要由一个函数的已知导数（或微分），求出这个函数. 这种由函数的已知导数（或微分）去求原来的函数的问题，是积分学的基本问题之一，即不定积分.

4.1.1　原函数与不定积分

定义 1　如果在区间 I 上，可导函数 $F(x)$ 的导函数为 $f(x)$，即对任意 $x \in I$，都有

$$F'(x) = f(x) \text{ 或 } \mathrm{d}F(x) = f(x)\mathrm{d}x$$

那么函数 $F(x)$ 就称为 $f(x)$ 在区间 I 上的一个**原函数**.

例如，$(x^2)' = 2x$，即 x^2 是 $2x$ 的一个原函数；$(\sin x)' = \cos x$，即 $\sin x$ 是 $\cos x$ 的一个原函数.

关于原函数我们有一个问题，一个函数具备什么条件才能保证它的原函数一定存在？这里我们先不加证明地给出一个结论，如下所述.

原函数存在定理　如果函数 $f(x)$ 在区间 I 上连续，那么在区间 I 上存在可导函数 $F(x)$，使对 $\forall x \in I$，都有

$$F'(x) = f(x)$$

简单地说就是：**连续函数一定有原函数**.

下面还有两个问题需要说明.

（1）如果 $f(x)$ 在区间 I 上有原函数，那么原函数是否唯一，若不唯一，数目是多少？

例如，$(\sin x)' = \cos x$；$(\sin x + 2)' = \cos x$; $\cdots$；$(\sin x + C)' = \cos x$（C 为常数）. 所

以，$\sin x, \sin x+2, \cdots, \sin x+C$ 都是 $\cos x$ 的原函数．也就是说，如果函数 $f(x)$ 有一个原函数，那么它就有无数多个原函数．

定理 1　若 $F(x)$ 是 $f(x)$ 在区间 I 上的原函数，则一切形如 $F(x)+C$ 的函数也是 $f(x)$ 的原函数．

证明　因为 $F'(x)=f(x)$，且 $[F(x)+C]'=F'(x)+C'=f(x)$，所以，$F(x)+C$ 也是 $f(x)$ 的原函数．

（2）函数 $f(x)$ 所有的原函数之间有着什么样的关系？

定理 2　如果 $F(x)$ 与 $G(x)$ 都为 $f(x)$ 在区间 I 上的原函数，则 $F(x)$ 与 $G(x)$ 之差为常数，即 $F(x)-G(x)=C$（C 为常数）．

证明　因为 $F'(x)=f(x)$，$G'(x)=f(x)$，所以

$$[F(x)-G(x)]'=F'(x)-G'(x)=0$$

所以 $F(x)-G(x)=C$．

也就是说，一个函数的任意两个原函数之间只相差一个常数 C，如果这样，我们要寻找函数 $f(x)$ 的所有原函数，只需先找到一个原函数 $F(x)$，然后 $F(x)+C$ 就可以表示它的所有原函数了．

定义 2　在区间 I 上，函数 $f(x)$ 的所有原函数称为 $f(x)$ 在区间 I 上的不定积分，记作

$$\int f(x)\mathrm{d}x$$

如果 $F(x)$ 是 $f(x)$ 在区间 I 上的一个原函数，那么 $F(x)+C$ 就是 $f(x)$ 的**不定积分**，即

$$\int f(x)\mathrm{d}x=F(x)+C$$

式中：$\int$ 称为**积分号**；$f(x)$ 称为**被积函数**；$f(x)\mathrm{d}x$ 称为**被积表达式**；x 称为**积分变量**；C 称为**积分常数**．

因此，求已知函数的不定积分，就可以归结为求出它的一个原函数，再加上任意常数 C．

例 1　求 $f(x)=x^2$ 的不定积分．

解　因为 $\left(\dfrac{x^3}{3}\right)'=x^2$，所以，$\int x^2\mathrm{d}x=\dfrac{x^3}{3}+C$．

例 2　求 $f(x)=2^x$ 的不定积分．

解　因为 $\left(\dfrac{2^x}{\ln 2}\right)'=2^x$，所以，$\int 2^x\mathrm{d}x=\dfrac{2^x}{\ln 2}+C$．

例 3 求 $f(x)=\frac{1}{x}$ 的不定积分.

解 当 $x>0$ 时，由于 $(\ln x)'=\frac{1}{x}$，因此

$$\int\frac{1}{x}\mathrm{d}x=\ln x+C$$

当 $x<0$ 时，由于 $[\ln(-x)]'=\frac{1}{-x}\cdot(-1)=\frac{1}{x}$，因此

$$\int\frac{1}{x}\mathrm{d}x=\ln(-x)+C$$

综上可得

$$\int\frac{1}{x}\mathrm{d}x=\ln|x|+C$$

4.1.2 不定积分的几何意义

如果 $F(x)$ 为 $f(x)$ 的一个原函数，则称 $y=F(x)$ 的图形为 $f(x)$ 的一条积分曲线. 于是，函数 $f(x)$ 的不定积分在几何上表示 $f(x)$ 的某一条积分曲线沿纵轴方向任意平移所得一切积分曲线组成的**曲线族**. 显然，若在每一条积分曲线上横坐标相同的点处作切线，则这些切线都是互相平行的，如图 4-1 所示. 给定一个初始条件，就可以确定一个 C 的值，因而就确定了一个原函数. 例如，当给定的初始条件为 $x=x_0$ 时，$y=y_0$，则由 $y_0=F(x_0)+C$ 得到常数 $C=y_0-F(x_0)$，于是就确定了一条积分曲线.

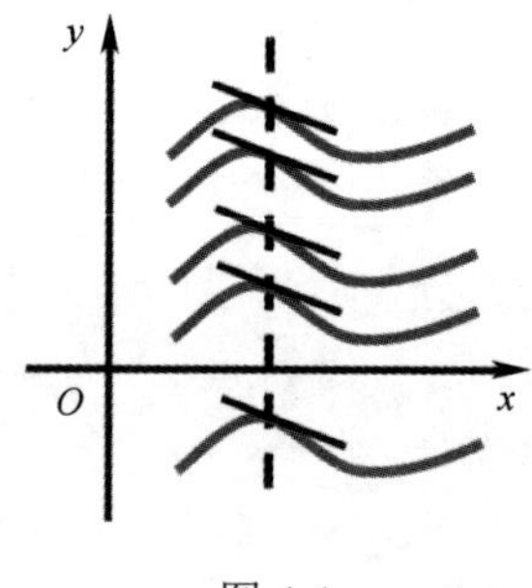

图 4-1

例 4 设曲线过点 $(1,2)$，且其上任一点的斜率为该点横坐标的两倍，求曲线的方程.

解 曲线方程为 $y=f(x)$，其上任一点 (x,y) 处切线的斜率为 $\frac{\mathrm{d}y}{\mathrm{d}x}=2x$，从而

$$y=\int 2x\mathrm{d}x=x^2+C$$

由 $y(1)=2$，得 $C=1$，因此所求曲线方程为 $y=x^2+1$.

4.1.3　不定积分的性质

由原函数与不定积分的概念可得以下 3 个性质.

4.1 不定积分性质 1

性质 1　$(\int f(x)\mathrm{d}x)'=f(x)$ 或 $\mathrm{d}(\int f(x)\mathrm{d}x)=f(x)\mathrm{d}x$

$$\int f'(x)\mathrm{d}x=f(x)+C \text{ 或 } \int \mathrm{d}f(x)=f(x)+C$$

由此可见，求导运算与求不定积分的运算是互逆的.

性质 2　原函数存在的两个函数代数和的不定积分等于每个函数不定积分的代数和，即

$$\int[f(x)\pm g(x)]\mathrm{d}x=\int f(x)\mathrm{d}x\pm\int g(x)\mathrm{d}x$$

这个公式可以推广到任意有限多个函数的代数和的情况.

性质 3　被积函数中的非零常数因子可以提到积分号外面，即

$$\int kf(x)\mathrm{d}x=k\int f(x)\mathrm{d}x,\quad k\neq 0$$

4.1.4　基本积分公式

因为求不定积分是求导数的逆运算，所以由基本导数公式对应地可以得到基本积分公式，如下：

（1）$\int k\mathrm{d}x=kx+C$（k为常数）；

（2）$\int x^{\mu}\mathrm{d}x=\dfrac{x^{\mu+1}}{\mu+1}+C$（$\mu\neq -1$）；

（3）$\int a^x\mathrm{d}x=\dfrac{a^x}{\ln a}+C$；

（4）$\int \mathrm{e}^x\mathrm{d}x=\mathrm{e}^x+C$；

（5）$\int \dfrac{\mathrm{d}x}{x}=\ln|x|+C$；

（6）$\int \cos x\mathrm{d}x=\sin x+C$；

（7）$\int \sin x\mathrm{d}x=-\cos x+C$；

（8）$\int \dfrac{\mathrm{d}x}{\cos^2 x}\mathrm{d}x=\int \sec^2 x\mathrm{d}x=\tan x+C$；

（9）$\int \frac{\mathrm{d}x}{\sin^2 x}\mathrm{d}x = \int \csc^2 x\mathrm{d}x = -\cot x + C$；

（10）$\int \sec x \tan x\mathrm{d}x = \sec x + C$；

（11）$\int \csc x \cot x\mathrm{d}x = -\csc x + C$；

（12）$\int \frac{\mathrm{d}x}{\sqrt{1-x^2}}\mathrm{d}x = \arcsin x + C = -\arccos x + C$；

（13）$\int \frac{\mathrm{d}x}{1+x^2}\mathrm{d}x = \arctan x + C = -\mathrm{arccot}x + C$.

这些基本积分公式的正确性可通过对等式右端的函数求导，看它是否等于左端的被积函数来验证.

下面应用基本积分公式和不定积分的性质，我们可以求解较为复杂形式的积分了.

例 5 求 $\int (x^4 + 3^x + \frac{2}{x} + 2\sin x)\mathrm{d}x$.

解 由不定积分的性质 2，有

$$\begin{aligned} 原式 &= \int x^4\mathrm{d}x + \int 3^x\mathrm{d}x + \int \frac{2}{x}\mathrm{d}x + \int 2\sin x\mathrm{d}x \\ &= \int x^4\mathrm{d}x + \int 3^x\mathrm{d}x + 2\int \frac{1}{x}\mathrm{d}x + 2\int \sin x\mathrm{d}x \\ &= \frac{1}{5}x^5 + \frac{3^x}{\ln x} + 2\ln|x| - 2\cos x + C \end{aligned}$$

例 6 求 $\int \sqrt{x}\cdot(x^2-5)\mathrm{d}x$.

解 $$\begin{aligned} 原式 &= \int (x^{\frac{5}{2}} - 5x^{\frac{1}{2}})\mathrm{d}x = \int x^{\frac{5}{2}}\mathrm{d}x - 5\int x^{\frac{1}{2}}\mathrm{d}x = \frac{2}{7}x^{\frac{7}{2}} - 5\cdot\frac{2}{3}x^{\frac{3}{2}} + C \\ &= \frac{2}{7}x^3\cdot\sqrt{x} - \frac{10}{3}x\cdot\sqrt{x} + C \end{aligned}$$

例 7 求 $\int (\mathrm{e}^x - 3\cos x + 2^x\cdot\mathrm{e}^x)\mathrm{d}x$.

解 $$\begin{aligned} 原式 &= \int \mathrm{e}^x\mathrm{d}x - 3\int \cos x\mathrm{d}x + \int (2\mathrm{e})^x\mathrm{d}x = \mathrm{e}^x - 3\sin x + \frac{(2\mathrm{e})^x}{\ln(2\mathrm{e})} + C \\ &= \mathrm{e}^x - 3\sin x + \frac{(2\mathrm{e})^x}{1+\ln 2} + C \end{aligned}$$

例 8 求 $\int \frac{(x-1)^3}{x^2}\mathrm{d}x$.

解　原式 $=\int\frac{x^3-3x^2+3x-1}{x^2}\mathrm{d}x=\int\left(x-3+\frac{3}{x}-\frac{1}{x^2}\right)\mathrm{d}x$

$$=\int x\mathrm{d}x-3\int\mathrm{d}x+3\int\frac{1}{x}\mathrm{d}x-\int\frac{1}{x^2}\mathrm{d}x=\frac{1}{2}x^2-3x+3\ln|x|+\frac{1}{x}+C$$

例 9　求 $\int\frac{x^2}{1+x^2}\mathrm{d}x$.

解　原式 $=\int\frac{1+x^2-1}{1+x^2}\mathrm{d}x=\int\left(1-\frac{1}{1+x^2}\right)\mathrm{d}x=x-\arctan x+C$.

例 10　求 $\int\cot^2 x\mathrm{d}x$.

解　$\int\cot^2 x\mathrm{d}x=\int(\csc^2 x-1)\mathrm{d}x=-\cot x-x+C$.

例 11　求 $\int\sin^2\frac{x}{2}\mathrm{d}x$.

解　$\int\sin^2\frac{x}{2}\mathrm{d}x=\int\frac{1-\cos x}{2}\mathrm{d}x=\int\frac{1}{2}\mathrm{d}x-\frac{1}{2}\int\cos x\mathrm{d}x=\frac{1}{2}(x-\sin x)+C$.

同理可得，$\int\cos^2\frac{x}{2}\mathrm{d}x=\frac{1}{2}(x+\sin x)+C$.

例 12　求 $\int\frac{1}{\sin^2 x\cos^2 x}\mathrm{d}x$.

解　$\int\frac{1}{\sin^2 x\cos^2 x}\mathrm{d}x=\int\frac{\sin^2 x+\cos^2 x}{\sin^2 x\cos^2 x}\mathrm{d}x=\int\left(\frac{1}{\cos^2 x}+\frac{1}{\sin^2 x}\right)\mathrm{d}x$

$$=\int(\sec^2 x+\csc^2 x)\mathrm{d}x=\tan x-\cot x+C$$

习题 4.1 答案

习题 4.1

1．计算下列不定积分：

（1）$\int(4x^3-2x^2+\sqrt{x}-1)\mathrm{d}x$；　（2）$\int(2x^3-\sin x+5\sqrt{x})\mathrm{d}x$；

（3）$\int(1+x^2)^2\mathrm{d}x$；　（4）$\int(2^x+3^x)^2\mathrm{d}x$；

（5）$\int(\sqrt{x}+1)(\sqrt[3]{x}-1)\mathrm{d}x$；　（6）$\int(\sqrt{x}+1)(x-\sqrt{x}+1))\mathrm{d}x$；

（7）$\int\frac{\sqrt{x}-x+x^2\mathrm{e}^x}{x^2}\mathrm{d}x$；　（8）$\int\frac{(1-x)^2}{\sqrt{x}}\mathrm{d}x$；

（9）$\int\left(\frac{3}{1+x^2}-\frac{2}{\sqrt{1-x^2}}\right)\mathrm{d}x$；　（10）$\int\frac{\sqrt{1+x^2}}{\sqrt{1-x^4}}\mathrm{d}x$；

（11）$\int \frac{2\cdot 3^x-5\cdot 2^x}{3^x}\mathrm{d}x$；（12）$\int \frac{\mathrm{e}^{2x}-1}{\mathrm{e}^x+1}\mathrm{d}x$；

（13）$\int \frac{x^2}{1-x^2}\mathrm{d}x$；（14）$\int \frac{1+2x^2}{x^2(1+x^2)}\mathrm{d}x$；

（15）$\int \frac{\cos 2x}{\cos x-\sin x}\mathrm{d}x$；（16）$\int \frac{\cos 2x}{\cos^2 x\sin^2 x}\mathrm{d}x$；

（17）$\int \sec x(\sec x-\tan x)\mathrm{d}x$；（18）$\int \cos\theta(\tan\theta+\sec\theta)\mathrm{d}\theta$；

（19）$\int \frac{1}{1+\cos 2x}\mathrm{d}x$；（20）$\int \frac{\mathrm{d}x}{1+\sin x}$.

2．求经过点$(1,3)$，且其切线的斜率为$3x^2$的曲线方程.

3．一物体由静止开始运动，经过ts后的速度是$3t^2$m/s，问：

（1）在3s后物体离开出发点的距离是多少？

（2）物体走完300m需要多少时间？

4.2 换元积分法

能用直接积分法计算的不定积分是非常有限的. 因此我们有必要进一步研究新的积分方法，从这节开始我们会陆续介绍几种求不定积分的方法：换元积分法和分部积分法.

换元积分法就是通过选择适当的替换变量，把某些不定积分化为基本积分公式进行积分计算. 换元积分法通常分为两类：第一类换元积分法和第二类换元积分法.

4.2.1 第一类换元积分法

定理1 设$F(u)$为$f(u)$的原函数，即$\int f(u)\mathrm{d}u=F(u)+C$，若$u=\varphi(x)$可微，则有

$$\begin{aligned}\int f(\varphi(x))\varphi'(x)\mathrm{d}x&=\int f(\varphi(x))\mathrm{d}\varphi(x)=\int f(u)\mathrm{d}u\\&=F(u)+C=F(\varphi(x))+C\end{aligned}\tag{4-1}$$

称式（4-1）为**第一类换元积分公式**.

证明 由$F(u)$是$f(u)$的原函数可知，$F'(u)=f(u)$. 于是由复合函数求导法则有

$$\{F(\varphi(x))\}'=\frac{\mathrm{d}F}{\mathrm{d}u}\cdot\frac{\mathrm{d}u}{\mathrm{d}x}=f(u)\varphi'(x)=f(\varphi(x))\varphi'(x)$$

因此$F(\varphi(x))$是函数$f(\varphi(x))\varphi'(x)$的原函数，公式成立.

这里需要注意的是，由 $\varphi'(x)\mathrm{d}x$ 到微分 $\mathrm{d}\varphi(x)$ 这一过程称为**凑微分**，是解题的关键，也是难点之所在，因此第一类换元积分法有时也称为**凑微分法**.

例 1　求 $\int 2\cos 2x\mathrm{d}x$.

解　令 $u=2x$，则 $x=\frac{u}{2}$，$\mathrm{d}x=\mathrm{d}\left(\frac{u}{2}\right)=\frac{1}{2}\mathrm{d}u$，则

$$\int 2\cos 2x\mathrm{d}x=\int \cos u\mathrm{d}u=\sin u+C=\sin 2x+C$$

例 2　求 $\int (2x+1)^{11}\mathrm{d}x$.

解　令 $u=2x+1$，则 $x=\frac{u-1}{2}$，$\mathrm{d}x=\mathrm{d}\left(\frac{u-1}{2}\right)=\frac{1}{2}\mathrm{d}u$，所以

$$\int (2x+1)^{11}\mathrm{d}x=\frac{1}{2}\int u^{11}\mathrm{d}u=\frac{1}{2}\cdot\frac{1}{12}u^{12}+C=\frac{1}{24}(2x+1)^{12}+C$$

例 1 和例 2 很好地体现了换元法的思想与方式，即通过换元消去复合函数，然后再利用基本积分公式积分．但它们没有体现出凑微分的思想，在后续学习过程中，由于遇到的被积函数复杂多样，我们要把换元的方式稍作改变.

例 3　求 $\int x\mathrm{e}^{x^2}\mathrm{d}x$.

凑微分法

解　$\int x\mathrm{e}^{x^2}\mathrm{d}x=\frac{1}{2}\int \mathrm{e}^{x^2}(x^2)'\mathrm{d}x=\frac{1}{2}\int \mathrm{e}^{x^2}\mathrm{d}(x^2)$，令 $u=x^2$，则

原式 $=\frac{1}{2}\int \mathrm{e}^u\mathrm{d}u=\frac{1}{2}\mathrm{e}^u+C=\frac{1}{2}\mathrm{e}^{x^2}+C$

例 4　求 $\int \frac{1}{x(1+2\ln x)}\mathrm{d}x$.

解　
$$\begin{aligned}\int \frac{1}{x(1+2\ln x)}\mathrm{d}x&=\int \frac{1}{1+2\ln x}\cdot\frac{1}{x}\mathrm{d}x=\frac{1}{2}\int \frac{1}{1+2\ln x}\cdot(1+2\ln x)'\mathrm{d}x\\&=\frac{1}{2}\int \frac{1}{1+2\ln x}\mathrm{d}(1+2\ln x)\end{aligned}$$

令 $u=1+2\ln x$，则原式 $=\frac{1}{2}\int \frac{1}{u}\mathrm{d}u=\frac{1}{2}\ln|u|+C=\frac{1}{2}\ln|1+2\ln x|+C.$

例 3 和例 4 在换元前先进行了“凑微分”，这一步非常重要但同时也具有难度，因为没有一般的规律可循，需要大量的尝试练习才能掌握．在对变量代换比较熟练之后，就可以不写出中间变量 u．

例 5　求 $\int \tan x\mathrm{d}x$.

解　$\int \tan x\mathrm{d}x=\int \frac{\sin x}{\cos x}\mathrm{d}x=\int \frac{(-\cos x)'}{\cos x}\mathrm{d}x=-\int \frac{1}{\cos x}\mathrm{d}(\cos x)=-\ln|\cos x|+C$.

同理可得，$\int \cot x \mathrm{d}x = \int \frac{\cos x}{\sin x}\mathrm{d}x = \int \frac{\mathrm{d}(\sin x)}{\sin x} = \ln|\sin x| + C.$

例 6 求$\int \sin^3 x \mathrm{d}x.$

解 $\int \sin^3 x \mathrm{d}x = \int \sin x(1-\cos^2 x)\mathrm{d}x = -\int (1-\cos^2 x)\mathrm{d}(\cos x)$

$$= -\left(\cos x - \frac{1}{3}\cos^3 x\right) + C = \frac{1}{3}\cos^3 x - \cos x + C$$

例 7 求$\int \frac{1}{a^2+x^2}\mathrm{d}x$，$(a \neq 0).$

解 $\int \frac{1}{a^2+x^2}\mathrm{d}x = \frac{1}{a^2}\int \frac{1}{1+\left(\frac{x}{a}\right)^2}\mathrm{d}x = \frac{1}{a}\int \frac{1}{1+\left(\frac{x}{a}\right)^2}\mathrm{d}\left(\frac{x}{a}\right) = \frac{1}{a}\arctan\frac{x}{a} + C.$

例 8 求$\int \frac{\mathrm{d}x}{\sqrt{a^2-x^2}}$，$(a>0).$

解 $\int \frac{\mathrm{d}x}{\sqrt{a^2-x^2}} = \frac{1}{a}\int \frac{\mathrm{d}x}{\sqrt{1-\left(\frac{x}{a}\right)^2}} = \int \frac{\mathrm{d}\left(\frac{x}{a}\right)}{\sqrt{1-\left(\frac{x}{a}\right)^2}} = \arcsin\frac{x}{a} + C.$

例 9 求$\int \frac{1}{x^2-a^2}\mathrm{d}x$，$(a \neq 0).$

解 由于$\frac{1}{x^2-a^2} = \frac{1}{2a}\left(\frac{1}{x-a} - \frac{1}{x+a}\right)$，因此

$$\int \frac{1}{x^2-a^2}\mathrm{d}x = \frac{1}{2a}\int \left(\frac{1}{x-a} - \frac{1}{x+a}\right)\mathrm{d}x = \frac{1}{2a}\left(\int \frac{1}{x-a}\mathrm{d}x - \int \frac{1}{x+a}\mathrm{d}x\right)$$

$$= \frac{1}{2a}\left[\int \frac{1}{x-a}\mathrm{d}(x-a) - \int \frac{1}{x+a}\mathrm{d}(x+a)\right]$$

$$= \frac{1}{2a}(\ln|x-a| - \ln|x+a|) + C$$

$$= \frac{1}{2a}\ln\left|\frac{x-a}{x+a}\right| + C$$

例 10 求$\int \frac{\mathrm{d}x}{\mathrm{e}^x + \mathrm{e}^{-x}}.$

4.3 不定积分公式推广

解 $\int \frac{\mathrm{d}x}{\mathrm{e}^x + \mathrm{e}^{-x}} = \int \frac{\mathrm{e}^x}{\mathrm{e}^{2x}+1}\mathrm{d}x = \int \frac{1}{(\mathrm{e}^x)^2+1}\mathrm{d}(\mathrm{e}^x) = \arctan \mathrm{e}^x + C.$

例 11　求 $\int \sec x \mathrm{d}x$.

解　$\int \sec x \mathrm{d}x = \int \frac{\sec x(\sec x + \tan x)}{\sec x + \tan x}\mathrm{d}x = \int \frac{\sec^2 x + \sec x \tan x}{\sec x + \tan x}\mathrm{d}x$

$$= \int \frac{\mathrm{d}(\sec x + \tan x)}{\sec x + \tan x} = \ln\left|\sec x + \tan x\right| + C$$

类似可求

$$\int \csc x \mathrm{d}x = \ln\left|\csc x - \cot x\right| + C$$

例 12　求 $\int \frac{2^{\arctan\sqrt{x}}}{\sqrt{x}(1+x)}\mathrm{d}x$.

解　$\int \frac{2^{\arctan\sqrt{x}}}{\sqrt{x}(1+x)}\mathrm{d}x = 2\int \frac{2^{\arctan\sqrt{x}}}{1+x}\mathrm{d}(\sqrt{x}) = 2\int \frac{2^{\arctan\sqrt{x}}}{1+(\sqrt{x})^2}\mathrm{d}(\sqrt{x})$

$$= 2\int 2^{\arctan\sqrt{x}}\mathrm{d}(\arctan\sqrt{x}) = \frac{2}{\ln 2}2^{\arctan\sqrt{x}} + C$$

4.2.2　第二类换元积分法

在第一类换元积分法中是通过代换 $u = \varphi(x)$，将积分 $\int f(\varphi(x))\varphi'(x)\mathrm{d}x$ 化为积分 $\int f(u)\mathrm{d}u$．而第二类换元积分法的思路是若积分 $\int f(x)\mathrm{d}x$ 不易计算，则可作适当的变量代换 $x = \varphi(t)$，把原积分化为 $\int f(\varphi(t))\varphi'(t)\mathrm{d}t$，从而简化积分计算.

定理 2　设 $x = \varphi(t)$ 是单调的可导函数，且有反函数 $t = \varphi^{-1}(x)$ 与 $\varphi'(t) \neq 0$，又设 $\int f(\varphi(t))\varphi'(t)\mathrm{d}t$ 具有原函数 $\Phi(t)$，即

$$\int f(\varphi(t))\varphi'(t)\mathrm{d}t = \Phi(t) + C$$

则有

$$\int f(x)\mathrm{d}x = \int f(\varphi(t))\varphi'(t)\mathrm{d}t = \Phi(t) + C = \Phi(\varphi^{-1}(x)) + C \tag{4-2}$$

称式（4-2）为**第二类换元积分公式**.

证明　令 $F(x) = \Phi(\varphi^{-1}(x))$，由复合函数与反函数求导法则，有

$$F'(x) = \frac{\mathrm{d}\Phi(t)}{\mathrm{d}t}\cdot\frac{\mathrm{d}t}{\mathrm{d}x} = f(\varphi(t))\varphi'(t)\cdot\frac{1}{\varphi'(t)} = f(\varphi(t)) = f(x)$$

即 $F(x)$ 是函数 $f(x)$ 的原函数，所以等式成立.

例 13　求 $\int \frac{x\mathrm{d}x}{\sqrt{x-3}}$.

解　令 $t = \sqrt{x-3}$，（$t > 0$），则 $x = t^2 + 3$，$\mathrm{d}x = 2t\mathrm{d}t$，于是

$$\int\frac{x\mathrm{d}x}{\sqrt{x-3}}=\int\frac{t^2+3}{t}2t\mathrm{d}t=2\int(t^2+3)\mathrm{d}t=2\left(\frac{t^3}{3}+3t\right)+C$$

再将$t=\sqrt{x-3}$代回原式，整理后得

$$\int\frac{x\mathrm{d}x}{\sqrt{x-3}}=\frac{2}{3}(x+6)(x-3)^{\frac{1}{2}}+C.$$

例 14　求$\int\frac{\mathrm{d}x}{\sqrt{x}+\sqrt[3]{x}}$.

解　令$t=\sqrt[6]{x}$，则$x=t^6$，$\mathrm{d}x=6t^5\mathrm{d}t$，所以

$$\begin{aligned}\int\frac{\mathrm{d}x}{\sqrt{x}+\sqrt[3]{x}}&=\int\frac{6t^5\mathrm{d}t}{t^3+t^2}=6\int\frac{t^3}{t+1}\mathrm{d}t=6\int\frac{t^3+1-1}{t+1}\mathrm{d}t\\&=6\int\frac{t^3+1}{t+1}\mathrm{d}t-6\int\frac{\mathrm{d}t}{t+1}=6\int(t^2-t-1)\mathrm{d}t-6\ln|t+1|+C\\&=2t^3-3t^2-6t-6\ln|t+1|+C\\&=2\sqrt{x}-3\sqrt[3]{x}-6\sqrt[6]{x}-6\ln|\sqrt[6]{x}+1|+C\end{aligned}$$

例 15　求$\int\frac{\mathrm{d}x}{\sqrt{\mathrm{e}^x-1}}$.

解　令$\sqrt{\mathrm{e}^x-1}=t$，则$x=\ln(t^2+1)$，$\mathrm{d}x=\frac{2t\mathrm{d}t}{t^2+1}$，所以

$$\int\frac{\mathrm{d}x}{\sqrt{\mathrm{e}^x-1}}=\int\frac{1}{t}\cdot\frac{2t\mathrm{d}t}{t^2+1}=2\int\frac{1}{t^2+1}\mathrm{d}t=2\arctan t+C=2\arctan\sqrt{\mathrm{e}^x-1}+C$$

例 16　求$\int\sqrt{a^2-x^2}\mathrm{d}x$，（$a>0$）.

解　设$x=a\sin t$，$t\in\left[-\frac{\pi}{2},\frac{\pi}{2}\right]$，则$\mathrm{d}x=a\cos t\mathrm{d}t$，有

$$\sqrt{a^2-x^2}=\sqrt{a^2-a^2\sin^2 t}=a\cos t$$

于是

$$\begin{aligned}\int\sqrt{a^2-x^2}\mathrm{d}x&=\int a\cos t\cdot a\cos t\mathrm{d}t=a^2\int\cos^2 t\mathrm{d}t\\&=a^2\int\frac{1+\cos 2t}{2}\mathrm{d}t=\frac{a^2}{2}\left[t+\frac{1}{2}\sin 2t\right]+C\\&=\frac{a^2}{2}[t+\sin t\cdot\cos t]+C=\frac{a^2}{2}\left[t+\sin t\cdot\sqrt{1-\sin^2 t}\right]+C\\&=\frac{a^2}{2}\left[\arcsin\frac{x}{a}+\frac{x}{a}\cdot\sqrt{1-\left(\frac{x}{a}\right)^2}\right]+C\end{aligned}$$

$$=\frac{a^2}{2}\arcsin\frac{x}{a}+\frac{x}{2}\cdot\sqrt{a^2-x^2}+C$$

由例 16 看出，利用三角函数代换积分易求，但是将变量 t 回代 x 较烦琐，为此，可以考虑**辅助三角形**.

例 17　求 $\int\frac{\mathrm{d}x}{\sqrt{x^2+a^2}}$，$(a>0)$.

4.4 三角代换

解　设 $x=a\tan t$，$t\in\left(-\frac{\pi}{2},\frac{\pi}{2}\right)$，则 $\mathrm{d}x=a\sec^2 t\mathrm{d}t$，有

$$\sqrt{x^2+a^2}=\sqrt{a^2\tan^2 t+a^2}=a\sec t$$

于是

$$\int\frac{\mathrm{d}x}{\sqrt{x^2+a^2}}\mathrm{d}x=\int\frac{a\sec^2 t}{a\sec t}\mathrm{d}t=\int\sec t\mathrm{d}t=\ln\left|\sec t+\tan t\right|+C$$

为了要把 $\sec t$ 及 $\tan t$ 换成 x 的函数，可以根据 $\tan t=\frac{x}{a}$ 作辅助三角形（见图 4-1），便有 $\sec t=\frac{\sqrt{x^2+a^2}}{a}$.

因此，$\int\frac{\mathrm{d}x}{\sqrt{x^2+a^2}}\mathrm{d}x=\ln\left|\frac{x}{a}+\frac{\sqrt{a^2+x^2}}{a}\right|+C_1=\ln\left|x+\sqrt{x^2+a^2}\right|+C$，其中 $C=C_1-\ln a$.

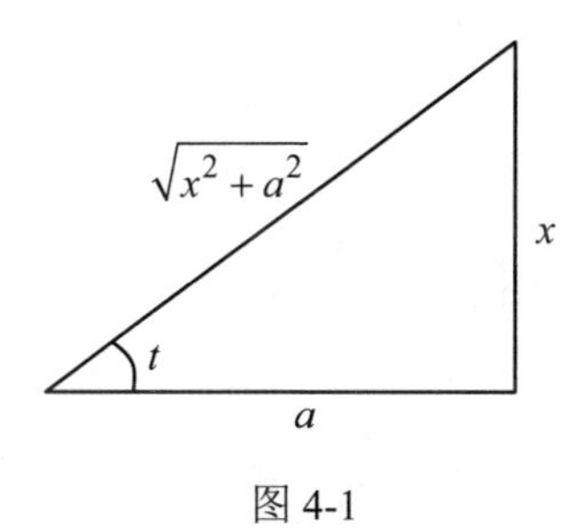

图 4-1

例 18　求 $\int\frac{\mathrm{d}x}{\sqrt{x^2-a^2}}\mathrm{d}x$，（$a>0$）.

解　令 $x=a\sec t$，则 $\mathrm{d}x=a\sec t\cdot\tan t\mathrm{d}t$.

由于该题目定义域是 $x>a$ 和 $x<-a$，我们在两个区间内分别求不定积分.

当 $x>a$ 时，有

$$\sqrt{x^2-a^2}=\sqrt{a^2\sec^2 t-a^2}=a\tan t,\ \left(0<t<\frac{\pi}{2}\right)$$

于是 $$\int \frac{\mathrm{d}x}{\sqrt{x^2-a^2}}\mathrm{d}x = \int \frac{a\sec t\tan t}{a\tan t}\mathrm{d}t = \int \sec t\mathrm{d}t = \ln|\sec t+\tan t| + C_1$$

为了把 $\sec t$ 及 $\tan t$ 换成 x 的函数，可以根据 $\sec t = \dfrac{x}{a}$ 作辅助三角形（见图 4-2），便有

$$\tan t = \frac{\sqrt{x^2-a^2}}{a}$$

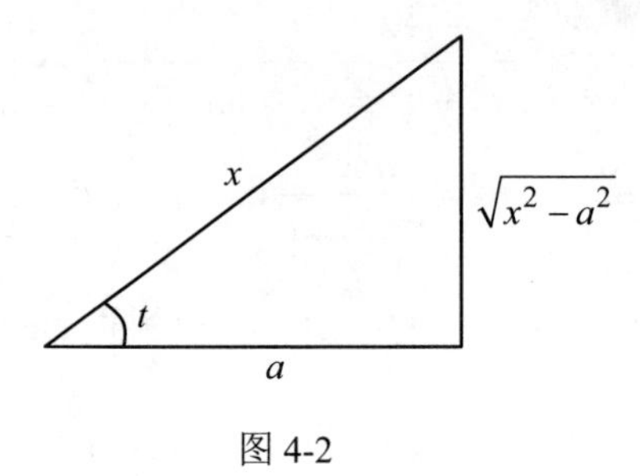

图 4-2

因此

$$\int \frac{\mathrm{d}x}{\sqrt{x^2-a^2}}\mathrm{d}x = \ln\left|\frac{x}{a}+\frac{\sqrt{x^2-a^2}}{a}\right| + C_1 = \ln\left|x+\sqrt{x^2-a^2}\right| + C$$
$$= \ln(x+\sqrt{x^2-a^2}) + C$$

其中 $C = C_1 - \ln a$.

当 $x < -a$ 时，令 $x = -u$ ，则 $u > a$ ，由前面结果，有

$$\int \frac{1}{\sqrt{x^2-a^2}}\mathrm{d}x = -\int \frac{1}{\sqrt{u^2-a^2}}\mathrm{d}u = -\ln\left|u+\sqrt{u^2-a^2}\right| + C$$
$$= -\ln(-x+\sqrt{x^2-a^2}) + C = \ln\frac{-x-\sqrt{x^2-a^2}}{a^2} + C$$
$$= \ln(-x-\sqrt{x^2-a^2}) + C_2$$

其中 $C_2 = C - 2\ln a$.

综上所述，在定义 $x > a$ 和 $x < -a$ 下，有

$$\int \frac{1}{\sqrt{x^2-a^2}}\mathrm{d}x == \ln\left|x+\sqrt{x^2-a^2}\right| + C$$

从上述三个例题可以看出，在被积函数中含有 $\sqrt{a^2+x^2}$ ， $\sqrt{a^2-x^2}$ 或 $\sqrt{x^2-a^2}$ 形式时，常通过适当的代换去掉根号，一般方法如下：

若被积函数中含有$\sqrt{a^2-x^2}$，则设$x=a\sin t$；

若被积函数中含有$\sqrt{a^2+x^2}$，则设$x=a\tan t$；

若被积函数中含有$\sqrt{x^2-a^2}$，则设$x=a\sec t$.

常用的积分公式，除了基本积分表中的几个外，再添加下面几个（其中常数$a>0$）：

（1）$\int \tan x\mathrm{d}x=-\ln|\cos x|+C$；

（2）$\int \cot x\mathrm{d}x=\ln|\sin x|+C$；

（3）$\int \sec x\mathrm{d}x=\ln|\sec x+\tan x|+C$；

（4）$\int \csc x\mathrm{d}x=\ln|\csc x-\cot x|+C$；

（5）$\int \frac{1}{a^2+x^2}\mathrm{d}x=\frac{1}{a}\arctan\frac{x}{a}+C$；

（6）$\int \frac{1}{x^2-a^2}\mathrm{d}x=\frac{1}{2a}\ln\left|\frac{x-a}{x+a}\right|+C$；

（7）$\int \frac{1}{\sqrt{a^2-x^2}}\mathrm{d}x=\arcsin\frac{x}{a}+C$；

（8）$\int \frac{1}{\sqrt{x^2\pm a^2}}\mathrm{d}x=\ln\left|x+\sqrt{x^2\pm a^2}\right|+C$.

例 19　求$\int \frac{1}{\sqrt{x^2+x+1}}\mathrm{d}x$.

解　由于$\sqrt{x^2+x+1}=\sqrt{\left(x+\frac{1}{2}\right)^2+\frac{3}{4}}$，这里$a^2=\frac{3}{4}$，运用上面的第（8）个公式，有

$$\begin{aligned}\int \frac{1}{\sqrt{x^2+x+1}}\mathrm{d}x&=\int \frac{1}{\sqrt{(x+\frac{1}{2})^2+\frac{3}{4}}}\mathrm{d}x\\&=\ln\left|\left(x+\frac{1}{2}\right)+\sqrt{(x+\frac{1}{2})^2+\frac{3}{4}}\right|+C_1\\&=\ln\left|\sqrt{(2x+1)^2+3}+2x+1\right|+C\end{aligned}$$

其中，$C=C_1-\ln 2$.

习题 4.2

1. 用第一类换元积分法求下列不定积分：

（1）$\int (2x+1)^6 \mathrm{d}x$；（2）$\int \frac{1}{3x+1}\mathrm{d}x$；

（3）$\int \frac{1}{\sqrt[3]{2-3x}}\mathrm{d}x$；（4）$\int \frac{x}{\sqrt{2-3x^2}}\mathrm{d}x$；

（5）$\int x^2 \mathrm{e}^{x^3}\mathrm{d}x$；（6）$\int x\sin(x^2-1)\mathrm{d}x$；

（7）$\int \frac{1}{x\ln^2 x}\mathrm{d}x$；（8）$\int \frac{1}{x\ln x\ln(\ln x)}\mathrm{d}x$；

（9）$\int \frac{1}{\sqrt{x}(\sqrt{x}+1)}\mathrm{d}x$；（10）$\int \frac{\sin\sqrt{x}}{\sqrt{x}}\mathrm{d}x$；

（11）$\int \frac{\arctan x}{1+x^2}\mathrm{d}x$；（12）$\int \frac{\mathrm{e}^{\arctan x}}{1+x^2}\mathrm{d}x$；

（13）$\int \frac{1}{(\arcsin x)^2\sqrt{1-x^2}}\mathrm{d}x$；（14）$\int \tan\sqrt{1+x^2}\cdot\frac{x}{\sqrt{1+x^2}}\mathrm{d}x$；

（15）$\int \frac{1}{4+x^2}\mathrm{d}x$；（16）$\int \frac{1}{x^2-9}\mathrm{d}x$；

（17）$\int \frac{1}{x^2+2x+3}\mathrm{d}x$；（18）$\int \frac{x+1}{x^2+2x+3}\mathrm{d}x$；

（19）$\int \sin^2 x\cos^5 x\mathrm{d}x$；（20）$\int \cos^4 x\mathrm{d}x$；

（21）$\int \sec^6 x\mathrm{d}x$；（22）$\int \sin^3 x\cos x\mathrm{d}x$.

2. 用第二类换元积分法求下列不定积分：

（1）$\int \frac{x\mathrm{d}x}{\sqrt{x-1}}\mathrm{d}x$；（2）$\int \frac{\mathrm{d}x}{1+\sqrt[3]{x+1}}\mathrm{d}x$；

（3）$\int \frac{1}{\sqrt{1+\mathrm{e}^x}}\mathrm{d}x$；（4）$\int \frac{1}{\sqrt{x}(1+\sqrt[3]{x})}\mathrm{d}x$；

（5）$\int \sqrt{4-x^2}\mathrm{d}x$；（6）$\int \frac{1}{\sqrt{x^2-4}}\mathrm{d}x$；

（7）$\int \frac{1}{\sqrt{x^2+4}}\mathrm{d}x$；（8）$\int \frac{\mathrm{d}x}{\sqrt{(x^2+1)^3}}\mathrm{d}x$；

（9）$\int\frac{\mathrm{d}x}{1+\sqrt{x-1}}$；　　（10）$\int\frac{1}{x}\sqrt{\frac{1-x}{x}}\mathrm{d}x$.

4.3　分部积分法

前面我们学习了换元积分法，解决了一部分被积函数为复合函数形式的积分．现在我们来推导另一个求积分的基本方法——分部积分法，用它解决被积函数为两类不同函数乘积形式的积分.

设函数 $u=u(x)$，$v=v(x)$ 具有连续导数，则两个函数乘积的导数公式为

$$(uv)'=u'v+uv'$$

移项，得

$$uv'=(uv)'-u'v$$

对这个等式两边求不定积分，得

$$\int uv'\mathrm{d}x=uv-\int u'v\mathrm{d}x \tag{4-3}$$

式（4-3）叫作**分部积分公式**，当积分 $\int u\mathrm{d}v$ 不易计算，而积分 $\int v\mathrm{d}u$ 比较容易计算时，就可以使用这个公式.

式（4-3）也可写成如下形式：

$$\int u\mathrm{d}v=uv-\int v\mathrm{d}u \tag{4-4}$$

现在通过例子说明如何运用这个重要公式.

例 1　求 $\int x\cos x\mathrm{d}x$.

解　本题属于**幂函数**与**三角函数**两类函数乘积的类型，在使用分部积分公式前，需将被积函数变形为 uv' 的形式，即将两个函数中其中一个等价变形为 v'，为此选择三角函数 $\cos x$，则

$$\int x\cos x\mathrm{d}x=\int x(\sin x)'\mathrm{d}x$$

于是，原式 $=x\sin x-\int\sin x\mathrm{d}x=x\sin x+\cos x+C$.

如果选择将幂函数 x 变形，则

$$\int x\cos x\mathrm{d}x=\int\cos x\left(\frac{x^2}{2}\right)'\mathrm{d}x=\frac{x^2}{2}\cos x+\int\frac{x^2}{2}\sin x\mathrm{d}x$$

我们会发现积分不可求，且题目没有得到简化，因此正确选择 u 和 v' 很重要.

例 2　求 $\int x^2\mathrm{e}^x\mathrm{d}x$.

解　本题属于**幂函数**与**指数函数**两类函数乘积的类型，这里选择将指数函数

e^x变形为v'，即

$$\int x^2 e^x dx = \int x^2 (e^x)' dx$$

于是，原式$= x^2 e^x - \int 2x \cdot e^x dx = x^2 e^x - 2\int x(e^x)' dx$

$$= x^2 e^x - 2\left(xe^x - \int e^x dx\right) = x^2 e^x - 2xe^x + 2e^x + C .$$

例2还表明分部积分公式可以在同一题目中多次使用．但在多次使用的过程中注意，一旦设定了其中某一类函数为v'，则每次使用分部积分公式时都选择这类函数为v'，否则，会出现越来越复杂或者回到原式的情况．

例3 求$\int x^2 \ln x dx$．

解 本题属于**幂函数**与**对数函数**两类函数乘积的类型，这里选择将幂函数x^2变形为v'，即

$$\int x^2 \ln x dx = \int \ln x \left(\frac{x^3}{3}\right)' dx$$

则原式$= \dfrac{x^3}{3}\ln x - \int \dfrac{1}{x} \cdot \dfrac{x^3}{3} dx = \dfrac{x^3}{3}\ln x - \int \dfrac{x^2}{3} dx = \dfrac{x^3}{3}\ln x - \dfrac{x^3}{9} + C.$

例4 求$\int x \arctan x dx$．

解 本题属于**幂函数**与**反三角函数**两类函数乘积的类型，这里选择将幂函数x变形为v'，即

$$\int x \arctan x dx = \int \arctan x \left(\frac{x^2}{2}\right)' dx$$

则

$$\begin{aligned} 原式 &= \frac{x^2}{2}\arctan x - \int \frac{1}{1+x^2} \cdot \frac{x^2}{2} dx \\ &= \frac{1}{2}\left[x^2 \arctan x - \int \frac{x^2}{1+x^2} dx\right] \\ &= \frac{1}{2}\left[x^2 \arctan x - \int \left(1 - \frac{1}{1+x^2}\right) dx\right] \\ &= \frac{1}{2}[x^2 \arctan x - x + \arctan x] + C \end{aligned}$$

例5 求$\int \arcsin x dx$.

解　本题直接运用分部积分公式（4-4），则

$$\int \arcsin x\mathrm{d}x = x\arcsin x - \int x\mathrm{d}(\arcsin x) = x\arcsin x - \int \frac{x}{\sqrt{1-x^2}}\mathrm{d}x$$

$$= x\arcsin x + \frac{1}{2}\int \frac{1}{\sqrt{1-x^2}}\mathrm{d}(1-x^2)$$

$$= x\arcsin x + \sqrt{1-x^2} + C$$

由上述例题可以看出，在运用分部积分公式时，恰当选取 u 和 v' 是关键，一般情况下，u 和 v' 可以按**“反、对、幂、三、指”**的顺序来确定．具体来说，如果被积函数是两类基本初等函数的乘积，则依反三角函数、对数函数、幂函数、三角函数、指数函数的顺序，将排在前面的函数选作 u，排在后面的函数选作 v' 即可．

例 6　求 $\int \mathrm{e}^x \sin x\mathrm{d}x$．

解　$\int \mathrm{e}^x \sin x\mathrm{d}x = \int \sin x\mathrm{d}(\mathrm{e}^x) = \mathrm{e}^x \sin x - \int \mathrm{e}^x \cos x\mathrm{d}x$

$$= \mathrm{e}^x \sin x - \int \cos x\mathrm{d}(\mathrm{e}^x)$$

$$= \mathrm{e}^x \sin x - (\mathrm{e}^x \cos x + \int \mathrm{e}^x \sin x\mathrm{d}x)$$

$$= \mathrm{e}^x \sin x - \mathrm{e}^x \cos x - \int \mathrm{e}^x \sin x\mathrm{d}x$$

移项，得

$$2\int \mathrm{e}^x \sin x\mathrm{d}x = \mathrm{e}^x(\sin x - \cos x) + 2C$$

所以

$$\int \mathrm{e}^x \sin x\mathrm{d}x = \frac{1}{2}\mathrm{e}^x(\sin x - \cos x) + C$$

例 7　求 $\int \sec^3 x\mathrm{d}x$．

解　$\int \sec^3 x\mathrm{d}x = \int \sec x \cdot \sec^2 x\mathrm{d}x = \int \sec x\mathrm{d}(\tan x)$

$$= \sec x\tan x - \int \sec x\tan^2 x\mathrm{d}x$$

$$= \sec x\tan x - \int \sec x(\sec^2 x - 1)\mathrm{d}x$$

$$= \sec x\tan x - \int \sec^3 x\mathrm{d}x + \int \sec x\mathrm{d}x$$

$$= \sec x\tan x + \ln|\sec x + \tan x| - \int \sec^3 x\mathrm{d}x$$

移项的同时除以 2 得

$$\int \sec^3 x\mathrm{d}x = \frac{1}{2}(\sec x\tan x + \ln|\sec x + \tan x|) + C$$

4.5 循环分部积分

在有些题目积分的过程中往往要兼用换元积分法与分部积分法，下面来举一个例子．

例 8 求$\int e^{\sqrt{x}}dx$.

解 设$\sqrt{x}=t$，则$x=t^2$，$dx=2tdt$，于是

$$\begin{aligned}\int e^{\sqrt{x}}dx &= 2\int te^t dt = 2\int td(e^t) = 2(te^t - \int e^t dt) \\ &= 2(te^t - e^t) + C = 2e^{\sqrt{x}}(\sqrt{x}-1)+C\end{aligned}$$

例 9 求$\int xf''(x)dx$，其中$f(x)$为二阶连续可导函数.

解 $$\begin{aligned}\int xf''(x)dx &= \int x(f'(x))'dx = xf'(x) - \int f'(x)dx \\ &= xf'(x) - f(x) + C\end{aligned}$$

习题 4.3

习题 4.3 答案

用分部积分法求下列不定积分：

（1）$\int xe^x dx$；

（2）$\int x\sin x dx$；

（3）$\int x^2 \ln x dx$；

（4）$\int \ln x dx$；

（5）$\int x\tan^2 x dx$；

（6）$\int x^2 \arctan x dx$；

（7）$\int x^2\cos^2 \frac{x}{2} dx$；

（8）$\int x^2 \cos x dx$；

（9）$\int e^x \cos x dx$；

（10）$\int e^x \sin^2 x dx$；

（11）$\int \frac{xe^x}{(1+x)^2} dx$；

（12）$\int \frac{x\arctan x}{\sqrt{1+x^2}} dx$；

（13）$\int e^{\sqrt{2x+1}} dx$；

（14）$\int \sin\ln x dx$；

（15）$\int e^{-2x}\sin\frac{x}{2} dx$；

（16）$\int (x^2-1)\sin 2x dx$；

（17）$\int e^{\sqrt[3]{x}} dx$；

（18）$\int (\arcsin x)^2 dx$；

（19）$\int x\ln^2 x dx$；

（20）$\int e^{\sqrt{3x+9}} dx$.

4.4 有理函数的不定积分

两个多项式的商所表示的函数$R(x)$称为**有理函数**，即

$$R(x)=\frac{P(x)}{Q(x)}=\frac{a_0x^n+a_1x^{n-1}+\cdots+a_{n-1}x+a_n}{b_0x^m+b_1x^{m-1}+\cdots+b_{m-1}x+b_m} \tag{4-5}$$

其中 m 和 n 都是正整数或零； $a_0,a_1,\cdots,a_n$ 及 $b_0,b_1,\cdots,b_m$ 都是实数，且 $a_0\neq 0$，$b_0\neq 0$．

当式（4-5）中 $n<m$ 时，称为**有理真分式**；当 $n\geqslant m$ 时，称为**有理假分式**.

对于任一假分式，我们总可以利用多项式的除法，将它化为一个多项式和一个真分式之和的形式．例如

$$\frac{x^4+x+1}{x^2+1}=(x^2-1)+\frac{x+2}{x^2+1}$$

4.6 多项式除法

多项式的积分很容易，下面要解决真分式的不定积分问题.

根据代数相关理论可知，任何真分式都可以分解为下列四类最简分式之和：

（1）$\dfrac{A}{x-a}$；

（2）$\dfrac{A}{(x-a)^n}$（n 是正整数，$n\geqslant 2$）；

（3）$\dfrac{Ax+B}{x^2+px+q}$（$p^2-4q<0$）；

（4）$\dfrac{Ax+B}{(x^2+px+q)^n}$（$n$ 是正整数，$n\geqslant 2$，$p^2-4q<0$）.

若真分式分母中含有因式 $(x-a)^n$（$n\geqslant 2$），那么分式中含有

$$\frac{A_1}{(x-a)}+\frac{A_2}{(x-a)^2}+\cdots+\frac{A_n}{(x-a)^n}$$

若真分式分母中含有因式 $(x^2+px+q)^n$（$n\geqslant 2$，$p^2-4q<0$），那么分式中含有

$$\frac{A_1x+B_1}{x^2+px+q}+\frac{A_2x+B_2}{(x^2+px+q)^2}+\cdots+\frac{A_nx+B_n}{(x^2+px+q)^n}$$

如，设 $\dfrac{1}{(x-1)^2(x+1)}=\dfrac{A_1}{(x-1)}+\dfrac{A_2}{(x-1)^2}+\dfrac{A_3}{x+1}$ 是对的；设 $\dfrac{1}{(x-1)^2(x+1)}=\dfrac{A_1}{(x-1)^2}+\dfrac{A_2}{x+1}$ 是错的.

例 1　将真分式 $\dfrac{x+3}{x^2-5x+6}=\dfrac{x+3}{(x-2)(x-3)}$ 进行分解.

解　该真分式可分解为

$$\frac{x+3}{(x-2)(x-3)}=\frac{A}{x-2}+\frac{B}{x-3}$$

其中 A、B 为待定系数，可通过待定系数法求得.

上式两端去分母后，得

$$x+3=A(x-3)+B(x-2)$$

$$x+3=(A+B)x-(3A+2B)$$

因为这是恒等式，等式两端 x 的系数和常数项必须分别相等，于是有

$$\begin{cases}A+B=1\\-(3A+2B)=3\end{cases}$$

从而解得 $A=-5$，$B=6$，于是

$$\frac{x+3}{(x-2)(x-3)}=\frac{-5}{x-2}+\frac{6}{x-3}.$$

例 2 将真分式 $\frac{1}{(1+2x)(1+x^2)}$ 进行分解.

解 该真分式可分解为

$$\frac{1}{(1+2x)(1+x^2)}=\frac{A}{1+2x}+\frac{Bx+C}{1+x^2}$$

其中 A、B、C 可用待定系数法求得. 上式两端去分母后，得

$$1=(A+2B)x^2+(B+2C)x+C+A$$

比较上式两端 x 的各同次幂的系数及常数项，则有

$$\begin{cases}A+2B=0\\B+2C=0\\A+C=1\end{cases}$$

解得 $A=\frac{4}{5}$，$B=-\frac{2}{5}$，$C=\frac{1}{5}$，于是

$$\frac{1}{(1+2x)(1+x^2)}=\frac{\frac{4}{5}}{1+2x}+\frac{-\frac{2}{5}x+\frac{1}{5}}{1+x^2}$$

例 3 将真分式 $\frac{2x+2}{(x-1)(x^2+1)^2}$ 进行分解.

解 该真分式可分解为

$$\frac{2x+2}{(x-1)(x^2+1)^2}=\frac{A}{x-1}+\frac{B_1x+C_1}{x^2+1}+\frac{B_2x+C_2}{(x^2+1)^2}$$

其中 A、B_1、B_2、C_1、C_2 可用待定系数法求得．上式两端去分母后，再比较两端分子中 x 的各同次幂的系数，得方程组：

$$\begin{cases} A+B_1=0 \\ C_1-B_1=0 \\ 2A+B_2+B_1-C_1=0 \\ C_2+C_1-B_2-B_1=2 \\ A-C_2-C_1=2 \end{cases}$$

解得 $A=1$，$B_1=-1$，$C_1=-1$，$B_2=-2$，$C_2=0$，所以

$$\frac{2x+2}{(x-1)(x^2+1)^2}=\frac{1}{x-1}-\frac{x+1}{x^2+1}-\frac{2x}{(x^2+1)^2}$$

例 4　求 $\int\frac{1}{(1+2x)(1+x^2)}\mathrm{d}x$.

解　由例 2 的结果，有 $\frac{1}{(1+2x)(1+x^2)}=\frac{\frac{4}{5}}{1+2x}+\frac{-\frac{2}{5}x+\frac{1}{5}}{1+x^2}$，则

$$\begin{aligned}\int\frac{1}{(1+2x)(1+x^2)}\mathrm{d}x&=\frac{4}{5}\int\frac{1}{1+2x}\mathrm{d}x-\frac{1}{5}\int\frac{2x-1}{1+x^2}\mathrm{d}x\\&=\frac{4}{5}\int\frac{1}{1+2x}\mathrm{d}x-\frac{1}{5}\int\frac{1}{1+x^2}\mathrm{d}(1+x^2)+\frac{1}{5}\int\frac{1}{1+x^2}\mathrm{d}x\\&=\frac{4}{5}\ln|1+2x|-\frac{1}{5}\ln(1+x^2)+\frac{1}{5}\arctan x+C\end{aligned}$$

例 5　求 $\int\frac{2x+2}{(x-1)(x^2+1)^2}\mathrm{d}x$.

解　由例 3 的结果，有

$$\begin{aligned}\int\frac{2x+2}{(x-1)(x^2+1)^2}\mathrm{d}x&=\int\left(\frac{1}{x-1}-\frac{2x}{(x^2+1)^2}-\frac{x+1}{x^2+1}\right)\mathrm{d}x\\&=\int\frac{1}{x-1}\mathrm{d}x-\int\frac{2x}{(x^2+1)^2}\mathrm{d}x-\int\frac{x+1}{x^2+1}\mathrm{d}x\\&=\ln|x-1|+\frac{1}{x^2+1}-\frac{1}{2}\ln(x^2+1)-\arctan x+C\\&=\ln\frac{|x-1|}{\sqrt{x^2+1}}+\frac{1}{x^2+1}-\arctan x+C\end{aligned}$$

从理论上讲，多项式 $Q(x)$ 总可以在实数范围内分解成一次因式和二次质因式

的乘积，从而把有理函数$\dfrac{P(x)}{Q(x)}$分解为多项式与四类简单分式之和，而简单分式都可以积出．所以，任何有理函数的原函数都是初等函数．但我们同时也应该注意到，在具体使用此方法时会遇到困难．首先，用待定系数法求待定系数时，计算比较烦琐；其次，当分母的次数比较高时，因式分解相当困难．因此，在解题时要灵活使用各种方法．

例 6 求$\displaystyle\int\frac{x^2+x+2}{x^3+x^2+x+1}\mathrm{d}x$．

解
$$\int\frac{x^2+x+2}{x^3+x^2+x+1}\mathrm{d}x=\int\frac{(x^2+1)+(x+1)}{(x^2+1)(x+1)}\mathrm{d}x=\int\frac{1}{x+1}\mathrm{d}x+\int\frac{1}{x^2+1}\mathrm{d}x$$
$$=\ln|x+1|+\arctan x+C\ .$$

例 7 求$\displaystyle\int\frac{1}{(x^2-4x+4)(x^2-4x+5)}\mathrm{d}x$．

解
$$\int\frac{1}{(x^2-4x+4)(x^2-4x+5)}\mathrm{d}x=\int\frac{(x^2-4x+5)-(x^2-4x+4)}{(x^2-4x+4)(x^2-4x+5)}\mathrm{d}x$$
$$=\int\frac{1}{x^2-4x+4}\mathrm{d}x-\int\frac{1}{x^2-4x+5}\mathrm{d}x$$
$$=\int\frac{1}{(x-2)^2}\mathrm{d}(x-2)-\int\frac{1}{(x-2)^2+1}\mathrm{d}(x-2)$$
$$=-\frac{1}{x-2}-\arctan(x-2)+C$$

例 8 求$\displaystyle\int\frac{x-1}{(x^2+2x+3)^2}\mathrm{d}x$．

解
$$\int\frac{x-1}{(x^2+2x+3)^2}\mathrm{d}x=\int\frac{x+1-2}{[(x+1)^2+2]^2}\mathrm{d}x\ .$$

设$u=x+1$，则

$$原式=\int\frac{u}{(u^2+2)^2}\mathrm{d}u-2\int\frac{\mathrm{d}u}{(u^2+2)^2}$$
$$=\frac{1}{2}\int\frac{1}{(u^2+2)^2}\mathrm{d}(u^2+2)-\int\frac{u^2+2-u^2}{(u^2+2)^2}\mathrm{d}u$$
$$=-\frac{1}{2}\cdot\frac{1}{u^2+2}-\int\frac{1}{(u^2+2)^2}\mathrm{d}u+\int\frac{u^2}{(u^2+2)^2}\mathrm{d}u$$

$$=-\frac{1}{2}\cdot\frac{1}{u^2+2}-\int\frac{1}{(u^2+2)^2}\mathrm{d}u-\frac{1}{2}\int u\mathrm{d}\left(\frac{1}{u^2+2}\right)$$

$$=-\frac{1}{2}\cdot\frac{1}{u^2+2}-\int\frac{1}{(u^2+2)^2}\mathrm{d}u-\frac{1}{2}\left[\frac{u}{u^2+2}-\int\frac{1}{(u^2+2)^2}\mathrm{d}u\right]$$

$$=-\frac{1}{2}\cdot\frac{u+1}{u^2+2}-\frac{1}{2}\cdot\frac{1}{2}\cdot\sqrt{2}\int\frac{1}{\left[\left(\frac{u}{\sqrt{2}}\right)^2+1\right]^2}\mathrm{d}\left(\frac{u}{\sqrt{2}}\right)$$

$$=-\frac{1}{2}\cdot\frac{u+1}{u^2+2}-\frac{1}{2}\int\frac{1}{(u^2+2)^2}\mathrm{d}u$$

$$=-\frac{u+1}{2(u^2+2)}-\frac{1}{2\sqrt{2}}\arctan\frac{u}{\sqrt{2}}+C$$

$$=-\frac{x+2}{2(x^2+2x+3)}-\frac{1}{2\sqrt{2}}\arctan\frac{x+1}{\sqrt{2}}+C$$

最后，需要注意的是，虽然求不定积分是求导运算的逆运算，但是很明显，积分比求导困难得多. 即便前面我们学习了那么多的积分方法与积分技巧，且很多被积函数被证明原函数一定存在，仍有很多积分我们无法求出，比如 $\int e^{-x^2}\mathrm{d}x, \int\frac{\sin x}{x}\mathrm{d}x$ 等，它们的原函数都不是初等函数.

习题 4.4

习题 4.4 答案

求下列不定积分：

（1）$\int\frac{2x-1}{x^2-5x+6}\mathrm{d}x$；

（2）$\int\frac{1}{x(x-1)^2}\mathrm{d}x$；

（3）$\int\frac{x^2+2x-1}{(x-1)(x^2-x+1)}\mathrm{d}x$；

（4）$\int\frac{2x-1}{x^2-3x+2}\mathrm{d}x$；

（5）$\int\frac{x-2}{x^2+2x+3}\mathrm{d}x$；

（6）$\int\frac{x}{x^2+2x+5}\mathrm{d}x$；

（7）$\int \frac{\mathrm{d}x}{x(1+x^5)}$；

（8）$\int \frac{x^9}{(1-x^2)^6}\mathrm{d}x$；

（9）$\int \frac{x^2}{(1-x)^{100}}\mathrm{d}x$；

（10）$\int \frac{1+2x^2}{x^2(1+x^2)}\mathrm{d}x$；

（11）$\int \frac{x^2}{x^3-1}\mathrm{d}x$；

（12）$\int \frac{2x+5}{x^2+3x+4}\mathrm{d}x$；

（13）$\int \frac{x^3+x^2+2}{(x^2+2)^2}\mathrm{d}x$；

（14）$\int \frac{2x^4-x^3-x+1}{x^3+x}\mathrm{d}x$．

第 4 章测试题

第 5 章　定积分

定积分是积分学中的另一个重要概念．我们先从几何学与力学问题出发引进定积分的概念，然后再讨论它的性质和计算方法．

5.1　定积分的概念与性质

5.1.1　两个引例

引例 1　曲边梯形的面积．

设 $y=f(x)$ 是区间 $[a,b]$ 上的非负连续函数，由直线 $x=a$ ，$x=b$ ，$y=0$ 及曲线 $y=f(x)$ 所围成的图形（见图 5-1），称为**曲边梯形**，曲线 $y=f(x)$ 称为曲边．现在求其面积 A．

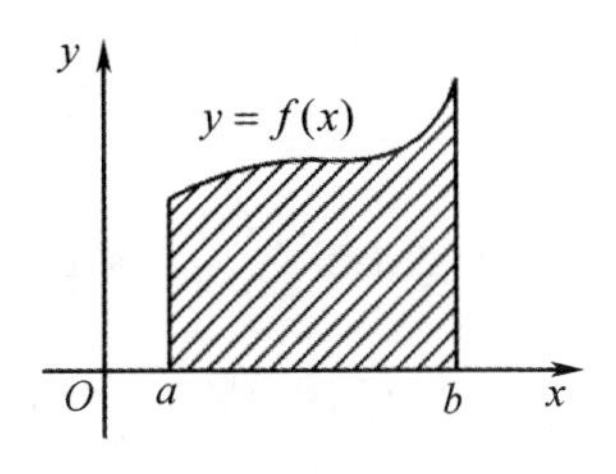

图 5-1

由于曲边梯形在底边上各点处的高 $f(x)$ 在区间 $[a,b]$ 上是变动的，无法直接用梯形面积公式去计算．但曲边梯形的高 $f(x)$ 在区间 $[a,b]$ 上是连续变化的，当区间很小时，高 $f(x)$ 的变化也很小，近似不变．因此，如果把区间 $[a,b]$ 分成许多小区间，在每个小区间上用某一点处的高度近似代替该区间上的小曲边梯形的变化的高度，那么，每个小曲边梯形面积就可近似看成这样得到的小矩形面积，从而所有小矩形面积之和就可作为曲边梯形面积的近似值．如果将区间 $[a,b]$ 无限细分下去，即让每个小区间的长度都趋于零，这时所有小矩形面积之和的极限就可定义为曲边梯形的面积，其具体做法如下．

（1）**分割**．首先在区间 $[a,b]$ 内插入 $n-1$ 个分点，即

$$a=x_0<x_1<x_2<x_3<\cdots<x_{n-1}<x_n=b$$

把区间$[a,b]$分成n个小区间$[x_{i-1},x_i]$（$i=1,2,\cdots,n$），各小区间$[x_{i-1},x_i]$的长度依次记为$\Delta x_i=x_i-x_{i-1}$（$i=1,2,\cdots,n$）. 过各个分点作垂直于x轴的直线，将整个曲边梯形分成 n 个小曲边梯形（见图 5-2），小曲边梯形的面积记为ΔA_i（$i=1,2,\cdots,n$）.

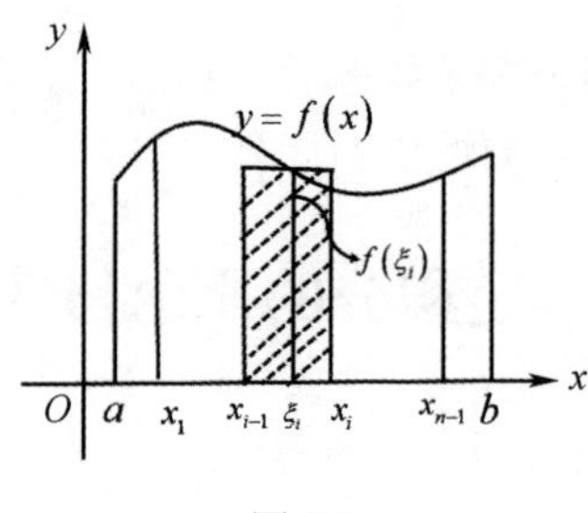

图 5-2

（2）**近似**. 在每个小区间$[x_{i-1},x_i]$上任意取一点ξ_i（$x_{i-1}\leqslant\xi_i\leqslant x_i$），作以$f(\xi_i)$为高，底边为$\Delta x_i$的小矩形，其面积为$f(\xi_i)\Delta x_i$，它可作为同底的小曲边梯形的近似值，即

$$\Delta A_i\approx f(\xi_i)\Delta x_i\ (i=1,2,\cdots,n)$$

（3）**求和**. 把 n 个小矩形的面积加起来，就得到整个曲边梯形面积 A 的近似值：

$$A=\sum_{i=1}^{n}\Delta A_i\approx\sum_{i=1}^{n}f(\xi_i)\Delta x_i$$

（4）**取极限**. 可以看出，区间分割得越细，小矩形的面积与小曲边梯形的面积就越接近. 记$\lambda=\max\{\Delta x_1,\Delta x_2,\cdots,\Delta x_n\}$，则当$\lambda\to 0$时，每个小区间$[x_{i-1},x_i]$的长度$\Delta x_i$也趋于零. 此时和式$\sum\limits_{i=1}^{n}f(\xi_i)\Delta x_i$的极限便是所求曲边梯形面积$A$的精确值，即

$$A=\lim_{\lambda\to 0}\sum_{i=1}^{n}f(\xi_i)\Delta x_i$$

由此可见，曲边梯形的面积是一个和式的极限.

引例 2 变速直线运动的路程.

设某物体做直线运动，已知速度$v=v(t)$是时间间隔$[a,b]$上的连续函数，且$v(t)\geqslant 0$，计算在这段时间内物体所经过的路程s.

我们知道，若物体做匀速直线运动，则有路程=速度×时间.

现在的问题是要计算变速直线运动的路程. 考虑到速度在时间上的连续性，

在很短的一段时间内，速度的变化很小，因此若把时间间隔划分为许多小的时间段，则在每个小的时间段内，物体就可以近似看成匀速运动，这样就可以求得整个路程的近似值，再利用求极限的的方法就可以求得路程的实际值.

具体过程概括如下.

（1）**分割**. 在时间间隔 $[a, b]$ 内任意插入若干分点，把区间 $[a, b]$ 分成 n 个小区间 $[t_0,t_1],[t_1,t_2],\cdots,[t_{i-1},t_i],\cdots,[t_{n-1},t_n]$，其中第 i 个小时间段 $[t_{i-1},t_i]$ 的长度记为 $\Delta t_i = t_i - t_{i-1}(i=1,2,\cdots,n)$，相应地，在各段时间区间 $[t_{i-1},t_i]$ 内经过的路程依次为 $\Delta s_i(i=1,2,\cdots,n)$.

（2）**近似**. 在时间间隔 $[t_{i-1},t_i]$ 上任取一个时刻 m_i，以 m_i 时的速度 $v(m_i)$ 来代替 $[t_{i-1},t_i]$ 上第 i 个时刻的速度，得到部分路程的近似值，即

$$\Delta s_i \approx v(m_i)\Delta t_i,\ (i=1,2,\cdots,n)$$

（3）**求和**. n 个匀速运动小段的路程之和可以作为变速直线运动的物体在整个时间段上走过的路程的近似值，即

$$s \approx v(m_1)\Delta t_1 + v(m_2)\Delta t_2 + \cdots + v(m_i)\Delta t_i + \cdots + v(m_n)\Delta t_n$$

$$s \approx \sum_{i=1}^{n} v(m_i)\Delta t_i$$

（4）**取极限**. 记 $\lambda = \max\{\Delta t_1, \Delta t_2, \cdots, \Delta t_n\}$，当分点数 n 无限增大而 n 个小时间区间中的最大长度 λ 趋于 0 时，和式 $\sum\limits_{i=1}^{n} v(m_i)\Delta t_i$ 的极限若存在，则该极限值就是路程 s，即 $s = \lim\limits_{\lambda \to 0}\sum\limits_{i=1}^{n} v(m_i)\Delta t_i$.

我们看到，以上两个实际问题，一个是几何上的面积问题，一个是物理上的路程问题，虽然这两个问题的实际意义不同，但解决问题的方法却完全相同. 概括起来就是：**分割、近似、求和、取极限**. 抛开它们各自所代表的实际意义，抓住共同本质与特点加以概括，就得到下述定积分的定义.

5.1.2　定积分的定义

定义 1　设函数 $y = f(x)$ 在区间 $[a, b]$ 上有界，在 $[a,b]$ 上插入若干个分点：

$$a = x_0 < x_1 < x_2 < x_3 < \cdots < x_{n-1} < x_n = b$$

将区间 $[a, b]$ 分成 n 个小区间：

$$[x_0, x_1], [x_1, x_2], \cdots, [x_{n-1}, x_n]$$

各小区间的长度依次记为 $\Delta x_i = x_i - x_{i-1}$（$i=1,2,\cdots,n$），在每个小区间上任取一点 ξ_i（$x_{i-1} \leqslant \xi_i \leqslant x_i$），作乘积 $f(\xi_i)\Delta x_i$（$i=1,2,\cdots,n$），并作出和式：

$$\sum_{i=1}^{n} f(\xi_i)\Delta x_i$$

记 $\lambda = \max\limits_{1 \leqslant i \leqslant n} \{\Delta x_i\}$，如果不论对区间 $[a, b]$ 怎样分，也不论在小区间 $[x_{i-1}, x_i]$ 上点 ξ_i 怎样取，只要当 $\lambda \to 0$ 时，和式 $\sum\limits_{i=1}^{n} f(\xi_i)\Delta x_i$ 总趋于确定的值 I，则称 $f(x)$ 在 $[a,b]$ 上**可积**，称此极限值 I 为函数 $f(x)$ 在 $[a, b]$ 上的**定积分**，记作 $\int_a^b f(x)\mathrm{d}x$，即

$$\int_a^b f(x)\mathrm{d}x = \lim_{\lambda \to 0} \sum_{i=1}^{n} f(\xi_i)\Delta x_i$$

式中：$f(x)$ 称为**被积函数**；$f(x)\mathrm{d}x$ 称为**被积表达式**；x 称为**积分变量**；a 称为**积分下限**；b 称为**积分上限**；$[a, b]$ 称为**积分区间**.

这里需要注意的是：

（1）定积分是一个依赖于被积函数 $f(x)$ 及积分区间 $[a, b]$ 的常量，与积分变量的记法无关，即

$$\int_a^b f(x)\mathrm{d}x = \int_a^b f(t)\mathrm{d}t = \int_a^b f(u)\mathrm{d}u$$

（2）定义中要求 $a < b$，为方便起见，允许 $b \leqslant a$，并规定

$$\int_a^b f(x)\mathrm{d}x = -\int_b^a f(x)\mathrm{d}x \text{ 及 } \int_a^a f(x)\mathrm{d}x = 0$$

函数 $f(x)$ 在 $[a, b]$ 上满足什么条件一定可积？这个问题我们不作深入讨论，仅给出以下两个充分条件.

定理 1 若 $f(x)$ 在区间 $[a, b]$ 上连续，则 $f(x)$ 在 $[a, b]$ 上可积.

定理 2 若 $f(x)$ 在区间 $[a, b]$ 上有界，且仅有有限个间断点，则 $f(x)$ 在 $[a, b]$ 上可积.

5.1.3 定积分的几何意义

（1）若在 $[a, b]$ 上 $f(x) \geqslant 0$，则由曲边梯形的面积问题知，定积分 $\int_a^b f(x)\mathrm{d}x$ 等于以 $y = f(x)$ 为曲边的 $[a, b]$ 上的曲边梯形的面积 A，即

$$\int_a^b f(x)\mathrm{d}x = A$$

由此可知图 5-3（a）、（b）中阴影部分的面积可分别归结为

$$\int_a^b x\mathrm{d}x = \frac{1}{2}(b^2 - a^2)，\quad \int_{-R}^{+R} \sqrt{R^2 - x^2}\,\mathrm{d}x = \frac{\pi}{2}R^2$$

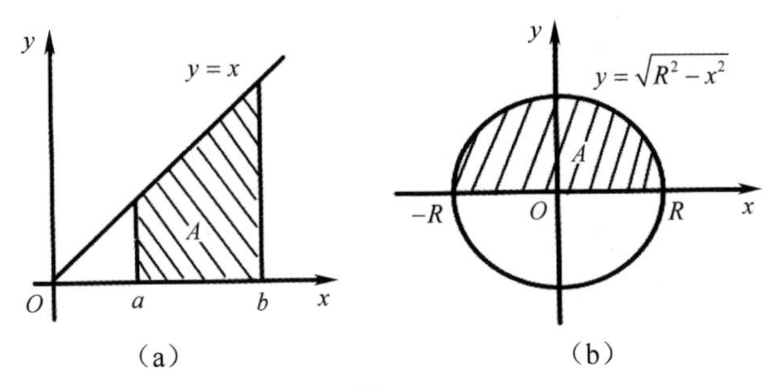

图 5-3

（2）若在 $[a,b]$ 上 $f(x)\leqslant 0$，因 $f(\xi_i)\leqslant 0$，从而 $\sum\limits_{i=1}^{n} f(\xi_i)\Delta x_i \leqslant 0$，$\int_a^b f(x)\mathrm{d}x \leqslant 0$．此时 $\int_a^b f(x)\mathrm{d}x$ 的绝对值与由直线 $x=a$、$x=b$、$y=0$ 及曲线 $y=f(x)$ 所围成的曲边梯形的面积 A 相等（见图 5-4），即

$$\int_a^b f(x)\mathrm{d}x = -A$$

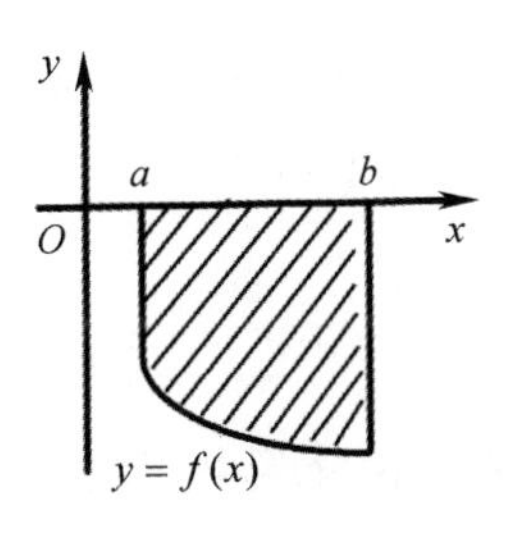

图 5-4

（3）若在 $[a,b]$ 上 $f(x)$ 有正有负，则 $\int_a^b f(x)\mathrm{d}x$ 等于 $[a,b]$ 上位于 x 轴上方的图形面积减去 x 轴下方的图形面积．例如对图 5-5 有

$$\int_a^b f(x)\mathrm{d}x = \int_a^{x_1} f(x)\mathrm{d}x + \int_{x_1}^{x_2} f(x)\mathrm{d}x + \int_{x_2}^{b} f(x)\mathrm{d}x = -A_1 + A_2 - A_3$$

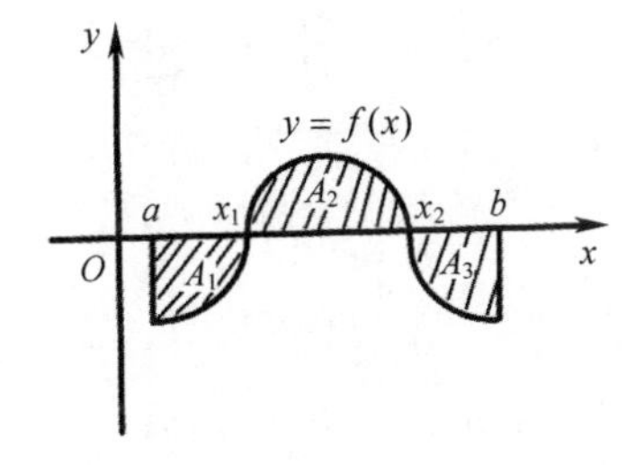

图 5-5

例 1 利用定积分的几何意义计算$\int_0^1\sqrt{1-x^2}\mathrm{d}x$.

解 由定积分的几何意义知，定积分$\int_0^1\sqrt{1-x^2}\mathrm{d}x$表示的是由两直线$x=0$、$x=1$、曲线$y=\sqrt{1-x^2}$以及$x$轴所围图形的面积（如图 5-6 所示阴影部分的面积），所以$\int_0^1\sqrt{1-x^2}\mathrm{d}x=\frac{1}{4}\cdot\pi\cdot1^2=\frac{\pi}{4}$.

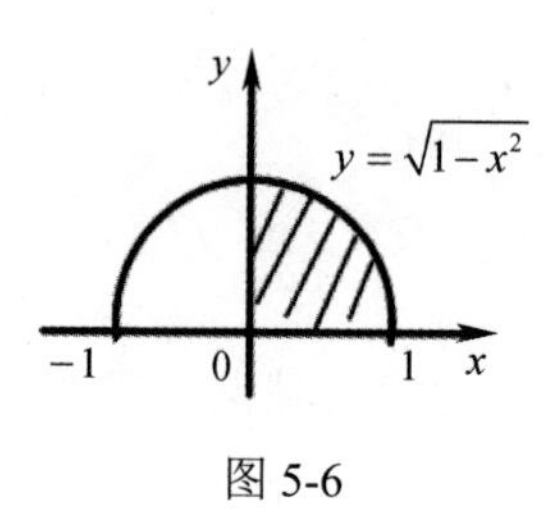

图 5-6

5.1.4 定积分的性质

性质 1 被积函数中的常数因子可以提到积分号外面，即

$$\int_a^b kf(x)\mathrm{d}x=k\int_a^b f(x)\mathrm{d}x \quad（k \text{ 为常数}）$$

证明 $\int_a^b kf(x)\mathrm{d}x=\lim\limits_{\lambda\to0}\sum\limits_{i=1}^{n}kf(\xi_i)\Delta x_i=k\lim\limits_{\lambda\to0}\sum\limits_{i=1}^{n}f(\xi_i)\Delta x=k\int_a^b f(x)\mathrm{d}x$.

性质 2 函数的和（差）的定积分等于它们定积分的和（差），即

$$\int_a^b[f(x)\pm g(x)]\mathrm{d}x=\int_a^b f(x)\mathrm{d}x\pm\int_a^b g(x)\mathrm{d}x$$

证明
$$\begin{aligned}\int_a^b[f(x)\pm g(x)]\mathrm{d}x&=\lim_{\lambda\to0}\sum_{i=1}^{n}[f(\xi_i)\pm g(\xi_i)]\Delta x_i\\&=\lim_{\lambda\to0}\sum_{i=1}^{n}f(\xi_i)\Delta x_i\pm\lim_{\lambda\to0}\sum_{i=1}^{n}g(\xi_i)\Delta x_i\\&=\int_a^b f(x)\mathrm{d}x\pm\int_a^b g(x)\mathrm{d}x\end{aligned}$$

此性质对有限多个函数的代数和也成立.

性质 3 对于任意三个数a、b、c，恒有

$$\int_a^b f(x)\mathrm{d}x=\int_a^c f(x)\mathrm{d}x+\int_c^b f(x)\mathrm{d}x$$

证明 当$a<c<b$时，因为函数$f(x)$在$[a,b]$上可积，所以无论对$[a,b]$怎样划分，和式的极限总是不变的. 因此在划分区间时，可以使c永远是一个分点，

那么$[a,b]$上的积分和等于$[a,c]$上的积分和加上$[c,b]$上的积分和，即

$$\sum_{[a,b]} f(\xi_i)\Delta x_i = \sum_{[a,c]} f(\xi_i)\Delta x_i + \sum_{[c,b]} f(\xi_i)\Delta x_i$$

令$\lambda \to 0$，上式两端取极限得

$$\int_a^b f(x)\mathrm{d}x = \int_a^c f(x)\mathrm{d}x + \int_c^b f(x)\mathrm{d}x$$

同理，当$c < a < b$时，有

$$\int_c^b f(x)\mathrm{d}x = \int_c^a f(x)\mathrm{d}x + \int_a^b f(x)\mathrm{d}x$$

所以

$$\int_a^b f(x)\mathrm{d}x = \int_c^b f(x)\mathrm{d}x - \int_c^a f(x)\mathrm{d}x = \int_a^c f(x)\mathrm{d}x + \int_c^b f(x)\mathrm{d}x$$

其他情形仿此可证．这个性质表明定积分对于积分区间具有**可加性**．

例 2　已知$\int_{-1}^1 f(x)\mathrm{d}x = 2$，$\int_{-1}^2 f(x)\mathrm{d}x = 5$，求$\int_1^2 f(x)\mathrm{d}x$．

解　由定积分对积分区间的可加性知

$$\int_1^2 f(x)\mathrm{d}x = \int_1^{-1} f(x)\mathrm{d}x + \int_{-1}^2 f(x)\mathrm{d}x$$

而$\int_1^{-1} f(x)\mathrm{d}x = -\int_{-1}^1 f(x)\mathrm{d}x = -2$，所以

$$\int_1^2 f(x)\mathrm{d}x = -2 + 5 = 3$$

性质 4　如果在$[a,b]$上$f(x) \geqslant 0$，则$\int_a^b f(x)\mathrm{d}x \geqslant 0$．

证明　因为$f(x) \geqslant 0$，所以$f(\xi_i) \geqslant 0$（$i = 1,2,\cdots,n$），又$\Delta x_i \geqslant 0$，所以$\sum_{i=1}^n f(\xi_i)\Delta x_i \geqslant 0$，于是$\int_a^b f(x)\mathrm{d}x = \lim_{\lambda \to 0} \sum_{i=1}^n f(\xi_i)\Delta x_i \geqslant 0$．

同理可证，如果在$[a,b]$上$f(x) \leqslant 0$，则$\int_a^b f(x)\mathrm{d}x \leqslant 0$．

性质 5　如果在$[a,b]$上$f(x) \leqslant g(x)$，则$\int_a^b f(x)\mathrm{d}x \leqslant \int_a^b g(x)\mathrm{d}x$．

证明　因为在$[a,b]$上$f(x) \leqslant g(x)$，则$f(x) - g(x) \leqslant 0$，即$\int_a^b [f(x) - g(x)]\mathrm{d}x \leqslant 0$，于是$\int_a^b f(x)\mathrm{d}x \leqslant \int_a^b g(x)\mathrm{d}x$．

例 3　比较定积分$\int_0^1 x\mathrm{d}x$与$\int_0^1 x^2\mathrm{d}x$的大小．

解　由性质 5，在区间$[0,1]$上，由于$x \geqslant x^2$，所以

$$\int_0^1 x\mathrm{d}x \leqslant \int_0^1 x^2\mathrm{d}x$$

性质 6 如果在$[a,b]$上，$f(x)\equiv 1$，则$\int_a^b f(x)\mathrm{d}x=\int_a^b 1\mathrm{d}x=b-a$.

这个性质我们不加证明，由定积分的几何意义就可得出，请读者自己证明.

性质 7 设M、m是函数$f(x)$在区间$[a,b]$上的最大值与最小值，则

$$m(b-a)\leqslant\int_a^b f(x)\mathrm{d}x\leqslant M(b-a)$$

证明 因为 $m\leqslant f(x)\leqslant M$，由性质 5，得

$$\int_a^b m\mathrm{d}x\leqslant\int_a^b f(x)\mathrm{d}x\leqslant\int_a^b M\mathrm{d}x$$

所以$m(b-a)\leqslant\int_a^b f(x)\mathrm{d}x\leqslant M(b-a)$.

例 4 估计定积分$\int_0^1 \mathrm{e}^x\mathrm{d}x$的值.

解 设$f(x)=\mathrm{e}^x$，由于$f(x)$在区间$(-\infty,+\infty)$上为增函数，因此$f(x)$在区间$[0,1]$的两个端点上分别取得最小值与最大值，即

$$m=f(0)=\mathrm{e}^0=1,\quad M=f(1)=\mathrm{e}^1=\mathrm{e}$$

而区间长度$b-a=1-0=1$，所以，由估值定理得$1\leqslant\int_0^1 \mathrm{e}^x\mathrm{d}x\leqslant\mathrm{e}$.

例 5 估计定积分$\int_0^1(\mathrm{e}^{x^2}-\arctan x^2)\mathrm{d}x$的值.

解 令 $f(x)=\mathrm{e}^{x^2}-\arctan x^2$，则 $f'(x)=2x\left(\mathrm{e}^{x^2}-\dfrac{1}{1+x^4}\right)$. 在$[0,1]$上，$f'(x)\geqslant 0$，即$f(x)$在$[0,1]$上单调增加，故

$$1=f(0)\leqslant f(x)\leqslant f(1)=\mathrm{e}-\frac{\pi}{4}$$

从而

$$\int_0^1\mathrm{d}x\leqslant\int_0^1 f(x)\mathrm{d}x\leqslant\int_0^1\left(\mathrm{e}-\frac{\pi}{4}\right)\mathrm{d}x$$

即

$$1\leqslant\int_0^1(\mathrm{e}^{x^2}-\arctan x^2)\mathrm{d}x\leqslant\mathrm{e}-\frac{\pi}{4}$$

性质 8（积分中值定理） 设函数$f(x)$在$[a,b]$上连续，则在$[a,b]$上至少存在一点ξ，使得

$$\int_a^b f(x)\mathrm{d}x=f(\xi)(b-a)\ (a\leqslant\xi\leqslant b)$$

该公式叫作积分中值公式.

证明 因为$f(x)$在$[a,b]$上连续，所以$f(x)$在$[a,b]$上一定有最小值m和最大值M，由性质 7，有

$$m(b-a)\leqslant\int_a^b f(x)\mathrm{d}x\leqslant M(b-a)$$

即
$$m\leqslant\frac{1}{b-a}\int_a^b f(x)\mathrm{d}x\leqslant M$$

$\frac{1}{b-a}\int_a^b f(x)\mathrm{d}x$ 是介于 $f(x)$ 的最小值与最大值之间的一个数，根据闭区间连续函数的介值定理，至少存在一点 $\xi\in[a,b]$，使得 $f(\xi)=\frac{1}{b-a}\int_a^b f(x)\mathrm{d}x$ 成立，即

$$\int_a^b f(x)\mathrm{d}x=f(\xi)(b-a),\quad \xi\in[a,b].$$

积分中值公式有以下几何解释：在区间 $[a,b]$ 上至少存在一点 ξ，使得该曲边梯形面积等于与之同底的但高为 $f(\xi)$ 的一个矩形的面积（见图 5-7）.

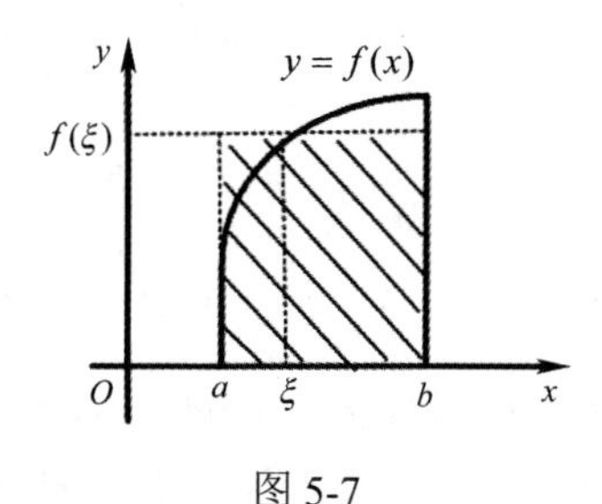

图 5-7

将积分中值公式 $\int_a^b f(x)\mathrm{d}x=f(\xi)(b-a)$ 两端除以 $b-a$，得

$$f(\xi)=\frac{1}{b-a}\int_a^b f(x)\mathrm{d}x$$

$f(\xi)$ 称为**函数在区间 $[a,b]$ 上的平均值**. 如图 5-7 所示，$f(\xi)$ 可看作图中曲边梯形的平均高度.

除此之外，这个平均值还有广泛的应用.

例 6　设 $f(x)$ 在 $[0,1]$ 上连续，在 $(0,1)$ 内可导，且 $f(0)=3\int_{\frac{2}{3}}^{1} f(x)\mathrm{d}x$. 证明：在 $(0,1)$ 内有一点 c，使 $f'(c)=0$.

证明　对于 $f(x)$，在 $\left[\frac{2}{3},1\right]$ 上利用性质 8，至少存在一点 $\xi\in\left[\frac{2}{3},1\right]$，使得

$$f(\xi)=\frac{1}{1-\frac{2}{3}}\int_{\frac{2}{3}}^{1} f(x)\mathrm{d}x=3\int_{\frac{2}{3}}^{1} f(x)\mathrm{d}x=f(0)$$

在 $[0,\xi]$ 上利用罗尔定理可得，至少存在一点 $c\in(0,\xi)$，使 $f'(c)=0$，即在 $(0,1)$ 内有一点 c，使 $f'(c)=0$.

最后，基于定积分的定义，我们讨论它的计算问题.

例 7* 利用定义计算定积分$\int_0^1 x^2\mathrm{d}x$.

解 因为被积函数$f(x)=x^2$在积分区间$[0,1]$上连续，而连续函数是可积的，所以定积分与区间$[0,1]$的分法及点ξ_i的取法无关. 因此，为了便于计算，不妨把区间$[0,1]$分成n等份，分点为$x_i=\dfrac{i}{n}$（$i=1,2,\cdots,n$）. 这样每个小区间$[x_{i-1},x_i]$的长度$\Delta x_i=\dfrac{1}{n}$（$i=1,2,\cdots,n$）. 取$\xi_i=x_i=\dfrac{i}{n}$（$i=1,2,\cdots,n$），于是得和式：

$$\begin{aligned}\sum_{i=1}^{n} f(\xi_i)\Delta x_i &= \sum_{i=1}^{n}\xi_i^2\Delta x_i=\sum_{i=1}^{n}\left(\frac{i}{n}\right)^2\frac{1}{n}=\frac{1}{n^3}\sum_{i=1}^{n}i^2\\ &=\frac{1}{n^3}\frac{n(n+1)(2n+1)}{6}=\frac{1}{6}\left(1+\frac{1}{n}\right)\left(2+\frac{1}{n}\right)\end{aligned}$$

当$\lambda\to 0$，即$n\to\infty$时，由定积分的定义即得所要计算的定积分值为

$$\int_0^1 x^2\mathrm{d}x=\lim_{n\to+\infty}\sum_{i=1}^{n}f(\xi_i)\Delta x_i=\lim_{n\to+\infty}\frac{1}{6}\left(1+\frac{1}{n}\right)\left(2+\frac{1}{n}\right)=\frac{1}{3}$$

由此可见，定积分的计算相当复杂，即便遇到的函数很简单，采用的区间划分很特殊，要计算定积分也需要花费很大的功夫，因此如何简单方便地计算出定积分，就是下节要讨论的重点.

习题 5.1

习题 5.1 答案

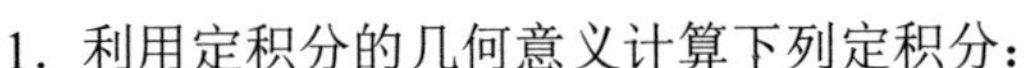

1．利用定积分的几何意义计算下列定积分：

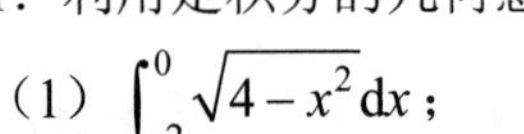

（1）$\int_{-2}^{0}\sqrt{4-x^2}\mathrm{d}x$；（2）$\int_{0}^{\sqrt{3}}\sqrt{3-x^2}\mathrm{d}x$；

（3）$\int_{-1}^{1}|x|\mathrm{d}x$；（4）$\int_{0}^{3}|x-1|\mathrm{d}x$；

（5）$\int_{0}^{2}(2x+1)\mathrm{d}x$；（6）$\int_{0}^{1}(3-2x)\mathrm{d}x$.

2．利用定积分的性质，比较下列各组积分值的大小：

（1）$\int_0^1 x^2\mathrm{d}x$，$\int_0^1 x^3\mathrm{d}x$；（2）$\int_1^2\dfrac{1}{x}\mathrm{d}x$，$\int_1^2\dfrac{1}{x^2}\mathrm{d}x$；

（3）$\int_{-1}^{0}\mathrm{e}^x\mathrm{d}x$，$\int_{-1}^{0}\mathrm{e}^{-x}\mathrm{d}x$；（4）$\int_0^{\frac{\pi}{4}}\sin x\mathrm{d}x$，$\int_0^{\frac{\pi}{4}}\cos x\mathrm{d}x$；

（5）$\int_0^1 x\mathrm{d}x$，$\int_0^1\ln(1+x)\mathrm{d}x$；（6）$\int_0^1\mathrm{e}^x\mathrm{d}x$，$\int_0^1(1+x)\mathrm{d}x$.

3．估计下列各定积分的值：

（1）$\int_{-1}^{2}(x^2+1)\mathrm{d}x$；　　（2）$\int_{4}^{3}(6x-x^2)\mathrm{d}x$；

（3）$\int_{0}^{1}\mathrm{e}^{x^2}\mathrm{d}x$；　　（4）$\int_{2}^{0}\mathrm{e}^{x^2-x}\mathrm{d}x$；

（5）$\int_{-2}^{2}x\mathrm{e}^{-x}\mathrm{d}x$；　　（6）$\int_{\frac{1}{\sqrt{3}}}^{\sqrt{3}}x\arctan x\mathrm{d}x$．

4．设 $f(x)$ 和 $g(x)$ 在 $[a,b]$ 上都可积，举例说明在一般情况下：

$$\int_a^b f(x)g(x)\mathrm{d}x \neq (\int_a^b f(x)\mathrm{d}x)(\int_a^b g(x)\mathrm{d}x)$$

5．设 $\int_{-1}^{1}4f(x)\mathrm{d}x=16, \int_{1}^{3}f(x)\mathrm{d}x=-2, \int_{-1}^{3}g(x)\mathrm{d}x=3$，求 $\int_{-1}^{3}\frac{1}{3}[2f(x)+5g(x)]\mathrm{d}x$．

6．证明 $\int_a^b 1\mathrm{d}x=\int_a^b \mathrm{d}x=b-a$．

7．证明不等式：$\int_1^2\sqrt{x+1}\mathrm{d}x \geqslant \sqrt{2}$．

8．设 $f(x)$ 在 $[0,1]$ 上连续，证明 $\int_0^1 f^2(x)\mathrm{d}x \geqslant (\int_0^1 f(x)\mathrm{d}x)^2$．

9．已知某时刻导线的电流 $I(t)=4\sin 2t$，使用定积分表示时间间隔 $[T_1,T_2]$ 内流过导体横截面的电荷量 $q(t)$．

5.2　微积分基本公式

由上节我们发现，按定积分的定义来计算一个函数的定积分是很困难的，如果被积函数比较复杂，其难度更大．因此，必须寻求计算定积分的新方法．

先从熟悉的变速直线运动谈起．由 5.1 节知，如果一物体做变速直线运动，其速度 $v=v(t)$，它从时刻 $t=a$ 到时刻 $t=b$ 所经过的路程等于定积分：

$$S=\int_a^b v(t)\mathrm{d}t$$

另一方面，若已知物体运动时的路程函数 $S=S(t)$，则它从时刻 $t=a$ 到时刻 $t=b$ 所经过的路程为 $S=S(b)-S(a)$，故有

$$\int_a^b v(t)\mathrm{d}t=S(b)-S(a) \tag{5-1}$$

因为 $S'(t)=v(t)$，即路程函数 $S(t)$ 是速度函数 $v(t)$ 的原函数，所以式（5-1）表示：速度函数 $v(t)$ 在区间 $[a,b]$ 上的定积分等于 $v(t)$ 的原函数 $S(t)$ 在区间 $[a,b]$ 上的增量 $S(b)-S(a)$．

事实上，我们将在接下来的内容证明，如果函数 $f(x)$ 在区间 $[a,b]$ 上连续，

那么，$f(x)$ 在区间 $[a,b]$ 上的定积分就等于 $f(x)$ 的原函数［设为 $F(x)$］在区间 $[a,b]$ 上的增量：$F(b)-F(a)$.

又因为 $S'(t)=v(t)$，式（5-1）又可写为

$$\int_a^b S'(t)\mathrm{d}t = S(b)-S(a) \tag{5-2}$$

一般地，对于任意 $x\in[a,b]$，都有

$$\int_a^x S'(t)\mathrm{d}t = S(x)-S(a) \tag{5-3}$$

式（5-3）两边都是 x 的函数，从而有

$$\frac{\mathrm{d}}{\mathrm{d}x}\int_a^x v(t)\mathrm{d}t = v(x)$$

该式表明了积分与微分的互逆运算关系，下面我们从理论上给出证明.

5.2.1 积分上限函数

设 $f(x)$ 在 $[a,b]$ 上连续，x 为 $[a,b]$ 上任意一点，现在研究 $f(x)$ 在部分区间上的定积分.

首先，由于 $f(x)$ 在 $[a,x]$ 上连续，因此定积分 $\int_a^x f(x)\mathrm{d}x$ 一定存在，这里，x 既表示定积分的上限，又表示积分变量，由于定积分与积分变量的记法无关，所以为了避免混淆，我们可以用一个其他符号来表示积分变量. 比如用字母 t 表示，则上面的定积分可以写成 $\int_a^x f(t)\mathrm{d}t$，并且 $\int_a^x f(t)\mathrm{d}t$ 还是积分上限 x 的函数，称为**变上限积分或积分上限函数**，记为 $\Phi(x)$，即

$$\Phi(x)=\int_a^x f(t)\mathrm{d}t \tag{5-4}$$

从几何上看，函数 $\Phi(x)$ 表示区间 $[a,x]$ 上曲边梯形的面积（图 5-8 中阴影部分的面积）.

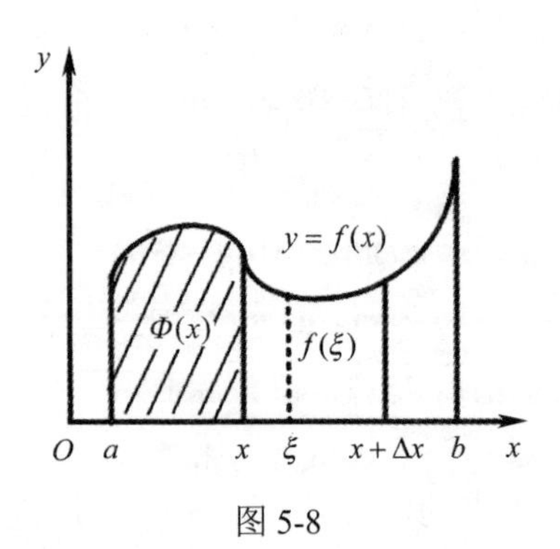

图 5-8

这里，$\int_x^b f(t)\mathrm{d}t$ 也为 x 的函数（$a \leqslant x \leqslant b$），由于 $\int_x^b f(t)\mathrm{d}t = -\int_b^x f(t)\mathrm{d}t$，可将之看作 $f(x)$ 的积分上限函数的另一种形式.

关于函数 $\Phi(x)$ 有以下定理.

定理 1　如果函数 $f(x)$ 在 $[a,b]$ 上连续，则函数 $\Phi(x) = \int_a^x f(t)\mathrm{d}t$ 是函数 $f(x)$ 的一个原函数，即有

$$\Phi'(x) = \frac{\mathrm{d}}{\mathrm{d}x}\int_a^x f(t)\mathrm{d}t = f(x) \tag{5-5}$$

或

$$\mathrm{d}\Phi(x) = \mathrm{d}\int_a^x f(t)\mathrm{d}t = f(x)\mathrm{d}x$$

证明　由导数的定义，设给 x 以增量 Δx，则函数 $\Phi(x)$ 的相应增量为

$$\begin{aligned}\Delta\Phi(x) = \Phi(x+\Delta x) - \Phi(x) &= \int_a^{x+\Delta x} f(t)\mathrm{d}t - \int_a^x f(t)\mathrm{d}t \\ &= \int_a^x f(t)\mathrm{d}t + \int_x^{x+\Delta x} f(t)\mathrm{d}t - \int_a^x f(t)\mathrm{d}t = \int_x^{x+\Delta x} f(t)\mathrm{d}t\end{aligned}$$

所以

$$\Phi'(x) = \lim_{\Delta x \to 0}\frac{\Phi(x+\Delta x) - \Phi(x)}{\Delta x} = \lim_{\Delta x \to 0}\frac{\int_x^{x+\Delta x} f(t)\mathrm{d}t}{\Delta x}$$

而由定积分中值定理有

$$\int_x^{x+\Delta x} f(t)\mathrm{d}t = f(\xi)\Delta x$$

这里 ξ 在 x 和 $x+\Delta x$ 之间，用 Δx 除上式两端得

$$\frac{\int_x^{x+\Delta x} f(t)\mathrm{d}t}{\Delta x} = f(\xi)$$

由于假设 $y = f(x)$ 在 $[a,b]$ 上连续，而 $\Delta x \to 0$，即 $\xi \to x$，此时 $f(\xi) \to f(x)$. 于是，令 $\Delta x \to 0$，对上式两端取极限便得到 $\Phi'(x) = f(x)$.

此定理表明：如果函数 $f(x)$ 在 $[a,b]$ 上连续，则它的原函数必定存在，并且 $\Phi(x) = \int_a^x f(t)\mathrm{d}t$ 就是 $f(x)$ 在 $[a,b]$ 上的一个原函数.

由此还可推出：

（1）如果 $f(x)$ 在 $[a,b]$ 上连续，则有 $\int f(x)\mathrm{d}x = \int_a^x f(t)\mathrm{d}t + C$，这说明 $f(x)$ 的不定积分可以通过积分上限函数来表示；

（2）如果 $f(x)$ 在 $[a,b]$ 上连续，那么定积分 $\int_a^b f(x)\mathrm{d}x$ 中被积表达式不仅表

示定积分和式的代表项，而且也表示函数$\Phi(x)=\int_a^x f(t)\mathrm{d}t$的微分，即

$$\mathrm{d}\int_a^x f(t)\mathrm{d}t = f(x)\mathrm{d}x$$

有了定理 1，就可以推导定积分的计算方法了．下面有非常重要的牛顿-莱布尼茨公式．

5.2.2 牛顿-莱布尼茨公式

定理 2 如果函数$F(x)$是连续函数$f(x)$在$[a,b]$上的一个原函数，则

$$\int_a^b f(x)\mathrm{d}x = F(b)-F(a) \tag{5-6}$$

这个公式叫作**牛顿-莱布尼茨公式**，它是计算定积分的基本公式．

证明 由定理 1，$\Phi(x)=\int_a^x f(t)\mathrm{d}t$是$f(x)$的一个原函数，又知$F(x)$也是$f(x)$的一个原函数，因为两个原函数之间仅相差一个常数，所以

$$\int_a^x f(t)\mathrm{d}t = F(x)+C \quad (a \leqslant x \leqslant b)$$

在上式中，令$x=a$得$C=-F(a)$，代入上式得

$$\int_a^x f(t)\mathrm{d}t = F(x)-F(a)$$

再令$x=b$，并把积分变量t换成x，便得到

$$\int_a^b f(x)\mathrm{d}x = F(b)-F(a)$$

通常把$F(b)-F(a)$记为$[F(x)]_a^b$或$F(x)\big|_a^b$，于是牛顿-莱布尼茨公式可写成$\int_a^b f(x)\mathrm{d}x=[F(x)]_a^b$或$\int_a^b f(x)\mathrm{d}x=F(x)\big|_a^b$，即$\int_a^b f(x)\mathrm{d}x=\int f(x)\mathrm{d}x\big|_a^b$．

此式表明了定积分与不定积分的关系，运用这个公式，可以大大简化定积分的计算，解决了用定积分的定义很难求解定积分的问题．

定理 1 和定理 2 揭示了微分与积分以及定积分与不定积分之间的内在联系，因此统称为**微积分基本定理**．

例 1 求积分$\int_0^1 x^2\mathrm{d}x$．

解 $\int_0^1 x^2\mathrm{d}x=\frac{1}{3}x^3\big|_0^1=\frac{1}{3}\cdot 1^3-\frac{1}{3}\cdot 0^3=\frac{1}{3}$．

该例曾用定积分的定义（见上节例 7*）求解，显然运用牛顿-莱布尼茨公式计算要简便得多．

例 2　求积分$\int_0^4 (2x+3)\mathrm{d}x$.

解　$\int_0^4 (2x+3)\mathrm{d}x = x^2+3x|_0^4 = 16+12-0=28$.

例 3　求积分$\int_1^2 \frac{1}{x}\mathrm{d}x$.

解　$\int_1^2 \frac{1}{x}\mathrm{d}x = \ln|x||_1^2 = \ln 2 - \ln 1 = \ln 2$.

例 4　求积分$\int_{-1}^{\sqrt{3}} \frac{\mathrm{d}x}{1+x^2}$.

解　$\int_{-1}^{\sqrt{3}} \frac{\mathrm{d}x}{1+x^2} = \arctan x|_{-1}^{\sqrt{3}} = \arctan\sqrt{3} - \arctan(-1) = \frac{\pi}{3} - \left(-\frac{\pi}{4}\right) = \frac{7\pi}{12}$.

例 5　求积分$\int_0^{\pi} \sqrt{1+\cos 2x}\mathrm{d}x$.

解　
$$\begin{aligned}\int_0^{\pi} \sqrt{1+\cos 2x}\mathrm{d}x &= \int_0^{\pi}\sqrt{2\cos^2 x}\mathrm{d}x = \sqrt{2}\int_0^{\pi}|\cos x|\mathrm{d}x \\ &= \sqrt{2}\int_0^{\frac{\pi}{2}}\cos x\mathrm{d}x + \sqrt{2}\int_{\frac{\pi}{2}}^{\pi}(-\cos x)\mathrm{d}x \\ &= \sqrt{2}\sin x|_0^{\frac{\pi}{2}} - \sqrt{2}\sin x|_{\frac{\pi}{2}}^{\pi} = 2\sqrt{2}\end{aligned}$$

例 6　设$f(x)=\begin{cases} x+1, & x \geqslant 1 \\ \frac{1}{2}x^2, & x<1 \end{cases}$，求$\int_0^2 f(x)\mathrm{d}x$.

解　$\int_0^2 f(x)\mathrm{d}x = \int_0^1 \frac{1}{2}x^2\mathrm{d}x + \int_1^2 (x+1)\mathrm{d}x = \frac{1}{6}x^3\Big|_0^1 + \left(\frac{1}{2}x^2+x\right)\Big|_1^2 = \frac{8}{3}$.

例 7　求下列函数的导数：

（1）$F(x)=\int_1^x \ln(1+t^2)\mathrm{d}t$；（2）$F(x)=\int_x^0 t^2\mathrm{e}^{-t}\mathrm{d}t$；（3）$F(x)=\int_0^{x^2}\sqrt{1+2t^2}\mathrm{d}t$.

解　（1）$F'(x)=(\int_1^x \ln(1+t^2)\mathrm{d}t)' = \ln(1+x^2)$；

（2）$F'(x)=\left(\int_x^0 t^2\mathrm{e}^{-t}\mathrm{d}t\right)' = \left(-\int_0^x t^2\mathrm{e}^{-t}\mathrm{d}t\right)' = -x^2\mathrm{e}^{-x}$；

（3）$F'(x)=\left(\int_0^{x^2}\sqrt{1+2t^2}\mathrm{d}t\right)' = \sqrt{1+2(x^2)^2}\cdot(x^2)' = 2x\sqrt{1+2x^4}$.

注意第（3）题中的积分上限为x^2，所以应把这个积分上限函数看作一个关于的x复合函数，求导时应采用复合函数的求导法则.

例 8 证明：若 $f(x)$ 连续，且 $u(x)$、$v(x)$ 可导，则

$$\frac{\mathrm{d}}{\mathrm{d}x}\int_{v(x)}^{u(x)} f(t)\mathrm{d}t = f(u(x))u'(x) - f(v(x))v'(x)$$

证明 将 $\int_{v(x)}^{u(x)} f(t)\mathrm{d}t$ 变形为 $\int_{v(x)}^{a} f(t)\mathrm{d}t + \int_{a}^{u(x)} f(t)\mathrm{d}t$，这里 a 是任一常数，则有

$$\begin{aligned}\frac{\mathrm{d}}{\mathrm{d}x}\int_{v(x)}^{u(x)} f(t)\mathrm{d}t &= \frac{\mathrm{d}}{\mathrm{d}x}\int_{v(x)}^{a} f(t)\mathrm{d}t + \frac{\mathrm{d}}{\mathrm{d}x}\int_{a}^{u(x)} f(t)\mathrm{d}t \\ &= \frac{\mathrm{d}}{\mathrm{d}x}\int_{a}^{u(x)} f(t)\mathrm{d}t - \frac{\mathrm{d}}{\mathrm{d}x}\int_{a}^{v(x)} f(t)\mathrm{d}t \\ &= f(u(x))u'(x) - f(v(x))v'(x)\end{aligned}$$

得证.

例 9 已知 $y=\int_{-\sqrt{x}}^{\sqrt{x}} \frac{1}{\sqrt{2\pi}}\mathrm{e}^{-\frac{t^2}{2}}\mathrm{d}t$，求 $\frac{\mathrm{d}y}{\mathrm{d}x}$.

解 $$\begin{aligned}\frac{\mathrm{d}y}{\mathrm{d}x} &= \frac{1}{\sqrt{2\pi}}\mathrm{e}^{-\frac{(\sqrt{x})^2}{2}}(\sqrt{x})' - \frac{1}{\sqrt{2\pi}}\mathrm{e}^{-\frac{(-\sqrt{x})^2}{2}}(-\sqrt{x})' \\ &= \frac{1}{2\sqrt{2\pi x}}\mathrm{e}^{-\frac{x}{2}} + \frac{1}{2\sqrt{2\pi x}}\mathrm{e}^{-\frac{x}{2}} = \frac{1}{\sqrt{2\pi x}}\mathrm{e}^{-\frac{x}{2}}\end{aligned}$$

例 10 求极限 $\lim\limits_{x\to 0}\frac{\int_{\cos x}^{1}\mathrm{e}^{-t^2}\mathrm{d}t}{x^2}$.

解 这是一个“$\frac{0}{0}$”型的未定式，应用洛必达法则，有

$$\lim_{x\to 0}\frac{\int_{\cos x}^{1}\mathrm{e}^{-t^2}\mathrm{d}t}{x^2} = \lim_{x\to 0}\frac{-\mathrm{e}^{-\cos^2 x}(\cos x)'}{2x} = \lim_{x\to 0}\frac{\mathrm{e}^{-\cos^2 x}\sin x}{2x} = \frac{1}{2\mathrm{e}}$$

例 11 设 $f(x)$ 在 $[a,b]$ 上连续，且 $f(x)>0$，$F(x)=\int_a^x f(t)\mathrm{d}t + \int_b^x \frac{1}{f(t)}\mathrm{d}t$，证明 $F(x)$ 在 $[a,b]$ 上单调增加.

证明 因为 $f(x)$ 在 $[a,b]$ 上连续，且 $f(x)>0$，所以 $\frac{1}{f(x)}$ 在 $[a,b]$ 上连续. 由于 $F'(x)=f(x)+\frac{1}{f(x)}>0$，因此，$F(x)$ 在 $[a,b]$ 上单调增加.

例 12 设 $f(x)$ 在 $[0,+\infty)$ 内连续且 $f(x)>0$，证明函数 $F(x)=\frac{\int_0^x tf(t)\mathrm{d}t}{\int_0^x f(t)\mathrm{d}t}$ 在

$(0,+\infty)$ 内为单调增加函数.

证明　因为$\left[\int_0^x tf(t)\mathrm{d}t\right]'=xf(x)$，$\left[\int_0^x f(t)\mathrm{d}t\right]'=f(x)$，故

$$F'(x)=\frac{xf(x)\int_0^x f(t)\mathrm{d}t-f(x)\int_0^x tf(t)\mathrm{d}t}{\left(\int_0^x f(t)\mathrm{d}t\right)^2}=\frac{f(x)\int_0^x (x-t)f(t)\mathrm{d}t}{\left(\int_0^x f(t)\mathrm{d}t\right)^2}$$

按假设，当$0<t<x$时 $f(x)>0$，$(x-t)f(t)>0$，由中值定理可知

$$\int_0^x f(t)\mathrm{d}t>0,\ \int_0^x (x-t)f(t)\mathrm{d}t>0$$

所以$F'(x)>0(x>0)$，从而$F(x)$在$(0,+\infty)$内为单调增加函数.

习题 5.2

习题 5.2 答案

1．计算下列定积分的值：

（1）$\int_0^1(4x^3-2x+1)\mathrm{d}x$；　（2）$\int_1^2(x^2+x-1)\mathrm{d}x$；

（3）$\int_1^2\left(x^2+\frac{1}{x^4}\right)\mathrm{d}x$；　（4）$\int_4^9\sqrt{x}(1+\sqrt{x})\mathrm{d}x$；

（5）$\int_{\frac{1}{\sqrt{3}}}^{\sqrt{3}}\frac{1}{1+x^2}\mathrm{d}x$；　（6）$\int_{-\frac{1}{2}}^{\frac{1}{2}}\frac{1}{\sqrt{1-x^2}}\mathrm{d}x$；

（7）$\int_0^1\frac{x^2}{1+x^2}\mathrm{d}x$；　（8）$\int_{-1}^{-2}\frac{x}{x+3}\mathrm{d}x$；

（9）$\int_0^{\frac{\pi}{4}}\sec^2\theta\mathrm{d}\theta$；　（10）$\int_0^{\frac{\pi}{4}}\cot^2\theta\mathrm{d}\theta$；

（11）$\int_0^{\frac{\pi}{2}}\sin^2\frac{x}{2}\mathrm{d}x$；　（12）$\int_0^{\frac{\pi}{4}}\sqrt{1-\sin 2x}\mathrm{d}x$；

（13）$\int_0^{\frac{\pi}{6}}\frac{\cos 2x}{\cos x-\sin x}\mathrm{d}x$；　（14）$\int_{\frac{\pi}{6}}^{\frac{\pi}{3}}\frac{\cos 2x}{\cos^2 x\cdot\sin^2 x}\mathrm{d}x$；

（15）$\int_0^{2\pi}|\sin x|\mathrm{d}x$；　（16）$\int_0^{2\pi}\sqrt{1-\cos 2x}\mathrm{d}x$；

（17）$\int_0^2|1-x|\mathrm{d}x$；　（18）$\int_{-1}^2\frac{|x|}{2+x}\mathrm{d}x$；

（19）已知 $f(x)=\begin{cases}x+1, & x\leqslant 1\\ e^{x}, & x>1\end{cases}$，求 $\int_0^2 f(x)dx$；

（20）已知，$f(x)=\begin{cases}\sin x, & x\geqslant 0\\ \cos x, & x<0\end{cases}$，求 $\int_{-\pi}^{\pi} f(x)dx$.

2．计算下列各导数：

（1）$F(x)=\int_1^x e^{t^2}dt$；（2）$F(x)=\int_x^1 \arctan e^t dt$；

（3）$F(x)=\int_1^{x^2}\frac{1}{\sqrt[3]{1+t^2}}dt$；（4）$F(x)=\int_0^{x^3}\ln(1+t^2)dt$；

（5）$F(x)=\int_x^{x^2}\sin t^2 dt$；（6）$F(x)=\int_x^{e^x}\sqrt{1+t^3}dt$.

3．求下列极限：

（1）$\lim\limits_{x\to 0}\frac{\int_0^x (e^t-e^{-t})dt}{1-\cos x}$；（2）$\lim\limits_{x\to 0}\frac{\int_0^x t^2 dt}{\int_0^1 (1-\cos t)dt}$；

（3）$\lim\limits_{x\to 0}\frac{\left(\int_0^x e^{t^2}dt\right)^2}{\int_0^x te^{2t^2}dt}$.

4．设 $k\in \mathbf{N}_+$，试证下列各题：

（1）$\int_{-\pi}^{\pi}\cos kx dx=0$；（2）$\int_{-\pi}^{\pi}\sin kx dx=0$；

（3）$\int_{-\pi}^{\pi}\cos^2 kx dx=\pi$；（4）$\int_{-\pi}^{\pi}\sin^2 kx dx=0$.

5．求函数 $y=\int_0^x (t^3-1)dt$ 的极值.

6．求函数 $y=\int_0^x te^{-t}dt$ 的极值.

7．设 $f(x)$ 在 $(-\infty,+\infty)$ 内连续，且 $F(x)=\int_0^x (x-2t)f(t)dt$，$f(x)$ 单调减少，证明：$F(x)$ 单调增加.

8．设函数 $f(x)$ 连续，且 $F(x)=\frac{1}{2}\int_0^x (x-t^2)f(t)dt$，试求 $F'(x)$，$F''(x)$.

9. 设函数 $f(x)$ 连续，且 $\int_0^x tf(2x-t)dt=\frac{1}{2}\arctan x^2$，已知 $f(1)=1$，求 $\int_1^2 f(x)dx$ 的值.

10．设 $f(x)=\int_0^x \frac{\sin t}{\pi - t}\mathrm{d}t$，计算 $\int_0^{\pi} f(x)\mathrm{d}x$．

11．设 $f(x)$ 在 $x=0$ 处连续，$\lim\limits_{x\to 0}\frac{f(x)}{x}=-1$，且 $f(x)=ax+x^2\int_0^1 f(x)\mathrm{d}x+x\lim\limits_{x\to 0}\frac{\int_0^x f(x-t)\mathrm{d}t}{\ln(1+x^2)}$，求 a 与 $f(x)$．

5.3　定积分的换元积分法与分部积分法

由定积分和不定积分之间的紧密联系自然会想到，求定积分是否也和求不定积分一样，有换元积分法和分部积分法呢？答案是肯定的．根据牛顿-莱布尼茨公式，定积分的计算可化为求 $f(x)$ 的原函数在积分区间 $[a,b]$ 上的增量．因此不定积分中的换元积分法和分部积分法对定积分仍然适用．

5.3.1　换元积分法

为了说明如何运用换元积分法来计算定积分，我们需要先了解下面这个定理．

定理 1　设函数 $f(x)$ 在 $[a,b]$ 上连续，函数 $x=\varphi(t)$ 在 $[\alpha,\beta]$ 或 $[\beta,\alpha]$ 上有连续导数，且 $\varphi(\alpha)=a$，$\varphi(\beta)=b$，则

$$\varPhi'(x)=\frac{\mathrm{d}}{\mathrm{d}x}\int_a^x f(t)\mathrm{d}t=f(x) \tag{5-7}$$

证明　假设 $F(x)$ 是 $f(x)$ 的一个原函数，则 $\int f(x)\mathrm{d}x=F(x)+C$，即

$$\int f(\varphi(t))\varphi'(t)\mathrm{d}t=F(\varphi(t))+C$$

于是 $\int_a^b f(x)\mathrm{d}x=F(b)-F(a)=F(\varphi(\beta))-F(\varphi(\alpha))=\int_\alpha^\beta f(\varphi(t))\varphi'(t)\mathrm{d}t$．

应用换元积分公式时应注意以下两点：

（1）用 $x=\varphi(t)$ 把原来的变量 x 代换成新变量 t 时，**积分限也要换成相应于新变量 t 的积分限**；

（2）求出 $f(\varphi(t))\varphi'(t)$ 的一个原函数 $\varPhi(t)$ 后，不必像计算不定积分那样再把 $\varPhi(t)$ 变换成原来的变量 x 的函数，而只要把相应于新变量 t 的积分上、下限分别代入 $\varPhi(t)$，然后相减即可．

例 1　求 $\int_1^4 \frac{1}{x+\sqrt{x}}\mathrm{d}x$．

解　设 $\sqrt{x}=t$（$t>0$），则 $x=t^2$，$\mathrm{d}x=2t\mathrm{d}t$．当 x 从 1 变到 4 时，t 从 1 变到 2，

于是$\int_1^4 \frac{1}{x+\sqrt{x}}\mathrm{d}x = \int_1^2 \frac{2t}{t^2+t}\mathrm{d}t = 2\int_1^2 \frac{1}{t+1}\mathrm{d}t = 2\ln(t+1)\Big|_1^2 = 2\ln\frac{3}{2}$.

应用定积分的换元积分法时，可以不引进新变量而利用“凑微分”法积分，这时积分上、下限就不需要改变. 如下面两例.

例 2　计算$\int_0^{\ln 2} \mathrm{e}^x\sqrt{\mathrm{e}^x - 1}\mathrm{d}x$.

解　$\int_0^{\ln 2} \mathrm{e}^x\sqrt{\mathrm{e}^x-1}\mathrm{d}x = \int_0^{\ln 2}\sqrt{\mathrm{e}^x-1}\mathrm{d}(\mathrm{e}^x-1) = \frac{2}{3}(\mathrm{e}^x-1)^{\frac{3}{2}}\Big|_0^{\ln 2} = \frac{2}{3}$.

例 3　求$\int_1^{\mathrm{e}^2} \frac{1}{x(1+3\ln x)}\mathrm{d}x$.

解　$\int_1^{\mathrm{e}^2} \frac{1}{x(1+3\ln x)}\mathrm{d}x = \frac{1}{3}\int_1^{\mathrm{e}^2}\frac{1}{(1+3\ln x)}\mathrm{d}(1+3\ln x) = \frac{1}{3}\ln\left|1+3\ln x\right|_1^{\mathrm{e}^2} = \frac{1}{3}\ln 7$.

当然，如果定积分的原函数不易求出，必须得引入新变量才能求解，则引入新变量后，该积分的上下限必须作出相应改变.

例 4　求$\int_0^a \sqrt{a^2-x^2}\mathrm{d}x(a>0)$.

解　设$x = a\sin t(0 \leqslant t \leqslant \frac{\pi}{2})$，则$\mathrm{d}x = a\cos t\mathrm{d}t$.

当x从 0 变到a时，t从 0 变到$\frac{\pi}{2}$，因此有

$$\int_0^a \sqrt{a^2-x^2}\mathrm{d}x = a^2\int_0^{\frac{\pi}{2}}\cos^2 t\mathrm{d}t = \frac{a^2}{2}\int_0^{\frac{\pi}{2}}(1+\cos 2t)\mathrm{d}t$$

$$= \frac{a^2}{2}[t+\frac{1}{2}\sin 2t]_0^{\frac{\pi}{2}} = \frac{\pi}{4}a^2$$

例 5　求$\int_0^a \frac{1}{\sqrt{x^2+a^2}}\mathrm{d}x$（$a>0$）.

解　设$x = a\tan t(0 \leqslant t \leqslant \frac{\pi}{4})$，则$\mathrm{d}x = a\sec^2 t\mathrm{d}t$. 当$x$从 0 变到$a$时，$t$从 0 变到$\frac{\pi}{4}$，于是

$$\int_0^a \frac{1}{\sqrt{x^2+a^2}}\mathrm{d}x = \int_0^{\frac{\pi}{4}}\frac{a\sec^2 t}{a\sec t}\mathrm{d}t = \int_0^{\frac{\pi}{4}}\sec t\mathrm{d}t = \ln\left|\sec t+\tan t\right|_0^{\frac{\pi}{4}} = \ln(1+\sqrt{2})$$

例 6　设$f(x)$在$[-a,a]$上连续，证明：

（1）如果$f(x)$是$[-a,a]$上的**偶函数**，则$\int_{-a}^a f(x)\mathrm{d}x = 2\int_0^a f(x)\mathrm{d}x$；

（2）如果 $f(x)$ 是 $[-a,a]$ 上的**奇函数**，则 $\int_{-a}^{a}f(x)\mathrm{d}x=0$.

证明　因为 $\int_{-a}^{a}f(x)\mathrm{d}x=\int_{-a}^{0}f(x)\mathrm{d}x+\int_{0}^{a}f(x)\mathrm{d}x$ ，对积分 $\int_{-a}^{0}f(x)\mathrm{d}x$ 作变量代换 $x=-t$ ，则

$$\int_{-a}^{0}f(x)\mathrm{d}x=-\int_{a}^{0}f(-t)\mathrm{d}t=\int_{0}^{a}f(-t)\mathrm{d}t=\int_{0}^{a}f(-x)\mathrm{d}x$$

于是：

（1）当 $f(x)$ 为偶函数时，即 $f(-x)=f(x)$ ，则 $f(x)+f(-x)=2f(x)$ ，所以 $\int_{-a}^{a}f(x)\mathrm{d}x=2\int_{0}^{a}f(x)\mathrm{d}x$ ；

（2）当 $f(x)$ 为奇函数时，即 $f(-x)=-f(x)$ ，则 $f(x)+f(-x)=0$ ，所以 $\int_{-a}^{a}f(x)\mathrm{d}x=0$.

由例 6 可知，关于原点对称的区间上的奇函数或偶函数的定积分计算可以化简，如：

$$\int_{-3}^{3}x^5\cos x\mathrm{d}x=0，\int_{-2}^{2}x^2\mathrm{d}x=2\int_{0}^{2}x^2\mathrm{d}x=2\left.\frac{x^3}{3}\right|_0^2=\frac{16}{3}$$

5.2 对称区间奇偶函数的积分

例 7　设 $f(x)=\begin{cases}1+x^2, & x\leqslant 0\\ \mathrm{e}^x, & x>0\end{cases}$，求 $\int_1^3 f(x-2)\mathrm{d}x$.

解　设 $x-2=t$ ，则 $f(x-2)=f(t)$，$\mathrm{d}x=\mathrm{d}(t+2)=\mathrm{d}t$.

当 $x=1$ 时，$t=-1$ ；当 $x=3$ 时，$t=1$ ，所以原式 $\int_1^3 f(x-2)\mathrm{d}x=\int_{-1}^{1}f(t)\mathrm{d}t$. 于是

$$\begin{aligned}\int_1^3 f(x-2)\mathrm{d}x&=\int_{-1}^{1}f(t)\mathrm{d}t=\int_{-1}^{0}f(t)\mathrm{d}t+\int_0^1 f(t)\mathrm{d}t\\&=\int_{-1}^{0}(1+x^2)\mathrm{d}x+\int_0^1\mathrm{e}^x\mathrm{d}x\\&=\left.\left(x+\frac{1}{3}x^3\right)\right|_{-1}^{0}+\mathrm{e}^x\big|_0^1=\frac{1}{3}+\mathrm{e}\end{aligned}$$

例 8　设 $f(x)$ 是连续的周期函数，周期为 T，证明：

（1）$\int_a^{a+T}f(x)\mathrm{d}x=\int_0^T f(x)\mathrm{d}x$ ；　（2）$\int_a^{a+nT}f(x)\mathrm{d}x=n\int_0^T f(x)\mathrm{d}x$.

证明　（1）由积分区间可加性，有 $\int_a^{a+T}f(x)\mathrm{d}x=\int_a^T f(x)\mathrm{d}x+\int_T^{a+T}f(x)\mathrm{d}x$ ，而

对于积分$\int_T^{a+T} f(x)\mathrm{d}x$，我们作代换，令$x=t+T$，则

$$\int_T^{a+T} f(x)\mathrm{d}x=\int_0^a f(t+T)\mathrm{d}(t+T)=\int_0^a f(t)\mathrm{d}t=\int_0^a f(x)\mathrm{d}x$$

所以

$$\int_a^{a+T} f(x)\mathrm{d}x=\int_a^T f(x)\mathrm{d}x+\int_T^{a+T} f(x)\mathrm{d}x=\int_a^T f(x)\mathrm{d}x+\int_0^a f(x)\mathrm{d}x=\int_0^T f(x)\mathrm{d}x$$

得证.

（2）由题（1）结论知$\int_a^{a+nT} f(x)\mathrm{d}x=\int_0^{nT} f(x)\mathrm{d}x$，而

$$\int_0^{nT} f(x)\mathrm{d}x=\int_0^T f(x)\mathrm{d}x+\int_T^{2T} f(x)\mathrm{d}x+\cdots+\int_{(n-1)T}^{nT} f(x)\mathrm{d}x$$

又
$$\int_T^{2T} f(x)\mathrm{d}x=\int_T^{T+T} f(x)\mathrm{d}x=\int_0^T f(x)\mathrm{d}x$$

…………

$$\int_{(n-1)T}^{nT} f(x)\mathrm{d}x=\int_{(n-1)T}^{(n-1)T+T} f(x)\mathrm{d}x=\int_0^T f(x)\mathrm{d}x$$

所以
$$\int_a^{a+nT} f(x)\mathrm{d}x=\int_0^{nT} f(x)\mathrm{d}x=n\int_0^T f(x)\mathrm{d}x$$

例 9 计算$\int_0^3 \frac{x^2}{(x^2-3x+3)^2}\mathrm{d}x$·

解 $x^2-3x+3=\left(x-\frac{3}{2}\right)^2+\frac{3}{4}$，令$x-\frac{3}{2}=\frac{\sqrt{3}}{2}\tan u\left(|u|<\frac{\pi}{2}\right)$，则

$$(x^2-3x+3)^2=\left(\frac{3}{4}\sec^2 u\right)^2=\frac{9}{16}\sec^4 u,\quad \mathrm{d}x=\frac{\sqrt{3}}{2}\sec^2 u\mathrm{d}u$$

当$x=0$时，$u=-\frac{\pi}{3}$；$x=3$时，$u=\frac{\pi}{3}$. 于是

$$\int_0^3 \frac{x^2}{(x^2-3x+3)^2}\mathrm{d}x=\int_{-\frac{\pi}{3}}^{\frac{\pi}{3}}\left(\frac{3}{4}\tan^2 u+\frac{3\sqrt{3}}{2}\tan u+\frac{9}{4}\right)\cdot\frac{16}{9}\cdot\frac{\sqrt{3}}{2}\cos^2 u\mathrm{d}u$$

$$=\frac{8}{3\sqrt{3}}\cdot 2\int_0^{\frac{\pi}{3}}\left(\frac{3}{4}\tan^2 u+\frac{9}{4}\right)\cos^2 u\mathrm{d}u$$

$$=\frac{4}{\sqrt{3}}\int_0^{\frac{\pi}{3}}(\sin^2 u+3\cos^2 u)\mathrm{d}u=\frac{4}{\sqrt{3}}\int_0^{\frac{\pi}{3}}(2+\cos 2u)\mathrm{d}u$$

$$=\frac{4}{\sqrt{3}}\left[2u+\frac{1}{2}\sin 2u\right]_3^{\frac{\pi}{3}}=\frac{8\pi}{3\sqrt{3}}+1$$

5.3.2　分部积分法

定理 2　如果 $u=u(x)$，$v=v(x)$，在 $[a,b]$ 上具有连续导数，则

$$\int_a^b uv'\mathrm{d}x=[uv]_a^b-\int_a^b u'v\mathrm{d}x$$

或

$$\int_a^b u\mathrm{d}v=[uv]_a^b-\int_a^b v\mathrm{d}u \tag{5-8}$$

证明　由不定积分的分部积分公式 $\int u\mathrm{d}v=uv-\int v\mathrm{d}u$，则

$$\int_a^b u\mathrm{d}v=\left[\int u\mathrm{d}v\right]_a^b=\left[uv-\int v\mathrm{d}u\right]_a^b=[uv]_a^b-\int_a^b v\mathrm{d}u$$

例 10　求 $\int_0^{\frac{\pi}{2}}x^2\cos x\mathrm{d}x$.

解　设 $u=x^2$，$v'=(\sin x)'=\cos x$，于是

$$\int_0^{\frac{\pi}{2}}x^2\cos x\mathrm{d}x=\int_0^{\frac{\pi}{2}}x^2(\sin x)'\mathrm{d}x=x^2\sin x\Big|_0^{\frac{\pi}{2}}-\int_0^{\frac{\pi}{2}}2x\sin x\mathrm{d}x$$

$$=\frac{\pi^2}{4}+2\int_0^{\frac{\pi}{2}}x(\cos x)'\mathrm{d}x=\frac{\pi^2}{4}+2x\cos x\Big|_0^{\frac{\pi}{2}}-2\int_0^{\frac{\pi}{2}}\cos x\mathrm{d}x$$

$$=\frac{\pi^2}{4}-2\sin x\Big|_0^{\frac{\pi}{2}}=\frac{\pi^2}{4}-2$$

例 11　求 $\int_0^1\arctan x\mathrm{d}x$

解　$\int_0^1\arctan x\mathrm{d}x=x\arctan x\Big|_0^1-\int_0^1 x\frac{1}{1+x^2}\mathrm{d}x=\frac{\pi}{4}-\frac{1}{2}\int_0^1\frac{1}{1+x^2}\mathrm{d}(x^2+1)$

$$=\frac{\pi}{4}-\frac{1}{2}\ln(x^2+1)\Big|_0^1=\frac{\pi}{4}-\frac{1}{2}\ln 2=\frac{\pi}{4}-\ln\sqrt{2}$$

例 12　求 $\int_0^1\mathrm{e}^{\sqrt{x}}\mathrm{d}x$.

解　令 $t=\sqrt{x}$（$t>0$），则 $x=t^2$，$\mathrm{d}x=2t\mathrm{d}t$，当 x 从 0 变到 1 时，t 从 0 变到 1，因此有

$$\int_0^1\mathrm{e}^{\sqrt{x}}\mathrm{d}x=2\int_0^1 t\mathrm{e}^t\mathrm{d}t=2t\mathrm{e}^t\Big|_0^1-2\int_0^1\mathrm{e}^t\mathrm{d}t=2\mathrm{e}-2\mathrm{e}^t\Big|_0^1=2$$

例 13　求 $I_n=\int_0^{\frac{\pi}{2}}\cos^n x\mathrm{d}x$（$n$ 为大于 1 的正整数）.

解　$I_n=\int_0^{\frac{\pi}{2}}\cos^n x\mathrm{d}x=\int_0^{\frac{\pi}{2}}\cos^{n-1}x\cos x\mathrm{d}x$

$$=[\sin x\cos^{n-1}x]_0^{\frac{\pi}{2}}+(n-1)\int_0^{\frac{\pi}{2}}\sin^2 x\cos^{n-2}x\mathrm{d}x$$

$$=(n-1)\int_0^{\frac{\pi}{2}}(1-\cos^2 x)\cos^{n-2}x\mathrm{d}x$$

$$=(n-1)\int_0^{\frac{\pi}{2}}\cos^{n-2}x\mathrm{d}x-(n-1)\int_0^{\frac{\pi}{2}}\cos^n x\mathrm{d}x$$

即 $I_n=(n-1)I_{n-2}-(n-1)I_n$，移项得

$$I_n=\frac{n-1}{n}I_{n-2}$$

这个等式叫作积分 I_n 关于下标的**递推公式**.

连续使用此公式可使 $\cos^n x$ 的幂次 n 逐渐降低，当 n 为奇数时，可降到 1，当 n 为偶数时，可降到 0，再由

$$I_1=\int_0^{\frac{\pi}{2}}\cos x\mathrm{d}x=1，\quad I_0=\int_0^{\frac{\pi}{2}}\mathrm{d}x=\frac{\pi}{2}$$

则得

$$I_n=\int_0^{\frac{\pi}{2}}\cos^n x\mathrm{d}x=\begin{cases}\dfrac{n-1}{n}\cdot\dfrac{n-3}{n-2}\cdot\dfrac{n-5}{n-4}\cdot\cdots\cdot\dfrac{4}{5}\cdot\dfrac{2}{3} & （n\text{为奇数}）\\ \dfrac{n-1}{n}\cdot\dfrac{n-3}{n-2}\cdot\dfrac{n-5}{n-4}\cdot\cdots\cdot\dfrac{3}{4}\cdot\dfrac{1}{2}\cdot\dfrac{\pi}{2} & （n\text{为偶数}）\end{cases}$$

对例 13 中的 $\int_0^{\frac{\pi}{2}}\cos^n x\mathrm{d}x$ 作变量代换 $x=\frac{\pi}{2}-t$，则有

$$\int_0^{\frac{\pi}{2}}\cos^n x\mathrm{d}x=\int_{\frac{\pi}{2}}^0\cos^n\left(\frac{\pi}{2}-t\right)(-\mathrm{d}t)=\int_0^{\frac{\pi}{2}}\sin^n t\mathrm{d}t=\int_0^{\frac{\pi}{2}}\sin^n x\mathrm{d}x$$

因此，$\int_0^{\frac{\pi}{2}}\cos^n x\mathrm{d}x$ 与 $\int_0^{\frac{\pi}{2}}\sin^n x\mathrm{d}x$ 有相同的计算结果.

利用结果，可以非常方便地得出这类定积分的值，如：

$$\int_0^{\frac{\pi}{2}}\sin^7 x\mathrm{d}x=\frac{6}{7}\cdot\frac{4}{5}\cdot\frac{2}{3}=\frac{16}{35}$$

习题 5.3

习题 5.3 答案

1．计算下列定积分：

（1）$\int_1^2\frac{1}{(3x-1)^2}\mathrm{d}x$；

（2）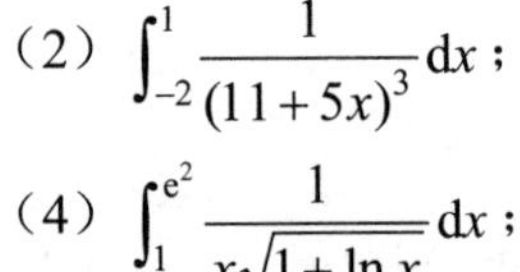 $\int_{-2}^1\frac{1}{(11+5x)^3}\mathrm{d}x$；

（3）$\int_0^1\frac{\ln(2x+1)}{2x+1}\mathrm{d}x$；

（4）$\int_1^{\mathrm{e}^2}\frac{1}{x\sqrt{1+\ln x}}\mathrm{d}x$；

（5）$\int_1^2 \frac{e^{\frac{1}{x}}}{x^2}dx$；

（6）$\int_0^1 \frac{\arctan x}{1+x^2}dx$；

（7）$\int_0^1 te^{-\frac{t^2}{2}}dt$；

（8）$\int_0^{\frac{\pi}{2}} \sin t\cos^3 t dt$；

（9）$\int_0^{\pi}(1-\sin^3 x)dx$；

（10）$\int_{\frac{\pi}{4}}^{\frac{\pi}{2}} \cos^3\theta d\theta$；

（11）$\int_0^1 \frac{1}{9x^2+6x+1}dx$；

（12）$\int_{-2}^0 \frac{x+2}{x^2+2x+2}dx$；

（13）$\int_0^{2\pi}|\sin(x-1)|dx$．

2．计算下列定积分：

（1）$\int_1^5 \frac{\sqrt{x-1}}{x}dx$；

（2）$\int_0^4 \frac{1-\sqrt{x}}{1+\sqrt{x}}dx$；

（3）$\int_{\frac{3}{4}}^1 \frac{1}{\sqrt{1-x}-1}dx$；

（4）$\int_0^2 \frac{1}{\sqrt{x+1}+\sqrt{(x+1)^3}}dx$；

（5）$\int_{-2}^2 \sqrt{4-x^2}dx$；

（6）$\int_{\frac{1}{\sqrt{2}}}^1 \frac{\sqrt{1-x^2}}{x^2}dx$；

（7）$\int_0^a x^2\sqrt{a^2-x^2}dx$；

（8）$\int_{-\sqrt{2}}^{\sqrt{2}} \sqrt{8-2y^2}dy$；

（9）$\int_0^1 (1+x^2)^{-\frac{3}{2}}dx$；

（10）$\int_0^1 \frac{x^2}{(1+x^2)^3}dx$；

（11）$\int_1^{\sqrt{3}} \frac{1}{x^2\sqrt{1+x^2}}dx$；

（12）$\int_{-1}^1 \frac{1}{(1+x^2)^2}dx$；

（13）$\int_{\sqrt{2}}^2 \frac{1}{x\sqrt{x^2-1}}dx$；

（14）$\int_1^2 \frac{\sqrt{x^2-1}}{x}dx$；

（15）$\int_0^{\ln 2} \sqrt{e^x-1}dx$；

（16）$\int_{\sqrt{e}}^{e} \frac{1}{x\sqrt{\ln x(1-\ln x)}}dx$．

3．已知 $f(x)=\begin{cases} xe^{-\frac{x^2}{2}}, & x\geqslant 0 \\ \frac{1}{1+\cos x}, & -1<x<0 \end{cases}$，求 $\int_1^4 f(x-2)dx$．

4．已知 $f(x)=\begin{cases}\sqrt{1+x}, & -1\leqslant x\leqslant 0\\ \mathrm{e}^{-\sqrt{x}}, & 0<x<+\infty\end{cases}$，求 $F(x)=\int_{-1}^{x}f(t)\mathrm{d}t,\ -1\leqslant x<+\infty$．

5．设 $f(x)$ 在 $[0,1]$ 上连续，证明：$\int_0^{\pi}xf(\sin x)\mathrm{d}x=\frac{\pi}{2}\int_0^{\pi}f(\sin x)\mathrm{d}x$．

6．证明：$\int_x^1\frac{1}{1+t^2}\mathrm{d}t=\int_1^{\frac{1}{x}}\frac{1}{1+t^2}\mathrm{d}t$（$x>0$）．

7．设 $f(x)$ 在 $[a,b]$ 上连续，证明：$\int_a^b f(a+b-x)\mathrm{d}x=\int_a^b f(x)\mathrm{d}x$．

8．若 $f(t)$ 是连续的奇函数，证明 $\int_0^x f(t)\mathrm{d}t$ 是偶函数；若 $f(t)$ 是连续的偶函数，证明 $\int_0^x f(t)\mathrm{d}t$ 是奇函数．

9．利用函数的奇偶性计算下列定积分：

（1）$\int_{-\pi}^{\pi}x^4\sin x\mathrm{d}x$；　（2）$\int_{-\frac{\pi}{2}}^{\frac{\pi}{2}}\cos^3\theta\mathrm{d}\theta$；

（3）$\int_{-3}^{3}\frac{x\cos x}{2x^4+x^2+1}\mathrm{d}x$；　（4）$\int_{-5}^{5}\frac{x^3\sin^2 x}{x^4+2x^2+1}\mathrm{d}x$；

（5）$\int_{-\frac{\pi}{2}}^{\frac{\pi}{2}}(x^3-x+1)\sin^2 x\mathrm{d}x$；　（6）$\int_{-3}^{3}\frac{\sin^3 x+|x|}{x^2+1}\mathrm{d}x$；

（7）$\int_{-\frac{1}{2}}^{\frac{1}{2}}\frac{x^2\arcsin x}{\sqrt{1-x^2}}\mathrm{d}x$；　（8）$\int_{-\frac{1}{2}}^{\frac{1}{2}}\frac{(\arcsin x)^2}{\sqrt{1-x^2}}\mathrm{d}x$；

（9）$\int_{-2}^{2}\sin x[f(x)+f(-x)]\mathrm{d}x$；　（10）$\int_{-1}^{1}\frac{x(\mathrm{e}^x+\mathrm{e}^{-x})}{\sqrt{1+x^2}}\mathrm{d}x$；

（11）$\int_{-\frac{\pi}{2}}^{\frac{\pi}{2}}\sqrt{\cos\theta-\cos^3\theta}\mathrm{d}\theta$．

10．计算下列定积分：

（1）$\int_0^1 x\mathrm{e}^x\mathrm{d}x$；　（2）$\int_0^1 x\mathrm{e}^{-x}\mathrm{d}x$；

（3）$\int_0^{\frac{\pi}{4}}x\cos 2x\mathrm{d}x$；　（4）$\int_{-\pi}^{\pi}x^2\cos 2x\mathrm{d}x$；

（5）$\int_1^2 x\ln x\mathrm{d}x$；　（6）$\int_1^4\frac{\ln x}{\sqrt{x}}\mathrm{d}x$；

（7）$\int_0^1\ln(1+x^2)\mathrm{d}x$；　（8）$\int_0^1\ln(1+\sqrt{x})\mathrm{d}x$；

(9) $\int_0^{\frac{\sqrt{3}}{2}} \arcsin x\mathrm{d}x$；

(10) $\int_0^{\frac{1}{2}} \arctan 2x\mathrm{d}x$；

(11) $\int_0^1 x\arctan x\mathrm{d}x$；

(12) $\int_0^{\frac{1}{2}} x\arcsin x\mathrm{d}x$；

(13) $\int_0^{\frac{\pi}{2}} \mathrm{e}^{2x}\cos x\mathrm{d}x$；

(14) $\int_0^{\frac{\pi}{2}} \mathrm{e}^{-x}\cos 3x\mathrm{d}x$；

(15) $\int_{-\frac{\pi}{4}}^{\frac{\pi}{3}} \frac{x}{\sin^2 x}\mathrm{d}x$；

(16) $\int_0^{\pi} (x\sin x)^2\mathrm{d}x$；

(17) $\int_0^1 x^3\mathrm{e}^{x^2}\mathrm{d}x$；

(18) $\int_1^2 \frac{1}{x^3}\mathrm{e}^{\frac{1}{x}}\mathrm{d}x$；

(19) $\int_0^1 \mathrm{e}^{\sqrt{2x+1}}\mathrm{d}x$；

(20) $\int_0^2 \mathrm{e}^{\sqrt{3x+2}}\mathrm{d}x$；

(21) $\int_1^{\mathrm{e}} \sin(\ln x)\mathrm{d}x$；

(22) $\int_1^{\mathrm{e}^2} \cos(-\ln x)\mathrm{d}x$；

(23) $\int_{\frac{1}{\mathrm{e}}}^{\mathrm{e}} |\ln x|\mathrm{d}x$；

(24) $\int_{-\sqrt{3}}^{\sqrt{3}} |\arctan x|\mathrm{d}x$；

(25) $\int_0^1 (\arcsin x)^2\mathrm{d}x$.

11*. 计算下列定积分：

(1) $\int_0^2 x\sqrt{2x-x^2}\mathrm{d}x$；

(2) $\int_0^{\frac{\pi}{2}} \frac{\sin x}{\sin x+\cos x}\mathrm{d}x$；

(3) $\int_0^{\ln 2} \sqrt{1-\mathrm{e}^{-2x}}\mathrm{d}x$；

(4) $\int_0^3 \arcsin\sqrt{\frac{x}{1+x}}\mathrm{d}x$；

(5) $\int_0^1 \frac{\arctan x}{(1+x^2)^{\frac{3}{2}}}\mathrm{d}x$；

(6) $\int_{-1}^1 x(1+x^{2013})(\mathrm{e}^x-\mathrm{e}^{-x})\mathrm{d}x$；

(7) $\int_0^{n\pi} \sqrt{1-\sin 2x}\mathrm{d}x$.

5.4　广义积分

在前面几节所研究的定积分中，我们都假定积分区间为有限区间且被积函数在积分区间上连续或有有限个第一类间断点．但在许多实际问题中，常常会遇到积分区间为无穷区间或被积函数为无界函数的积分，这样的积分称为**广义积分**，也称**反常积分**，则以前定义的积分称为**常义积分**.

5.4.1 积分区间为无穷区间的广义积分

定义 1 设函数 $f(x)$ 在 $[a,+\infty)$ 上有定义且对任意的 $b>a$，$f(x)$ 在 $[a,b]$ 上可积，称极限

$$\lim_{b\to+\infty}\int_a^b f(x)\mathrm{d}x \tag{5-9}$$

为函数 $f(x)$ 在 $[a,+\infty)$ 上的广义积分，记作 $\int_a^{+\infty} f(x)\mathrm{d}x$，即

$$\int_a^{+\infty} f(x)\mathrm{d}x = \lim_{b\to+\infty}\int_a^b f(x)\mathrm{d}x \tag{5-10}$$

若式（5-9）的极限存在，则称此**广义积分收敛**，否则称此**广义积分发散**.

类似地，可定义函数 $f(x)$ 在 $(-\infty,b]$ 上的广义积分为

$$\int_{-\infty}^b f(x)\mathrm{d}x = \lim_{a\to-\infty}\int_a^b f(x)\mathrm{d}x \tag{5-11}$$

函数 $f(x)$ 在 $(-\infty,+\infty)$ 上的广义积分为

$$\begin{aligned}\int_{-\infty}^{+\infty} f(x)\mathrm{d}x &= \int_{-\infty}^c f(x)\mathrm{d}x + \int_c^{+\infty} f(x)\mathrm{d}x \\ &= \lim_{a\to-\infty}\int_a^c f(x)\mathrm{d}x + \lim_{b\to+\infty}\int_c^b f(x)\mathrm{d}x\end{aligned} \tag{5-12}$$

其中 c 为任意常数.

若式（5-12）中右端两个广义积分 $\int_{-\infty}^c f(x)\mathrm{d}x$ 及 $\int_c^{+\infty} f(x)\mathrm{d}x$ 均收敛，则称 $\int_{-\infty}^{+\infty} f(x)\mathrm{d}x$ 收敛；若二者至少有一个发散，则称 $\int_{-\infty}^{+\infty} f(x)\mathrm{d}x$ 发散.

例 1 计算广义积分 $\int_{-\infty}^{+\infty}\frac{1}{1+x^2}\mathrm{d}x$.

解

$$\begin{aligned}\int_{-\infty}^{+\infty}\frac{1}{1+x^2}\mathrm{d}x &= \int_{-\infty}^{0}\frac{1}{1+x^2}\mathrm{d}x + \int_{0}^{+\infty}\frac{1}{1+x^2}\mathrm{d}x \\ &= \lim_{a\to-\infty}\int_a^0\frac{1}{1+x^2}\mathrm{d}x + \lim_{b\to+\infty}\int_0^b\frac{1}{1+x^2}\mathrm{d}x \\ &= \lim_{a\to-\infty}\arctan x\Big|_a^0 + \lim_{b\to+\infty}\arctan x\Big|_0^b \\ &= -\lim_{a\to-\infty}(\arctan a) + \lim_{b\to+\infty}(\arctan b) = \frac{\pi}{2}+\frac{\pi}{2} = \pi\end{aligned}$$

设 $F(x)$ 为 $f(x)$ 的原函数，如果 $\lim\limits_{b\to+\infty}F(b)$ 存在，记此极限为 $F(+\infty)$，此时广义积分可记为

$$\int_{a}^{+\infty} f(x)\mathrm{d}x = \lim_{b\to+\infty}\int_{a}^{b} f(x)\mathrm{d}x = \lim_{b\to+\infty} F(x)\Big|_{a}^{b} = F(+\infty) - F(a) = F(x)\Big|_{a}^{+\infty}$$

对于无穷区间 $(-\infty,b]$ 及 $(-\infty,+\infty)$ 上的广义积分也可采用类似方法，如例 1 的计算可写为

$$\int_{-\infty}^{+\infty}\frac{1}{1+x^2}\mathrm{d}x = \arctan x\Big|_{-\infty}^{+\infty} = \frac{\pi}{2}+\frac{\pi}{2}=\pi$$

这个广义积分的几何意义是：它代表的是位于曲线 $y=\dfrac{1}{1+x^2}$ 的下方、x 轴的上方的图形面积（见图 5-9），虽然图中阴影部分向左、右无限延伸，但其面积可求.

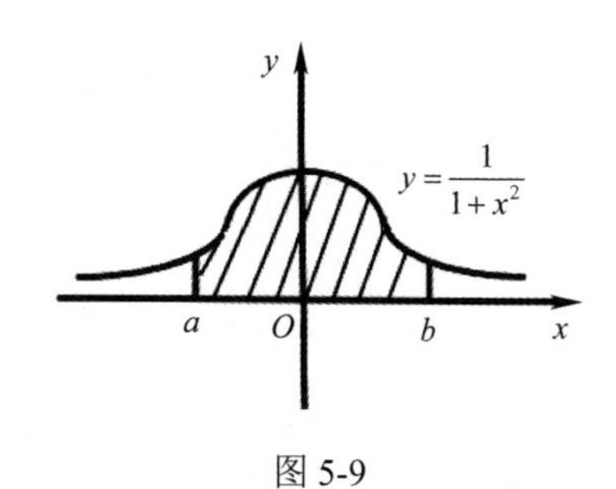

图 5-9

例 2　计算广义积分 $\int_{1}^{+\infty}\frac{1}{\sqrt{x}}\mathrm{d}x$.

解　$\int_{1}^{+\infty}\frac{1}{\sqrt{x}}\mathrm{d}x = \int_{1}^{+\infty} x^{-\frac{1}{2}}\mathrm{d}x = 2\sqrt{x}\Big|_{1}^{+\infty} = +\infty$，所以该广义积分发散.

例 3　计算广义积分 $\int_{0}^{+\infty} t\mathrm{e}^{-t}\mathrm{d}t$.

解　$\int_{0}^{+\infty} t\mathrm{e}^{-t}\mathrm{d}t = \int_{0}^{+\infty}(-t)\mathrm{d}\mathrm{e}^{-t} = (-t\mathrm{e}^{-t})\Big|_{0}^{+\infty} + \int_{0}^{+\infty}\mathrm{e}^{-t}\mathrm{d}t = (-\mathrm{e}^{-t})\Big|_{0}^{+\infty} = 1$.

例 4　证明广义积分 $\int_{1}^{+\infty}\frac{1}{x^p}\mathrm{d}x$ 当 $p>1$ 时收敛，当 $p\leqslant 1$ 时发散.

证明　当 $p=1$ 时，$\int_{1}^{+\infty}\frac{1}{x^p}\mathrm{d}x = \ln x\Big|_{1}^{+\infty} = +\infty$；当 $p\neq 1$ 时，$\int_{1}^{+\infty}\frac{1}{x^p}\mathrm{d}x = \frac{x^{1-p}}{1-p}\Big|_{1}^{+\infty} = \begin{cases} +\infty, & p<1 \\ \dfrac{1}{p-1}, & p>1 \end{cases}$. 因此，当 $p>1$ 时，广义积分收敛，其值等于 $\dfrac{1}{p-1}$；当 $p\leqslant 1$ 时，广义积分发散.

注意到例 2 就是 $p=\frac{1}{2}$ 即 $p\leqslant 1$ 时的情形，所以其广义积分发散.

5.4.2 被积函数具有无穷间断点的广义积分

现在考虑被积函数 $f(x)$ 在积分区间上具有无穷间断点的情形．如下例：

$$\int_{-1}^{1}\frac{1}{x}\mathrm{d}x=\ln|x|\Big|_{-1}^{1}=\ln 1-\ln 1=0$$

表面看来该题目没有问题，但实际上在积分区间 $[-1,1]$ 内 $x=0$ 为无穷间断点，函数在点 $x=0$ 附近无界，该积分并不是定积分，因此用求定积分的方法来解是错误的.

定义 2 如果被积函数 $f(x)$ 在积分区间上具有无穷间断点 $x=a$，那么点 a 称为被积函数 $f(x)$ 的**瑕点**，具有无穷间断点的广义积分又称为**瑕积分**.

定义 3 设函数 $f(x)$ 在 $(a,b]$ 上连续，点 a 为瑕点，即 $\lim\limits_{x\to a^+}f(x)=\infty$，取 $\varepsilon>0$，称极限

$$\lim_{\varepsilon\to 0^+}\int_{a+\varepsilon}^{b}f(x)\mathrm{d}x\ (a+\varepsilon<b) \tag{5-13}$$

为函数 $f(x)$ 在 $(a,b]$ 上的广义积分，仍记为 $\int_a^b f(x)\mathrm{d}x$，即

$$\int_a^b f(x)\mathrm{d}x=\lim_{\varepsilon\to 0^+}\int_{a+\varepsilon}^{b}f(x)\mathrm{d}x \tag{5-14}$$

若式（5-13）的极限存在，则称此**广义积分收敛**，否则称此**广义积分发散**.

类似地，若 $f(x)$ 在 $[a,b)$ 上连续，$\lim\limits_{x\to b^-}f(x)=\infty$，则定义广义积分

$$\int_a^b f(x)\mathrm{d}x=\lim_{\varepsilon\to 0^+}\int_{a}^{b-\varepsilon}f(x)\mathrm{d}x\ (\varepsilon>0,\ a<b-\varepsilon) \tag{5-15}$$

若 $f(x)$ 在 $[a,b]$ 上除点 $x=c$（$a<c<b$）外连续，$\lim\limits_{x\to c}f(x)=\infty$，则定义广义积分

$$\int_a^b f(x)\mathrm{d}x=\int_a^c f(x)\mathrm{d}x+\int_c^b f(x)\mathrm{d}x$$

若 $\int_a^c f(x)\mathrm{d}x$ 与 $\int_c^b f(x)\mathrm{d}x$ 都收敛，则称广义积分 $\int_a^b f(x)\mathrm{d}x$ 收敛；若 $\int_a^c f(x)\mathrm{d}x$ 或 $\int_c^b f(x)\mathrm{d}x$ 中至少有一个发散，则称 $\int_a^b f(x)\mathrm{d}x$ 发散.

所以，题目 $\int_{-1}^{1}\frac{1}{x}\mathrm{d}x$ 的正确解法是：

$$\int_{-1}^{1}\frac{1}{x}\mathrm{d}x=\int_{-1}^{0}\frac{1}{x}\mathrm{d}x+\int_{0}^{1}\frac{1}{x}\mathrm{d}x=\lim_{\varepsilon\to 0^+}\int_{-1}^{0-\varepsilon}\frac{1}{x}\mathrm{d}x+\lim_{\varepsilon'\to 0^+}\int_{0+\varepsilon'}^{1}\frac{1}{x}\mathrm{d}x$$

这里，$\lim\limits_{\varepsilon\to0^+}\int_{-1}^{0-\varepsilon}\frac{1}{x}\mathrm{d}x=\lim\limits_{\varepsilon\to0^+}\ln|x|\Big|_{-1}^{-\varepsilon}=\lim\limits_{\varepsilon\to0^+}\ln\varepsilon$，而 $\lim\limits_{\varepsilon\to0^+}\ln\varepsilon$ 不存在，则 $\int_{-1}^{1}\frac{1}{x}\mathrm{d}x$ 发散.

例 5　计算广义积分 $\int_0^1\frac{1}{\sqrt{1-x^2}}\mathrm{d}x$（$a>0$）

解　因为 $\lim\limits_{x\to1^-}\frac{1}{\sqrt{1-x^2}}=+\infty$，所以 $x=1$ 为被积函数的无穷间断点，于是

$$\int_0^1\frac{1}{\sqrt{1-x^2}}\mathrm{d}x=\lim_{\varepsilon\to0^+}\int_0^{1-\varepsilon}\frac{1}{\sqrt{1-x^2}}\mathrm{d}x=\lim_{\varepsilon\to0^+}[\arcsin x]_0^{1-\varepsilon}$$

$$=\lim_{\varepsilon\to0^+}\arcsin(1-\varepsilon)=\arcsin1=\frac{\pi}{2}$$

该广义积分的几何意义是：位于曲线 $y=\frac{1}{\sqrt{1-x^2}}$ 之下，x 轴之上，直线 $x=0$ 与 $x=1$ 之间的图形面积（见图 5-10）.

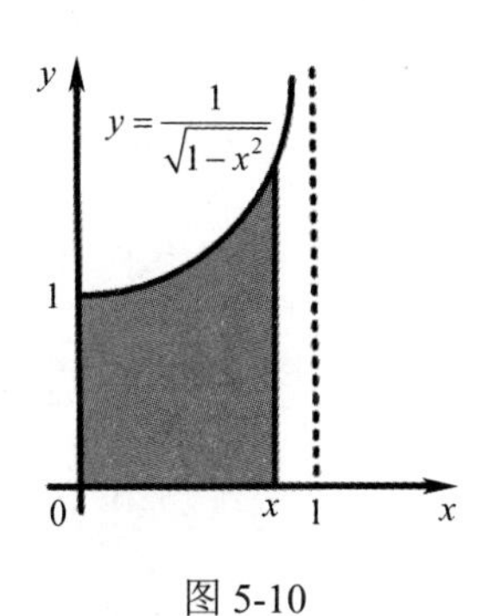

图 5-10

计算无界函数的广义积分也可借助牛顿-莱布尼茨公式.

设 $x=a$ 为函数 $f(x)$ 在区间 $(a,b]$ 上的瑕点，$F(x)$ 为 $f(x)$ 的一个原函数，且 $\lim\limits_{x\to a^+}F(x)$ 存在，那么广义积分 $\int_a^b f(x)\mathrm{d}x=F(b)-\lim\limits_{x\to a^+}F(x)=F(b)-F(a^+)$，若 $\lim\limits_{x\to a^+}F(x)$ 不存在，则广义积分 $\int_a^b f(x)\mathrm{d}x$ 发散．所以**形式上**我们仍有 $\int_a^b f(x)\mathrm{d}x=F(x)\big|_a^b$，只是这里的 $F(x)\big|_a^b=F(b)-F(a^+)$.

所以例 5 的计算过程还可写为

$$\int_0^1\frac{1}{\sqrt{1-x^2}}\mathrm{d}x=\arcsin x\big|_0^1=\lim_{x\to1^-}\arcsin x-\arcsin0=\frac{\pi}{2}$$

例 6　计算广义积分 $\int_0^1\ln x\mathrm{d}x$.

解 $\int_0^1 \ln x\mathrm{d}x = (x\ln x)\big|_0^1 - \int_0^1 x(\ln x)'\mathrm{d}x = 0 - \lim\limits_{x\to 0^+} x\ln x - \int_0^1 1\mathrm{d}x$

$$= -\lim_{x\to 0^+} x\ln x - 1 = -\lim_{x\to 0^+}\frac{\ln x}{\frac{1}{x}} - 1$$

5.3 反常积分小结

$$= -\lim_{x\to 0^+}\frac{\frac{1}{x}}{\frac{1}{-x^2}} - 1 = \lim_{x\to 0^+} x - 1 = -1$$

例 7 证明广义积分 $\int_0^1 \frac{1}{x^p}\mathrm{d}x$ 当 $p<1$ 时收敛，当 $p\geqslant 1$ 时发散.

证明 当 $p=1$ 时，$\int_0^1 \frac{1}{x}\mathrm{d}x = \lim\limits_{\varepsilon\to 0^+}\int_\varepsilon^1 \frac{1}{x}\mathrm{d}x = \lim\limits_{\varepsilon\to 0^+}\ln x\Big|_\varepsilon^1 = \lim\limits_{\varepsilon\to 0^+}[-\ln\varepsilon] = +\infty$；当 $p\neq 1$ 时，$\int_0^1 \frac{1}{x^p}\mathrm{d}x = \lim\limits_{\varepsilon\to 0^+}\int_\varepsilon^1 \frac{\mathrm{d}x}{x^p} = \lim\limits_{\varepsilon\to 0^+}\frac{x^{1-p}}{1-p}\Big|_\varepsilon^1 = \begin{cases} +\infty, & p>1 \\ \frac{1}{1-p}, & p<1 \end{cases}$. 所以，当 $p<1$ 时，该广义积分收敛；当 $p\geqslant 1$ 时，该广义积分发散.

习题 5.4 答案

习题 5.4

1．判定下列各广义积分的敛散性，若收敛，计算广义积分的值：

（1）$\int_1^{+\infty}\frac{1}{\sqrt[3]{x}}\mathrm{d}x$；　（2）$\int_1^{+\infty}\frac{1}{x^3}\mathrm{d}x$；

（3）$\int_0^{+\infty} x\mathrm{e}^{-x}\mathrm{d}x$；　（4）$\int_0^{+\infty} x^2\mathrm{e}^{-x}\mathrm{d}x$；

（5）$\int_{-\infty}^0 \mathrm{e}^x\mathrm{d}x$；　（6）$\int_0^{+\infty}\mathrm{e}^{-kx}\mathrm{d}x\ (k>0)$；

（7）$\int_2^{+\infty}\frac{1}{x\ln x}\mathrm{d}x$；　（8）$\int_0^{+\infty}\frac{1}{x\ln^2 x}\mathrm{d}x$；

（9）$\int_{\frac{2}{\pi}}^{+\infty}\frac{1}{x^2}\sin\frac{1}{x}\mathrm{d}x$；　（10）$\int_0^{+\infty}\frac{x}{(1+x^2)^2}\mathrm{d}x$；

（11）$\int_0^{+\infty}\mathrm{e}^{-x}\sin x\mathrm{d}x$；　（12）$\int_0^{+\infty}\mathrm{e}^{-\sqrt{x}}\mathrm{d}x$；

（13）$\int_0^{+\infty}\frac{1}{(1+x)(1-x)}\mathrm{d}x$；　（14）$\int_2^{+\infty}\frac{1}{x^2+x-2}\mathrm{d}x$；

（15）$\int_{-\infty}^{+\infty}\frac{1}{x^2+2x+2}\mathrm{d}x$；　（16）$\int_{-\infty}^{+\infty}\frac{1}{1+x+x^2}\mathrm{d}x$.

2．计算下列各广义积分的值：

（1）$\int_{-1}^{1}\frac{1}{\sqrt{1-x^2}}\mathrm{d}x$；（2）$\int_{0}^{1}\frac{1}{(1-x)^2}\mathrm{d}x$；

（3）$\int_{0}^{1}\frac{1}{\sqrt{1-x}}\mathrm{d}x$；（4）$\int_{1}^{2}\frac{x}{\sqrt{x-1}}\mathrm{d}x$；

（5）$\int_{0}^{1}\ln^2 x\mathrm{d}x$；（6）$\int_{0}^{1}\ln\frac{1}{1-x^2}\mathrm{d}x$；

（7）$\int_{1}^{2}\frac{1}{x\ln x}\mathrm{d}x$；（8）$\int_{0}^{1}\frac{\arcsin x}{\sqrt{1-x^2}}\mathrm{d}x$；

（9）$\int_{0}^{1}\frac{x}{\sqrt{1-x^2}}\mathrm{d}x$；（10）$\int_{1}^{\mathrm{e}}\frac{\mathrm{d}x}{x\sqrt{1-(\ln x)^2}}$．

3．计算下列各广义积分：

（1）$\int_{1}^{+\infty}\frac{1}{\mathrm{e}^x+\mathrm{e}^{2-x}}\mathrm{d}x$；（2）$\int_{1}^{+\infty}\frac{\arctan x}{x^2}\mathrm{d}x$；

（3）$\int_{1}^{+\infty}\frac{1}{x\sqrt{x^2-1}}\mathrm{d}x$；（4）$\int_{0}^{1}\frac{x}{(2-x^2)\sqrt{1-x^2}}\mathrm{d}x$；

（5）$\int_{\frac{1}{2}}^{\frac{3}{2}}\frac{1}{\sqrt{|x-x^2|}}\mathrm{d}x$．

第 5 章测试题

第 6 章　定积分的应用

本章我们将应用前面学过的定积分理论来分析和解决一些几何、物理方面的问题．列举这些例子，不仅在于介绍如何建立计算这些几何、物理量的公式，而且更重要的是介绍运用“微元法”将所求的量归结为定积分的方法．

6.1　定积分的微元法

在利用定积分解决实际问题时，常采用“**微元法**”．为了说明这种方法，我们先回顾一下用定积分求解曲边梯形面积问题的方法和步骤．

如图 6-1 所示，设 $f(x)$ 在区间 $[a,b]$ 上连续，且 $f(x)\geqslant 0$，求以曲线 $y=f(x)$ 为曲边的 $[a,b]$ 上的曲边梯形的面积 A．把这个面积 A 表示为定积分，即 $A=\int_a^b f(x)\mathrm{d}x$，求面积 A 的思路是“**分割、近似求和、取极限**”．

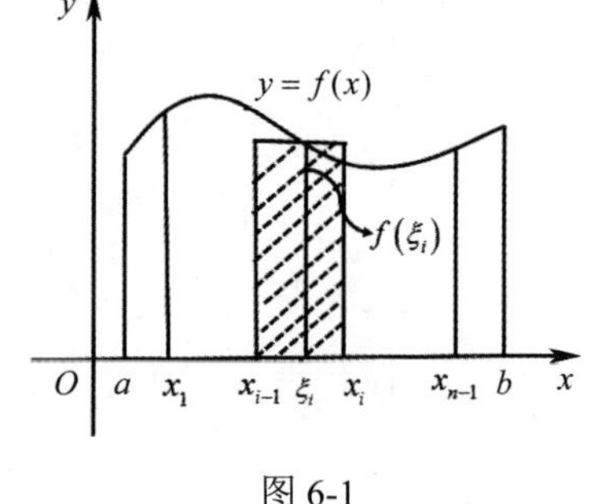

图 6-1

第一步：将 $[a,b]$ 分成 n 个小区间，相应地把曲边梯形分成 n 个小曲边梯形，其面积记作 $\Delta A_i(i=1,2,\cdots,n)$，则

$$A=\sum_{i=1}^{n}\Delta A_i$$

第二步：计算每个小区间上面积 ΔA_i 的近似值，即

$$\Delta A_i \approx f(\xi_i)\Delta x_i\ (x_{i-1}\leqslant \xi_i \leqslant x_n)$$

第三步：求和，得 A 的近似值为

$$A\approx\sum_{i=1}^{n}f(\xi_i)\Delta x_i$$

第四步：取极限，得 $A=\lim\limits_{\lambda\to 0}\sum_{i=1}^{n}f(\xi_i)\Delta x_i=\int_a^b f(x)\mathrm{d}x$，其中 $\lambda=\max\{\Delta x_1,\Delta x_2,\cdots,\Delta x_n\}$．

在上述问题中我们注意到，所求量（即面积 A）与区间 $[a,b]$ 有关，如果把区间 $[a,b]$ 分成许多部分区间，则所求量相应地分成许多部分量（ΔA_i），而所求量等于所有部分量之和（如 $A=\sum_{i=1}^{n}\Delta A_i$），这一性质称为所求量对于区间 $[a,b]$ 具有可加性.

在上述计算曲边梯形的面积时，四步中最关键是第二、四两步，有了第二步中的 $\Delta A_i \approx f(\xi_i)\Delta x_i$，积分的主要形式就已经形成. 为了以后使用方便，可把上述四步概括为下面两步，设所求量为 U，区间为 $[a,b]$.

第一步：在区间 $[a,b]$ 上任取一小区间 $[x,x+\mathrm{d}x]$，并求出相应于这个小区间的部分量 ΔU 的近似值，如果 ΔU 能近似地表示为 $f(x)$ 在 $[x,x+\mathrm{d}x]$ 左端点 x 处的值与 $\mathrm{d}x$ 的乘积 $f(x)\mathrm{d}x$，就把 $f(x)\mathrm{d}x$ 称为所求量 U 的微元，记作 $\mathrm{d}U$，即

$$\mathrm{d}U=f(x)\mathrm{d}x$$

第二步：以所求量 U 的微元 $\mathrm{d}U=f(x)\mathrm{d}x$ 为被积表达式，在 $[a,b]$ 上作定积分，得

$$U=\int_a^b f(x)\mathrm{d}x$$

这就是所求量 U 的积分表达式.

这个方法称为**“微元法”**，下面我们将应用此方法来讨论几何、物理中的一些问题.

习题 6.1

1．设有一线密度为 $\mu=\mu(x)$ 的非均匀细直棒，为计算它从 $x=a$ 到 $x=b$ 之间的这一段的质量 m：

（1）写出在 $x=a$ 与 $x=b$ 两点之间的任意一小段上细直棒的质量微元 $\mathrm{d}m$.

（2）将 a、b 两点之间的这一段的细直棒的质量 m 表示出来.

2．设一物体沿直线运动，它在时刻 t 的速度为 $v(t)$，为计算它在时间间隔 $[T_1,T_2]$ 内所经过的路程 s：

（1）写出在 $[T_1,T_2]$ 内的任意一小段时间内物体运动的路程微元 $\mathrm{d}s$.

（2）将物体在 $[T_1,T_2]$ 这段时间内经过的路程 s 表示出来.

6.2　定积分在几何学上的应用

6.2.1　平面图形的面积

1．直角坐标情形

根据定积分的几何意义，由曲线 $y=f(x)(f(x)\geqslant 0)$ 及直线 $x=a$、$x=b(a<b)$ 与 x 轴所围成曲边梯形（见图 6-2）的面积为

$$S=\int_a^b f(x)\mathrm{d}x$$

其中被积表达式 $f(x)\mathrm{d}x$ 就是面积微元.

当 $f(x)\leqslant 0$ 时（见图 6-3），$S=-\int_a^b f(x)\mathrm{d}x$.

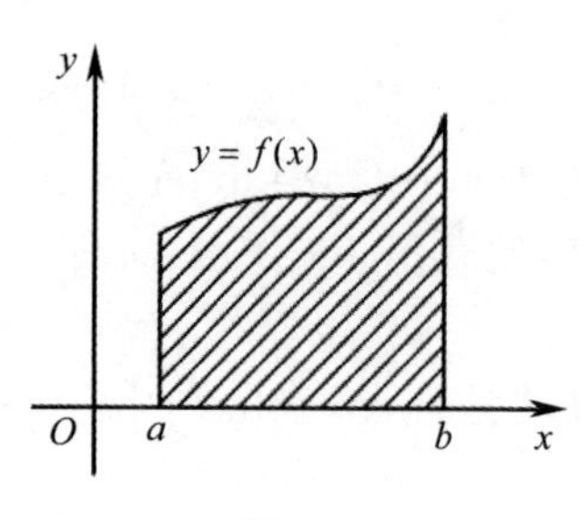

图 6-2

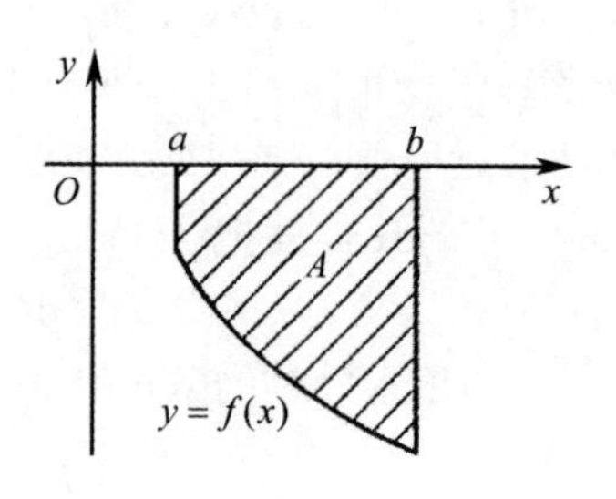

图 6-3

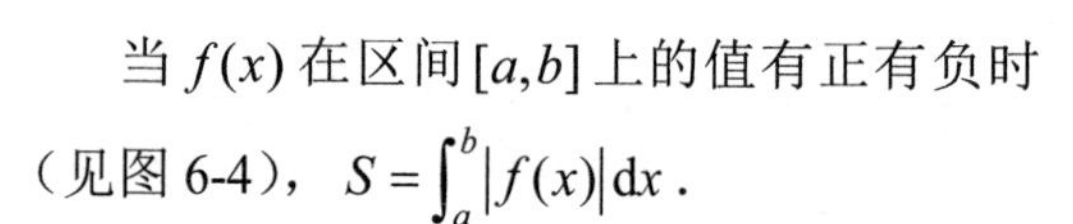

当 $f(x)$ 在区间 $[a,b]$ 上的值有正有负时（见图 6-4），$S=\int_a^b |f(x)|\mathrm{d}x$.

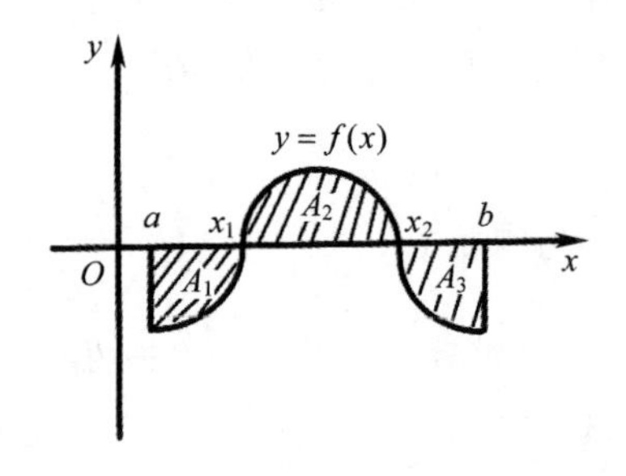

图 6-4

应用定积分，不但可以计算曲边梯形的面积，还可以计算一些比较复杂的平面图形的面积.

（1）设平面图形由连续曲线 $y=f_1(x)$，$y=f_2(x)$ 及直线 $x=a$，$x=b$ 所围成，并且在 $[a,b]$ 上 $f_1(x)\geqslant f_2(x)$（见图 6-5 和图 6-6），那么这块图形的面积为

$$A=\int_a^b [f_1(x)-f_2(x)]\mathrm{d}x \tag{6-1}$$

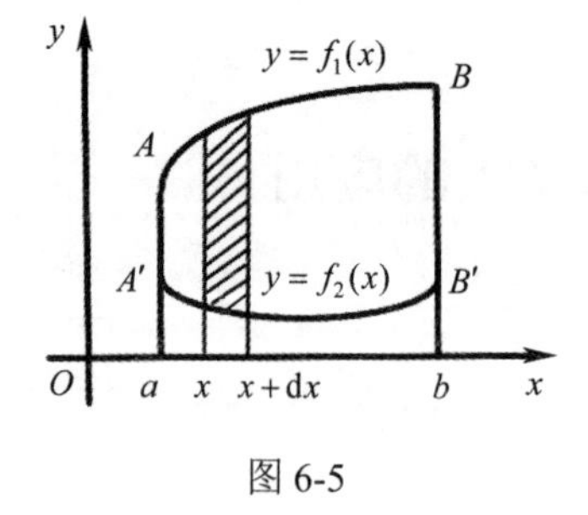

图 6-5

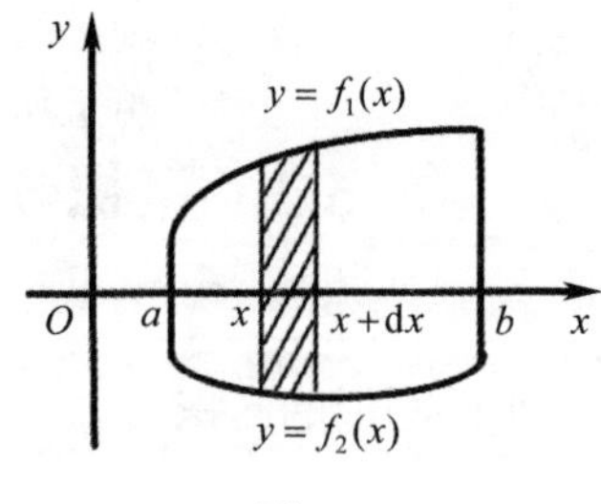

图 6-6

事实上，在 $[a,b]$ 上的任一小区间 $[x,x+\mathrm{d}x]$ 上的**面积微元**为

$$\mathrm{d}A=[f_1(x)-f_2(x)]\mathrm{d}x$$

于是所求平面图形的面积为

$$A=\int_a^b[f_1(x)-f_2(x)]\mathrm{d}x$$

当然，由连续曲线 $y=f_1(x)$，$y=f_2(x)$ 及直线 $x=a$，$x=b$ 所围成的封闭图形面积也可看作从大的曲边梯形中减去小的曲边梯形面积（见图 6-5）．为了方便描述记忆，有时把这种类型简称为 **X 型**，同理我们还有 **Y 型**，如下所述．

（2）设平面图形由连续曲线 $x=g_1(y)$，$x=g_2(y)$ 及直线 $y=c$，$y=d$ 所围成，并且在 $[c,d]$ 上 $g_1(y)\geqslant g_2(y)$（见图 6-7），那么所求平面图形的面积为

$$A=\int_c^d[g_1(y)-g_2(y)]\mathrm{d}y \tag{6-2}$$

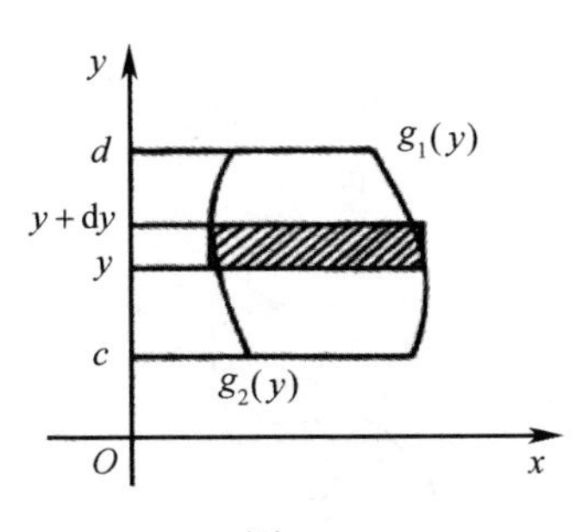

图 6-7

例 1　计算由两条抛物线 $y=x^2$ 和 $y=2-x^2$ 所围平面图形的面积．

解　首先画出图形（见图 6-8），并联立方程组 $\begin{cases}y=x^2\\y=2-x^2\end{cases}$．

求出这两条曲线的交点，即 $(-1,1)$ 和 $(1,1)$，由此确定积分区间为 $[-1,1]$．

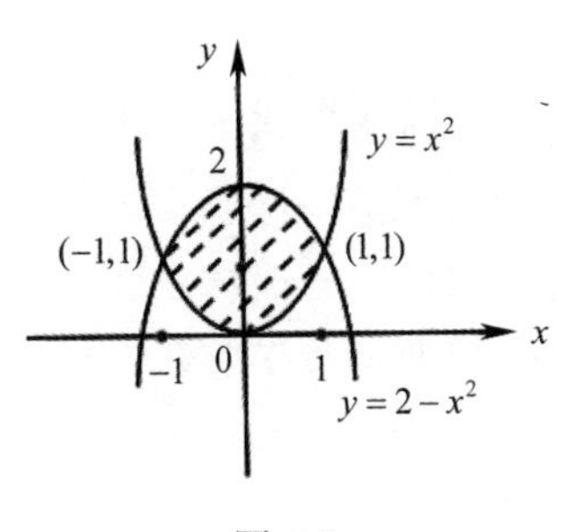

图 6-8

在区间 $[-1,1]$ 上，曲线 $y=2-x^2$ 位于曲线 $y=x^2$ 的上方，代入式（6-1）得所求面积为

$$A=\int_{-1}^{1}[2-x^2-x^2]\mathrm{d}x=2\int_{-1}^{1}(1-x^2)\mathrm{d}x$$

注意到图形的对称性和定积分在对称区间的性质，得

$$A=4\int_{0}^{1}[1-x^2]\mathrm{d}x=4\left(x-\frac{x^3}{3}\right)\bigg|_0^1=\frac{8}{3}$$

例 2 计算由两条抛物线 $y=x^2$ 和 $y=\sqrt{x}$ 所围平面图形的面积.

解 为了确定积分的上、下限，先画出图形（见图 6-9）并求出这两条曲线的交点 $(0,0)$ 和 $(1,1)$，若将图形看作 X 型，在区间 $[0,1]$ 上，$\sqrt{x}>x^2$，代入式（6-1）得所求面积为

$$A=\int_{0}^{1}[\sqrt{x}-x^2]\mathrm{d}x=\left(\frac{2}{3}x^{\frac{3}{2}}-\frac{1}{3}x^3\right)\bigg|_0^1=\frac{1}{3}$$

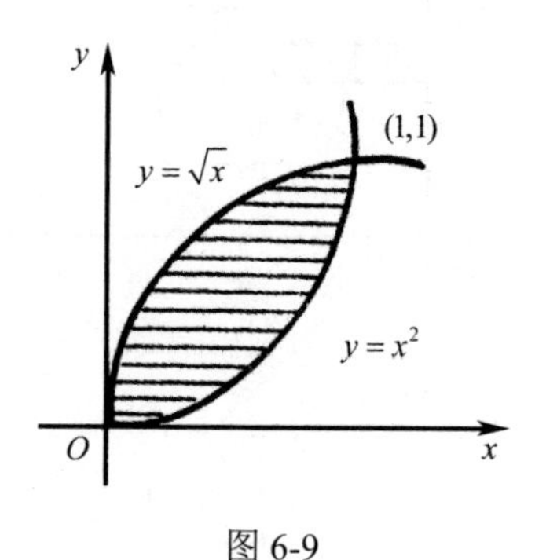

图 6-9

同理，还可将图形看作 Y 型，则在区间 $[0,1]$ 上 $\sqrt{y}\geqslant y^2$，代入式（6-2）得所求面积为

$$A=\int_{0}^{1}(\sqrt{y}-y^2)\mathrm{d}y=\frac{1}{3}$$

可见，两种类型下求得的结果是一样的，这是因为该图形具有一定的特殊性，一般情况下，并非所有图形都可用两种类型直接求解，如下例.

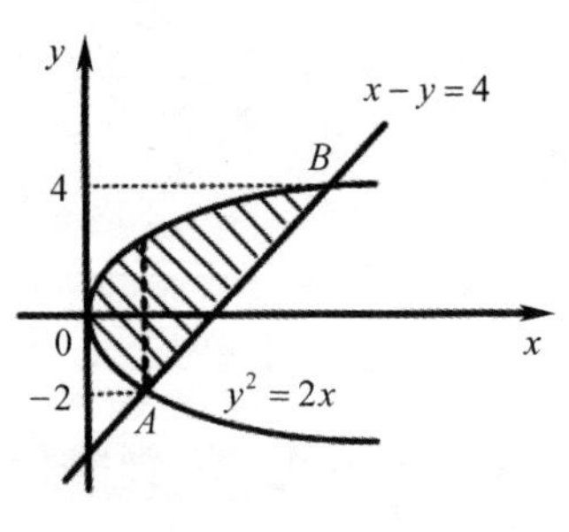

图 6-10

例 3 计算抛物线 $y^2=2x$ 与直线 $x-y=4$ 所围平面图形的面积.

解 画出图形（见图 6-10）并求出两条曲线的交点 $(2,-2)$ 和 $(8,4)$，如果将该图形看作 X

型，则在区间$[0,2]$上，$\sqrt{2x}>-\sqrt{2x}$；而在区间$[2,8]$上，$\sqrt{2x}>x-4$.

因此，不能直接应用式（6-1）求解，而需将图形划分后再进行求解.

用直线$x=2$将图形分成两部分，左侧图形的面积为

$$A_1=\int_0^2[\sqrt{2x}-(-\sqrt{2x})]\mathrm{d}x=2\sqrt{2}\left(\frac{2}{3}x^{\frac{3}{2}}\right)\Bigg|_0^2=\frac{16}{3}$$

右侧图形的面积为

$$A_2=\int_2^8[\sqrt{2x}-(x-4)]\mathrm{d}x=\left(\frac{2\sqrt{2}}{3}x^{\frac{3}{2}}-\frac{1}{2}x^2+4x\right)\Bigg|_2^8=\frac{38}{3}$$

故所求图形的面积为

$$A=A_1+A_2=\frac{16}{3}+\frac{38}{3}=18$$

如果将该图形看作Y型来求解，则在区间$[-2,4]$上，$y+4>\frac{1}{2}y^2$，代入式（6-2）得所求面积为

$$A=\int_{-2}^4\left(y+4-\frac{1}{2}y^2\right)\mathrm{d}y=\left(\frac{y^2}{2}+4y-\frac{y^3}{6}\right)\Bigg|_{-2}^4=18$$

由此可见，对同一问题，有时选取不同的积分变量进行计算，计算的难易程度往往不同，因此在实际计算时，应选取合适的积分变量，使计算过程得到简化.

2. 极坐标情形

6.1 极坐标导入

对于某些平面图形，用极坐标来计算其面积更为方便.

设由曲线$\rho=\varphi(\theta)$及射线$\theta=\alpha$、$\theta=\beta$围成一图形，我们称其为**曲边扇形**，现在计算其面积（见图 6-11）.

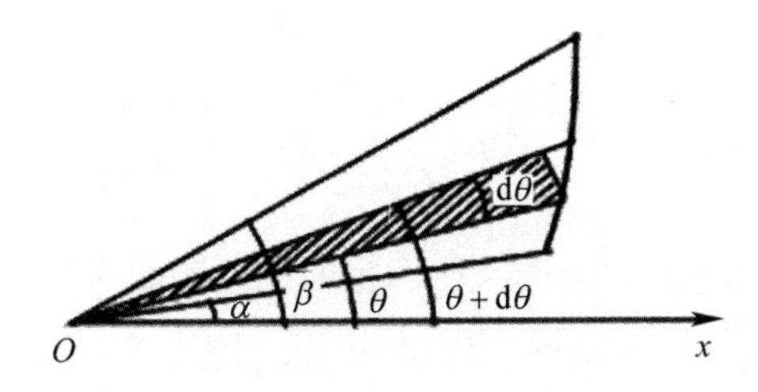

图 6-11

曲线$\varphi(\theta)$在$[\alpha,\beta]$上连续，且$\theta\geqslant 0$，取极角θ为积分变量，它的变化区间为$[\alpha,\beta]$，相应地，任一小区间$[\theta,\theta+\mathrm{d}\theta]$的窄曲边扇形的面积可以用半径为$\rho=\varphi(\theta)$、中心角为$\mathrm{d}\theta$的圆扇形的面积来近似代替，从而得到这个窄曲边扇形的

面积的近似值，即**曲边扇形的面积微元**为

$$dA=\frac{1}{2}[\varphi(\theta)]^2\,d\theta$$

便得所求曲边扇形的面积为

$$A=\int_{\alpha}^{\beta}\frac{1}{2}[\varphi(\theta)]^2\,d\theta \tag{6-3}$$

例 4 计算心形线 $\rho=a(1+\cos\theta)$（$a>0$）所围平面图形的面积.

解 心形线所围平面图形如图 6-12 所示，这个图形对称于极轴，因此所求图形的面积 A 是极轴以上部分图形面积的 2 倍. 即所求面积为

$$\begin{aligned}A&=2\int_0^{\pi}\frac{1}{2}a^2(1+\cos\theta)^2d\theta=a^2\int_0^{\pi}(1+2\cos\theta+\cos^2\theta)d\theta\\&=a^2\int_0^{\pi}\left(\frac{3}{2}+2\cos\theta+\frac{1}{2}\cos2\theta\right)d\theta\\&=a^2\left(\frac{3}{2}\theta+2\sin\theta+\frac{1}{4}\sin2\theta\right)\Bigg|_0^{\pi}\\&=\frac{3}{2}\pi a^2\end{aligned}$$

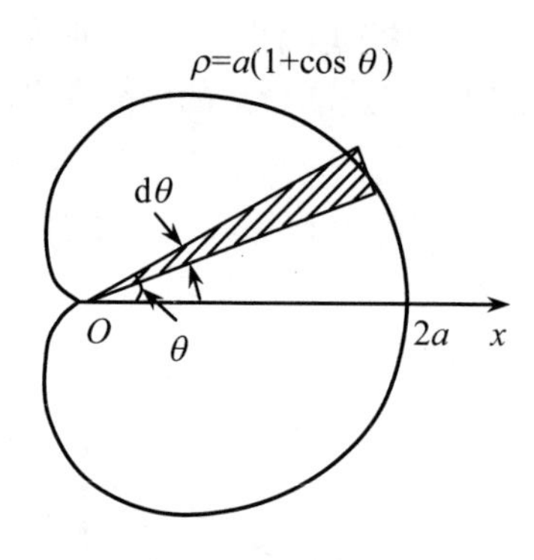

图 6-12

例 5 计算双纽线 $r^2=a^2\cos2\theta$ 所围平面图形的面积.

解 双纽线所围平面图形如图 6-13 所示，因为 $r^2\geqslant0$，故 θ 的取值范围是 $\left[-\frac{\pi}{4},\frac{\pi}{4}\right]$ 及 $\left[\frac{3\pi}{4},\frac{5\pi}{4}\right]$，由图形的对称性，可知所求面积为

$$A=4\int_0^{\frac{\pi}{4}}\frac{1}{2}a^2\cos2\theta d\theta=2a^2\int_0^{\frac{\pi}{4}}\cos2\theta d\theta=2a^2\cdot\frac{1}{2}\sin2\theta\Bigg|_0^{\frac{\pi}{4}}=a^2$$

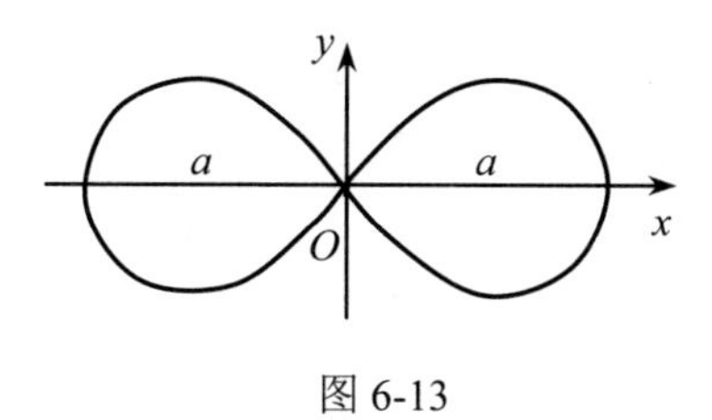

图 6-13

6.2.2　体积

1．已知平行截面的立体体积

设有一立体（见图 6-14），其垂直于 x 轴的截面面积是已知连续函数 $S(x)$，且立体位于 $x=a$、$x=b$ 两点处垂直于 x 轴的两个平面之间，求此立体的体积．

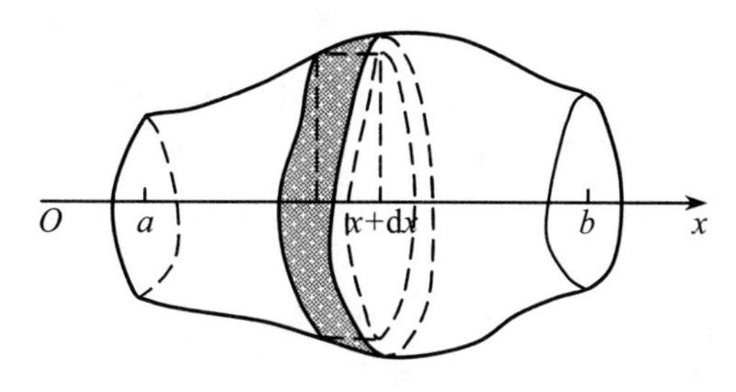

图 6-14

在区间 $[a,b]$ 上任取一个小区间 $[x,x+\mathrm{d}x]$，此区间对应的小立体体积可以用底面积为 $S(x)$、高为 $\mathrm{d}x$ 的扁柱体的体积 $\mathrm{d}V=S(x)\mathrm{d}x$ 近似代替，即**体积微元** $\mathrm{d}V=S(x)\mathrm{d}x$，于是所求立体的体积为

$$V=\int_a^b S(x)\mathrm{d}x \tag{6-4}$$

例 6　一平面经过半径为 R 的圆柱体的底面直径 AB，并与底面的交角为 α，求此平面截圆柱体所得楔形的体积（见图 6-15）．

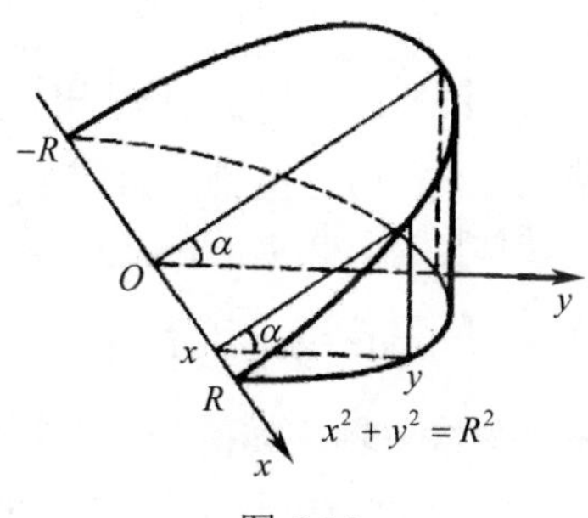

图 6-15

解 取直径 AB 所在的直线为 x 轴，底面中心 O 为原点，这时垂直于 x 轴的各个截面都是直角三角形，它的一个锐角为 α，这个锐角的邻边长度为 $\sqrt{R^2-x^2}$，这样截面面积为

$$S(x)=\frac{1}{2}(R^2-x^2)\tan\alpha$$

因此所求体积为

$$V=\int_{-R}^{R}\frac{1}{2}(R^2-x^2)\tan\alpha\mathrm{d}x=\frac{1}{2}\tan\alpha\left(R^2x-\frac{x^3}{3}\right)\bigg|_{-R}^{R}=\frac{2}{3}R^3\tan\alpha$$

2. 旋转体的体积

旋转体就是由一个平面图形绕着平面内一条直线旋转一周而成的立体，这条直线叫作**旋转轴**．例如，圆柱体可看作是绕矩形的其中一边旋转而成的立体；球体可看作是半圆绕它的直径旋转一周所得的立体．上述旋转体都可看作是由规则图形旋转而成的立体，下面我们研究由不规则平面图形旋转而得旋转体的体积．

设有一曲边梯形，由连续曲线 $y=f(x)$，x 轴及直线 $x=a$、$x=b$ 所围成，求此曲边梯形绕 x 轴旋转一周所形成的旋转体（见图 6-16）的体积．

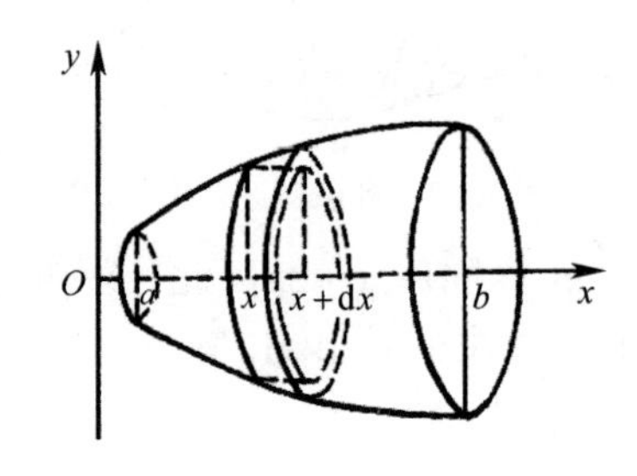

图 6-16

在 $[a,b]$ 上任取一个区间 $[x,x+\mathrm{d}x]$，如图 6-16 所示．在点 x 处垂直于 x 轴的截面是半径等于 $y=f(x)$ 的圆，因此截面面积 $A(x)=\pi y^2=\pi[f(x)]^2$．由式（6-4）得旋转体体积为

$$V=\pi\int_{a}^{b}y^2\mathrm{d}x=\pi\int_{a}^{b}[f(x)]^2\mathrm{d}x \tag{6-5}$$

同理，可求出由连续曲线 $x=g(y)$、y 轴及直线 $y=c$、$y=d$ 所围成曲边梯形绕 y 轴旋转一周所形成的旋转体的体积，如图 6-17 所示，其体积为

$$V=\pi\int_{a}^{b}x^2\mathrm{d}x=\pi\int_{c}^{d}[g(y)]^2\mathrm{d}y \tag{6-6}$$

有时，我们为了将绕 x 轴与绕 y 轴旋转两种情况加以区分，特记 V_x 为绕 x 轴旋转而得到的旋转体的体积，V_y 为绕 y 轴旋转而得到的旋转体的体积．

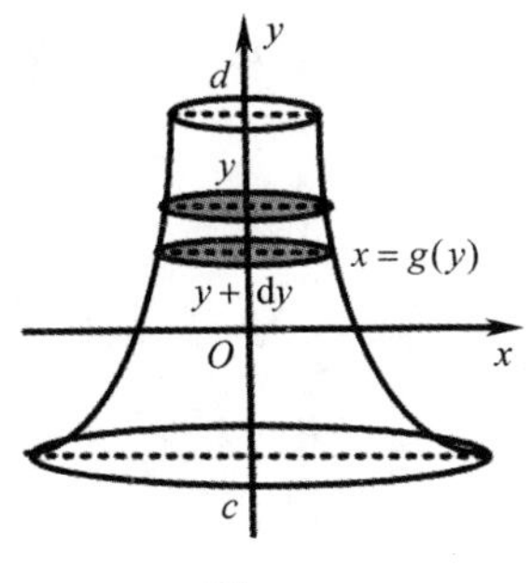

图 6-17

例 7　将抛物线 $y=x^2$、x 轴及直线 $x=0$、$x=2$ 所围成的平面图形绕 x 轴旋转，求所形成的旋转体（见图 6-18）的体积.

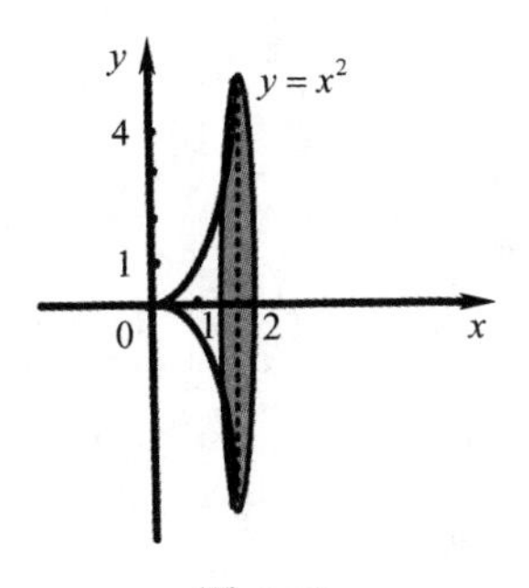

图 6-18

解　根据式（6-5）得

$$V=\pi\int_0^2 y^2\mathrm{d}x=\pi\int_0^2 x^4\mathrm{d}x=\frac{32}{5}\pi$$

例 8　求椭圆 $\dfrac{x^2}{a^2}+\dfrac{y^2}{b^2}=1$ 分别绕 x 轴与 y 轴旋转所成的旋转椭球体（见图 6-19）的体积.

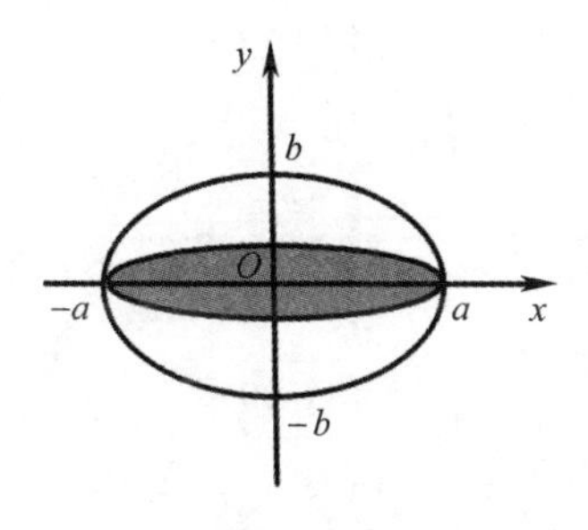

图 6-19

解　绕 x 轴，这个旋转椭球体可以看作是半个椭圆 $y=\frac{b}{a}\sqrt{a^2-x^2}$ 与 x 轴围成的图形绕 x 轴旋转一周而成，从而有

$$V_x=\pi\int_{-a}^{a}\left[\frac{b}{a}\sqrt{a^2-x^2}\right]^2\mathrm{d}x=\frac{b^2}{a^2}\pi\int_{-a}^{a}(a^2-x^2)\mathrm{d}x$$

$$=2\pi\frac{b^2}{a^2}\left(a^2x-\frac{x^3}{3}\right)\Bigg|_0^a=\frac{4}{3}\pi ab^2$$

同理绕 y 轴所得的旋转体的体积为

$$V_y=\pi\int_{-b}^{b}\left[\frac{a}{b}\sqrt{b^2-y^2}\right]^2\mathrm{d}y=\frac{4}{3}\pi a^2b$$

可见，同一图形绕 x 轴和 y 轴旋转后所得图形并不相同．

下面我们来看一种特殊的情况，若平面图形是由连续曲线 $y=f_1(x)$、$y=f_2(x)$［不妨设 $0\leqslant f_1(x)\leqslant f_2(x)$］及 $x=a$、$x=b$ 所围成的平面图形，则该图形绕 x 轴旋转一周所形成旋转体的体积为

$$V=\pi\int_0^2[f_2^2(x)-f_1^2(x)]\mathrm{d}x \tag{6-7}$$

例 9　求圆 $x^2+(y-b)^2=a^2$ $(0<a<b)$ 绕 x 轴旋转所形成旋转体的体积．

解　由图 6-20 知，该旋转体是由 $y_1=b+\sqrt{a^2-x^2}$ 、$y_2=b-\sqrt{a^2-x^2}$ 、$x=a$ 及 $x=-a$ 围成的平面图形绕 x 轴旋转所形成的旋转体．由式（6-7）知

$$V=\pi\int_{-a}^{a}[(b+\sqrt{a^2-x^2})^2-(b-\sqrt{a^2-x^2})^2]\mathrm{d}x=\pi\int_{-a}^{a}4b\sqrt{a^2-x^2}\mathrm{d}x$$

$$=4b\pi\left(\frac{a^2}{2}\arcsin\frac{x}{a}+\frac{x}{2}\sqrt{a^2-x^2}\right)\Bigg|_{-a}^{a}=2\pi^2a^2b$$

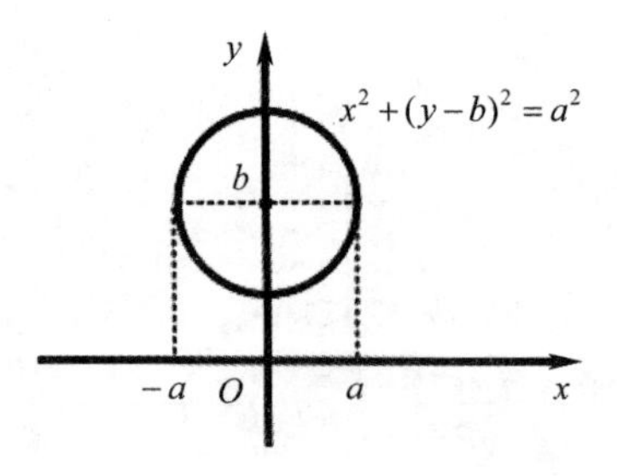

图 6-20

用类似的方法可求得曲线 $x=g_1(y)$、$x=g_2(y)$［不妨设 $0\leqslant g_1(y)\leqslant g_2(y)$］及直线 $y=c$、$y=d(c<d)$ 所围成的图形绕 y 轴旋转一周而形成的旋转体的体积为

$$V = \pi\int_c^d [g_2^2(y) - g_1^2(y)]\mathrm{d}y \qquad (6\text{-}8)$$

6.2.3 平面曲线的弧长

在平面几何中，直线的长度容易计算，而曲线（除圆弧外）长度的计算比较困难，现在就讨论这一问题．这里我们**假设所求曲线弧是光滑的**.

1．直角坐标情形

设函数 $y = f(x)$ 具有一阶连续导数，计算曲线 $y = f(x)$ 上相应于 x 从 a 到 b 的一段弧长（见图 6-21）.

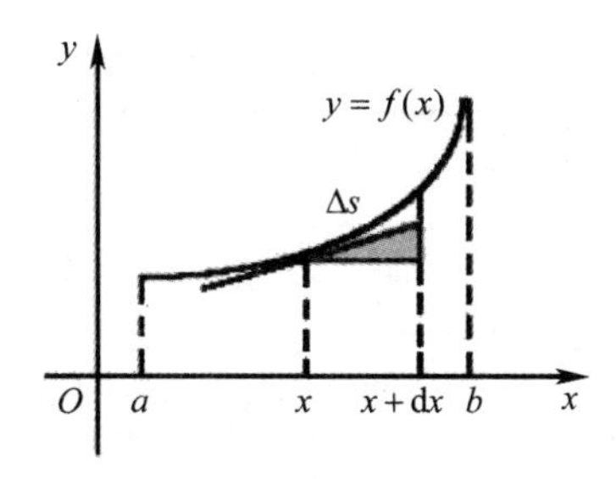

图 6-21

取 x 为积分变量，它的变化区间为 $[a,b]$．在 $[a,b]$ 上任取一个小区间 $[x,x+\mathrm{d}x]$，与该区间相应的小段弧的长度可以用该曲线在点 $(x,f(x))$ 处的切线上相应的一小段长度来近似代替，从而得到**弧长微元** $\mathrm{d}S = \sqrt{(\mathrm{d}x)^2 + (\mathrm{d}y)^2} = \sqrt{1+y'^2}\mathrm{d}x$，于是所求弧长为

$$S = \int_a^b \sqrt{1+y'^2}\mathrm{d}x \qquad (6\text{-}9)$$

例 10 求抛物线 $y = \dfrac{1}{2}x^2$ 在点 $O(0,0)$、$A(2,2)$ 之间的一段弧长.

解 由式（6-9），得所求弧长为

$$S = \int_0^2 \sqrt{1+y'^2}\mathrm{d}x = \int_0^2 \sqrt{1+x^2}\mathrm{d}x = \left[\frac{x}{2}\sqrt{1+x^2} + \frac{1}{2}\ln(x+\sqrt{1+x^2})\right]_0^2$$

$$= \sqrt{5} + \frac{1}{2}\ln(2+\sqrt{5})$$

2．参数方程情形

设曲线的参数方程为 $\begin{cases} x = \varphi(t) \\ y = \psi(t) \end{cases}$ （$\alpha \leqslant t \leqslant \beta$），计算这段曲线的弧长.

取参数 t 为积分变量，它的变化区间为 $[\alpha,\beta]$，**弧长微元**为

$$dS=\sqrt{(dx)^2+(dy)^2}=\sqrt{[\varphi'(t)dt]^2+[\psi'(t)dt]^2}=\sqrt{\varphi'^2(t)+\psi'^2(t)}dt$$

于是所求弧长为

$$S=\int_{\alpha}^{\beta}\sqrt{\varphi'^2(t)+\psi'^2(t)}dt \tag{6-10}$$

例 11 求摆线 $\begin{cases}x=a(t-\sin t)\\ y=a(1-\cos t)\end{cases}$（见图 6-22）一拱$(0\leqslant t\leqslant 2\pi)$的长度（其中 $a>0$）.

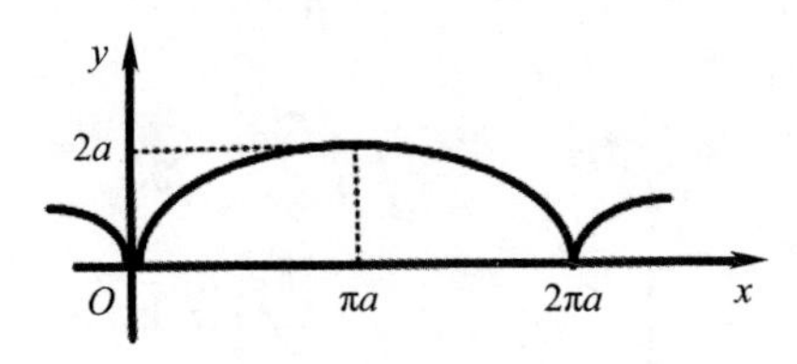

图 6-22

解 由式（6-10）得所求弧长为

$$S=\int_0^{2\pi}\sqrt{a^2(1-\cos t)^2+a^2\sin^2 t}dt=a\int_0^{2\pi}\sqrt{2(1-\cos t)}dt$$

$$=2a\int_0^{2\pi}\sin\frac{t}{2}dt=2a\left(-2\cos\frac{t}{2}\right)\Bigg|_0^{2\pi}=8a$$

3. 极坐标情形

设曲线的极坐标方程为

$$\rho=\rho(\theta)(\alpha\leqslant\theta\leqslant\beta)$$

其中 $\rho=\rho(\theta)$ 在 $[\alpha,\beta]$ 上具有连续导数，则由直角坐标与极坐标的关系可得

$$\begin{cases}x=x(\theta)=\rho(\theta)\cos\theta\\ y=y(\theta)=\rho(\theta)\sin\theta\end{cases}(\alpha\leqslant\theta\leqslant\beta)$$

于是所求**弧长微元**为

$$ds=\sqrt{x'^2(\theta)+y'^2(\theta)}d\theta=\sqrt{[(\rho(\theta)\cos\theta)']^2+[(\rho(\theta)\sin\theta)']^2}d\theta$$

则所求弧长为

$$S=\int_{\alpha}^{\beta}\sqrt{\rho^2(\theta)+\rho'^2(\theta)}d\theta \tag{6-11}$$

例 12 求阿基米德螺线 $\rho=a\theta(a>0)$ 对应于 $0\leqslant\theta\leqslant 2\pi$ 上的一段弧长（见图 6-23）.

解 弧长微元为 $dS=\sqrt{a^2\theta^2+a^2}d\theta=a\sqrt{1+\theta^2}d\theta$，于是所求弧长为

$$S=a\int_0^{2\pi}\sqrt{1+\theta^2}d\theta=\frac{a}{2}[2\pi\sqrt{1+4\pi^2}+\ln(2\pi+\sqrt{1+4\pi^2})]$$

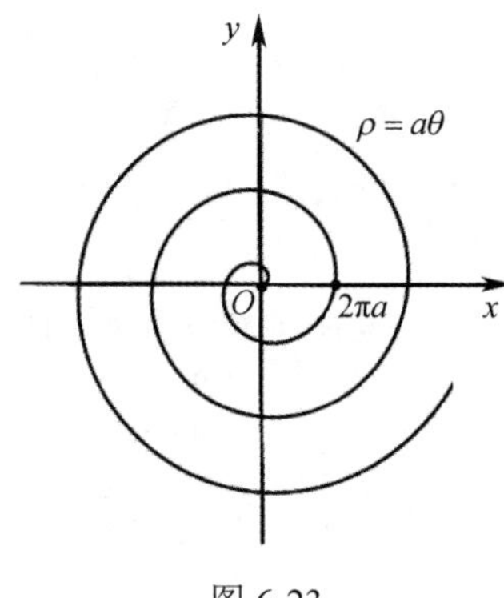

图 6-23

值得注意的是，计算弧长时，由于被积函数是正的，因此为使求出的弧长值为正，定积分确定上下限时应要求**下限小于上限**.

习题 6.2 答案

习题 6.2

1．求由下列曲线围成的平面图形的面积：

（1）$y=\sqrt{x}$，$y=x$；　（2）$y=x^3$，$y=2x$；

（3）$y=x^2-1$，$y=x+1$；　（4）$y=3-x^2$，$y=2x$；

（5）$y=\dfrac{1}{x}$，$y=x$，$x=2$；　（6）$y=\mathrm{e}^x$，$y=\mathrm{e}^{-x}$，$x=1$；

（7）$y=x^2$，$y=\dfrac{1}{4}x^2$，$y=1$；　（8）$y=x^2$，$y=2x-1$，$y=0$；

（9）$y=\cos x$，$x=0$，$x=2\pi$，$y=0$；

（10）$y=\cos x$，$x=0$，$x=\dfrac{\pi}{2}$，$y=2$；

（11）$y=\sqrt{x}$，$y=\sin x$，$x=\pi$；

（12）$y=\sin x$，$y=\cos x$，$x=0$，$x=\dfrac{\pi}{2}$；

（13）$y=\ln x$，$y=0$，$x=\mathrm{e}$；

（14）$y=\ln x$，$y=\ln a$，$y=\ln b$ 及 $x=0(a<b)$；

（15）$y=|\ln x|$，$y=0$，$x=\dfrac{1}{\mathrm{e}}$，$x=\mathrm{e}$；

（16）$y=|\lg x|$，$x=0.1$，$x=10$，$y=0$；

（17）$y=1-x^2$，$y=2x^2+3x-5$；

（18）$y=\dfrac{1}{2}x^2$，$y=\dfrac{1}{1+x^2}$，$x=-\sqrt{3}$，$x=\sqrt{3}$.

2．求t的值，使曲线$y=x^2$与$x=ty^2$（其中$t>0$，是常数）所围平面图形的面积是1.

3．求a，使$y=x-x^2$与$y=ax$所围平面图形的面积为$\dfrac{9}{2}$.

4．求曲线$y=x^3-3x+2$在x轴上介于两个极值点间的曲边梯形的面积.

5. 求抛物线$y=-x^2+4x-3$及其在点$(0,-3)$和$(3,0)$处的切线所围平面图形的面积.

6．求由抛物线与过$y^2=4ax$焦点的弦所围平面图形面积的最小值.

7．在第一象限内求曲线$y=-x^2+1$上的一点，使过该点的切线与所给曲线及两坐标轴所围平面图形面积最小，并求此最小面积.

8．求由下列曲线围成平面图形的面积：

（1）$r=a\sin 3\theta$（$a>0$）（三叶形曲线）；

（2）$r=2a(2+\cos 2\theta)$；

（3）$r=2a\cos\theta$.

9．双纽线$(x^2+y^2)^2=x^2-y^2$所围成的区域面积S_1（见图 6-24）可用定积分表示为（　　）.

A．$2\int_0^{\frac{\pi}{4}}\cos 2\theta \mathrm{d}\theta$　　　B．$4\int_0^{\frac{\pi}{4}}\cos 2\theta \mathrm{d}\theta$

C．$2\int_0^{-\frac{\pi}{4}}\cos 2\theta \mathrm{d}\theta$　　　D．$\dfrac{1}{2}\int_0^{\frac{\pi}{4}}(\cos 2\theta)^2 \mathrm{d}\theta$

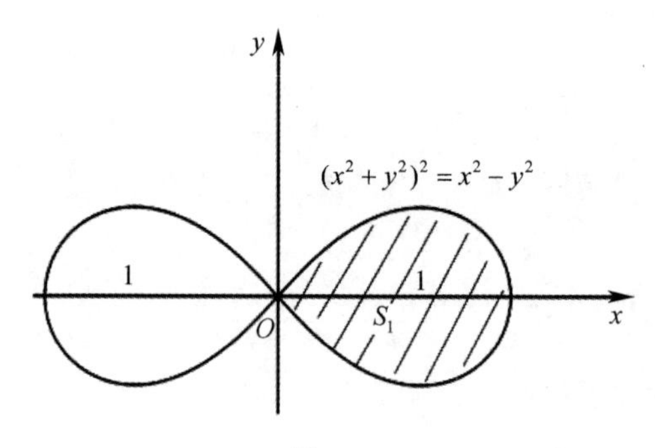

图 6-24

10．求对数螺线$r=a\mathrm{e}^{\theta}$（$-\pi\leqslant\theta\leqslant\pi$）与射线$\theta=\pi$所围平面图形的面积.

11．求由下列已知曲线所围成的图形，按指定的轴旋转所形成旋转体的体积：

（1）$y=x^2$，$x=y^2$，绕 x 轴；

（2）$x^2+y^2=2$，$y=x^2$，绕 x 轴；

（3）$xy=3$，$x+y=4$，绕 y 轴；

（4）$x^2+(y-5)^2=16$，绕 x 轴；

（5）$y=x^3$，$y=0$，$x=2$，分别绕 x 轴、y 轴；

（6）$y=\sin x$，$x=0$，$x=\dfrac{\pi}{2}$，$y=0$，分别绕 x 轴、y 轴；

（7）$y=x^3$，$y=x$，分别绕 x 轴、y 轴；

（8）$y=\sqrt{x}$，$x=1$，$x=4$，$y=0$，分别绕 x 轴、y 轴.

12.求由曲线 $y=\mathrm{e}^{-x}$ 与直线 $y=0$ 之间位于第一象限内的平面图形绕 x 轴旋转所形成旋转体的体积.

13．求由曲线 $y=\sin x$ 和 $y=\cos x$ 与 x 轴在区间 $\left[0,\dfrac{\pi}{2}\right]$ 上所围的平面图形绕 x 轴旋转所形成旋转体的体积.

14．求由曲线 $y=\sqrt{x-1}$ 过原点的切线、x 轴与曲线 $y=\sqrt{x-1}$ 所围图形分别绕 x 轴与 y 轴旋转一周所形成旋转体的体积.

15．过原点作曲线 $y=\ln x$ 的切线，该切线与 $y=\ln x$ 及 x 轴围成的平面图形为 D.

（1）求 D 的面积 A；

（2）求 D 绕直线 $x=\mathrm{e}$ 旋转一周所形成旋转体的体积 V.

16．设位于曲线 $y=\dfrac{1}{\sqrt{x(1+\ln x)}}$（$\mathrm{e}\leqslant x<+\infty$）下方，$x$ 轴上方的无界区域为 G，求 G 绕 x 轴旋转一周所形成空间区域的体积.

17．设平面图形 A 由 $x^2+y^2\leqslant 2x$ 与 $y\geqslant x$ 确定，求图形 A 绕直线 $x=2$ 旋转一周所形成旋转体的体积.

18．过点 $(0,1)$ 作曲线 L: $y=\ln x$ 的切线，切点为 A，又 L 与 x 轴交于 B 点，区域 D 由 L 与直线 AB 围成，求区域 D 的面积及 D 绕 x 轴旋转一周所形成旋转体的体积.

19．计算曲线 $y=\dfrac{2}{3}x^{\frac{3}{2}}$ 对应于 $0\leqslant x\leqslant 3$ 上的一段弧长.

20．计算曲线 $y=\ln x$ 对应于 $\sqrt{3}\leqslant x\leqslant\sqrt{8}$ 上的一段弧长.

21．求曲线 $y=\ln(1-x^2)$ 上自 $(0,0)$ 至 $\left(\frac{1}{2},\ln\frac{3}{4}\right)$ 的一段曲线弧的长度.

22．计算抛物线 $y^2=2px$（$p>0$）从顶点到该曲线上的一点 $M(x,y)$ 的弧的长度.

23．两根电线杆之间的电线，由于自身重力而下垂成曲线，这一曲线称为悬链线．已知悬链线方程为 $y=\frac{a}{2}(\mathrm{e}^{\frac{x}{a}}+\mathrm{e}^{-\frac{x}{a}})(a>0)$，求从 $x=-a$ 到 $x=a$ 这一段的弧长.

24．计算半立方抛物线 $y^2=\frac{2}{3}(x-1)^3$ 被抛物线 $y^2=\frac{x}{3}$ 截得的一段弧的长度.

25．求下列平面曲线的弧长：

（1）$\begin{cases}x=\mathrm{e}^t\sin t\\ y=\mathrm{e}^t\cos t\end{cases}$，$0\leqslant t\leqslant\frac{\pi}{2}$；

（2）$\begin{cases}x=a(\cos t+t\sin t)\\ y=a(\sin t-t\cos t)\end{cases}$，$0\leqslant t\leqslant 2\pi$；

（3）$\begin{cases}x=a\cos^3 t\\ y=a\sin^3 t\end{cases}$ $0\leqslant t\leqslant 2\pi$，$a>0$.

26．求曲线 $\rho\theta=1$ 对应于 $\frac{3}{4}\leqslant\theta\leqslant\frac{4}{3}$ 上的一段弧长.

27．求心形线 $r=a(1+\cos\theta)$ 的全长，其中 $a>0$，是常数.

6.3 定积分在物理学上的应用

6.3.1 变力沿直线所做的功

由物理学知道，如果物体在直线运动的过程中有一个不变的力 F 作用在这个物体上，且该力的方向与物体运动的方向一致，那么，在物体移动距离 s 时，力 F 对物体所做的功 $W=F\cdot s$．若物体在运动中所受到的力是变化的，则此情况下就是变力沿直线做功的问题．变力做功的问题我们同样用定积分的思想来分析.

设物体在变力 $F(x)$ 作用下从 $x=a$ 移动到 $x=b$．取小区间 $[x,x+\mathrm{d}x]$，在这段距离内物体受力可近似等于 $F(x)$，所以**功微元**为 $\mathrm{d}W=F(x)\mathrm{d}x$，故

$$W=\int_a^b F(x)\mathrm{d}x \tag{6-12}$$

例 1　一弹簧被压缩 0.5cm 时需用力 1N，现弹簧在外力的作用下被压缩了 3cm，求外力所做的功.

解　根据**胡克定律**可知：$F(x)=Kx$（$K>0$，为劲度系数）.

当 $x=0.005\text{m}$ 时，$F=1\text{N}$，代入上式得 $K=200\text{N/m}$，即有

$$F(x)=200x$$

于是当弹簧被压缩了 3cm 时，外力所做的功为

$$W=\int_0^{0.03}200x\mathrm{d}x=100x^2\big|_0^{0.03}=0.09\text{J}$$

例 2　设在 O 点放置一个电荷量为 $+q$ 的点电荷，由物理学知，这时它的周围会产生一个电场，这个电场对周围的电荷有作用力．今有一单位正电荷从 A 点沿直线 OA 方向被移至点 B，求电场力 F 对它做的功（见图 6-25）.

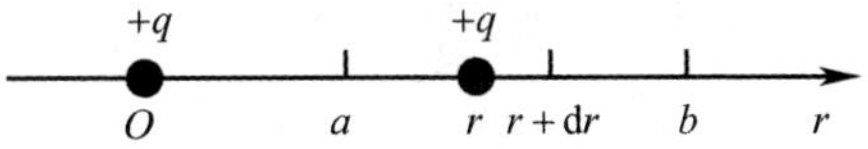

图 6-25

解　取过点 O、A 的直线为 r 轴，OA 的方向为轴的正向，设点 A、B 的坐标分别为 a、b，由物理学知，单位正电荷在点 r 时电场对它的作用力 $F=k\dfrac{q}{r^2}$.

由式（6-12），得电场力对它所做的功为

$$W=\int_a^b F(r)\mathrm{d}r=\int_a^b k\cdot\frac{q}{r^2}\mathrm{d}r=kq\left(-\frac{1}{r}\right)\bigg|_a^b=kq\left[\frac{1}{a}-\frac{1}{b}\right]$$

若电荷从 A 点被移至无穷远处，这时电场力对它所做的功为

$$W=\int_a^{+\infty}k\cdot\frac{q}{r^2}\mathrm{d}r=\frac{kq}{a}$$

例 3　一圆柱形的贮水桶高为 5m，底面半径为 3m，桶内盛满了水，要把桶内的水全部抽出需做多少功？

解　作 x 轴，如图 6-26 所示，取深度 x（单位为 m）为积分变量，则积分区间为[0,5]，在区间[0,5]上任取一小区间 $[x,x+\mathrm{d}x]$，与它对应的一薄水层（圆柱）的底面半径为 3m，高度为 $\mathrm{d}x$，取重力加速度 g 为 9.8m/s^2，故此薄层水所受的重力为

$$9800\pi\cdot 3^2\mathrm{d}x$$

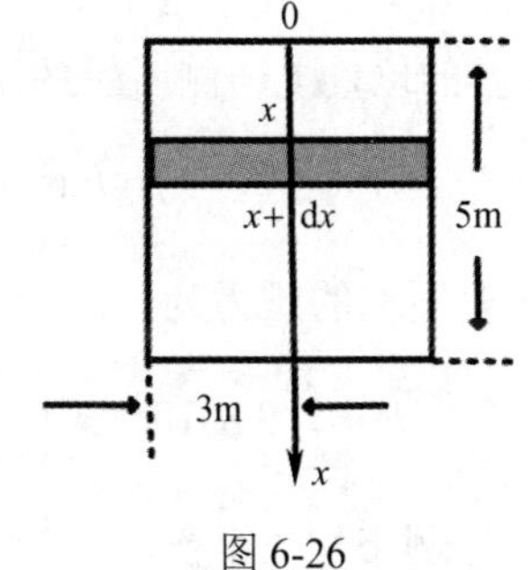

图 6-26

由于把此薄层水抽出需做的功近似于克服这一薄层水的重力所做的功，所以功微元为

$$dW = 9800\pi \cdot 3^2 dx \cdot x$$

于是所求的功为

$$W = \int_0^5 88200\pi x dx = 88200\pi \cdot \frac{x^2}{2}\Big|_0^5 \approx 3.462\times 10^6 \text{ J}$$

6.3.2 水压力

由物理学知，一水平放置在液体中的薄板，若其面积为 S，且距离液体表面的深度为 h，则该薄板一侧所受的压力 F 等于底面积为 S、高为 h 的液体柱所受的重力，即

$$F = \rho g h S$$

式中：ρ 为液体的密度；$\rho g h$ 为深度 h 处的液体受到的压强.

如果薄板垂直放置在液体中，那么由于不同深度的液体受到的压强不相等，因此薄板一侧所受的压力不能简单地用上述方法来计算，而需要用定积分中的微元法来解决.

例 4 某水坝中有一个等腰三角形的水闸门，该闸门垂直地竖立在水中，它的底边与水面相齐，已知三角形底面边长为 2m，高为 3m，该闸门所受的水压力等于多少？

解 如图 6-27 所示，取过三角形底边中点且垂直向下的直线为 x 轴，与底边重合的水平线为 y 轴. 显然，AB 的方程为

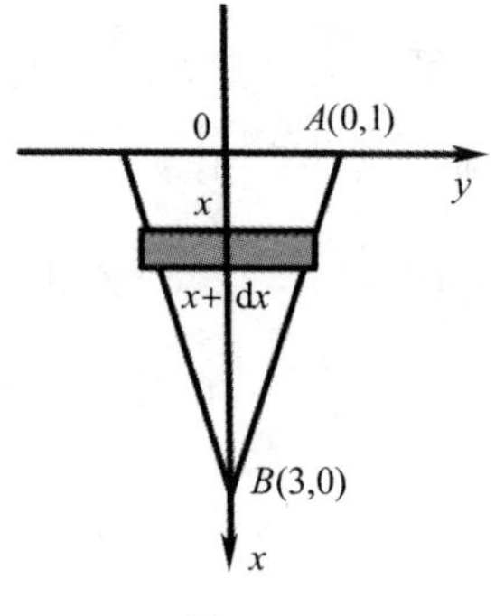

图 6-27

$$y = -\frac{1}{3}x + 1$$

取 x 为积分变量，在$[0,3]$上任取一个小区间$[x, x+dx]$，则对应于$[x, x+dx]$的窄条的面积近似等于长为$2y$、宽为dx的小矩形面积，即$2ydx$. 这个小矩形上受到的压力近似等于这个小矩形水平放置在水深为 x 处的位置上一侧所受的压力，于是得到压力微元为

$$dF = \rho g h ds = 9.8\cdot 10^3 \cdot x \cdot 2ydx = 9.8\cdot 10^3 \cdot x\left(-\frac{2}{3}x + 2\right)dx$$

于是所求的压力为

$$F = \int_0^3 9.8\cdot 10^3 \cdot x \cdot \left(-\frac{2}{3}x + 2\right)dx = 9.8\cdot 10^3 \cdot \left(-\frac{2}{9}x^3 + x^2\right)\Bigg|_0^3 = 2.94\times 10^4 \text{N}$$

例 5 一个横放着的圆柱形水桶，桶内盛有半桶水，设桶的底面半径为 R，

水的密度为ρ，计算桶的一端面上所受的压力.

解　在桶的端面建立直角坐标系，如图 6-28 所示.

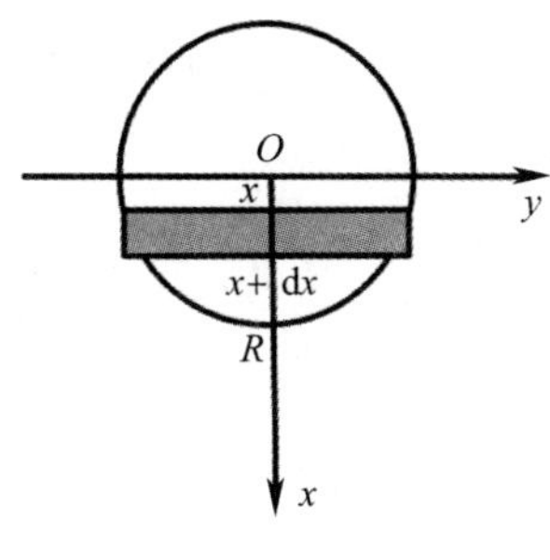

图 6-28

取 x 为积分变量，则 $x\in[0,R]$．取任一小区间 $[x,x+\mathrm{d}x]$，小矩形片上各处的压强近似相等，为 $p=\rho gx$，小矩形片的面积近似为 $2\sqrt{R^2-x^2}\mathrm{d}x$.

则小矩形片的压力微元为

$$\mathrm{d}F=2\rho gx\sqrt{R^2-x^2}\mathrm{d}x$$

于是桶的一端面上所受压力为

$$F=\int_0^R 2\rho gx\sqrt{R^2-x^2}\mathrm{d}x=-\rho g\int_0^R\sqrt{R^2-x^2}\mathrm{d}(R^2-x^2)$$

$$=-\rho g\left[\frac{2}{3}(\sqrt{R^2-x^2})^3\right]\Bigg|_0^R=\frac{2\rho g}{3}R^3$$

6.3.3　电学

可以利用定积分的积分中值公式：

$$\int_a^b f(x)\mathrm{d}x=f(\xi)(b-a)(a\leqslant\xi\leqslant b)$$

即

$$f(\xi)=\frac{1}{b-a}\int_a^b f(x)\mathrm{d}x$$

来计算交流电的一些平均值.

例 6　计算纯电阻电路中正弦交流电 $i=I_{\mathrm{m}}\sin\omega t$ 在一个周期内功率的平均值.

解　设电阻为 R，R 两端的电压为 U，则功率 P 为

$$P=Ui=Ri\cdot i=Ri^2=RI_{\mathrm{m}}^2\sin^2\omega t$$

因为交流电 i 的周期为 $T=\dfrac{2\pi}{\omega}$，所以功率 P 在一个周期 $\left[0,\dfrac{2\pi}{\omega}\right]$ 的平均值为

$$\overline{P}=\frac{1}{\frac{2\pi}{\omega}-0}\int_0^{\frac{2\pi}{\omega}}RI_{\rm m}^2\sin^2\omega t\mathrm{d}t=\frac{\omega}{2\pi}\cdot RI_{\rm m}^2\int_0^{\frac{2\pi}{\omega}}\frac{1-\cos2\omega t}{2}\mathrm{d}t$$

$$=\frac{\omega RI_{\rm m}^2}{4\pi}\left(t-\frac{1}{2\omega}\sin2\omega t\right)\Bigg|_0^{\frac{2\pi}{\omega}}=\frac{RI_{\rm m}^2}{2}=\frac{I_{\rm m}U_{\rm m}}{2}(U_{\rm m}=I_{\rm m}R)$$

即纯电阻电路中，正弦交流电的平均功率等于电流、电压的最大值的乘积的一半.

6.3.4 引力

由物理学知，质量分别为m_1、m_2，相距为 r 的两质点间的引力的大小为$F=G\frac{m_1m_2}{r^2}$，其中 G 为引力常量，引力的方向沿着两质点的连线方向.

例 7 自地面垂直向上发射火箭，火箭的初速度至少为多少，才能飞向太空一去不复返？

解 设地球的半径为 R，地球的质量为 M，火箭的质量为 m，火箭离开地面的初速度为v_0. 则当火箭离开地面的距离为 x 时，由万有引力公式，火箭受地球引力为

$$F=\frac{GMm}{(R+x)^2}$$

当$x=0$（即火箭未发射）时，$F=mg$（g 为重力加速度），代入上式得$GM=R^2g$，于是，$F=\frac{R^2gm}{(R+x)^2}$. 所以当火箭离开地面达到的高度为 h 时，所获得的势能总量为

$$W=\int_0^h\frac{R^2gm}{(R+x)^2}\mathrm{d}x=R^2gm\left(\frac{1}{R}-\frac{1}{R+h}\right)$$

若使火箭飞向太空一去不复返，则$h\to+\infty$，代入上式，得此时应获得的势能为$W=Rgm$.

该势能来自动能，火箭具有的动能为$\frac{1}{2}m{v_0}^2$，为使火箭上升后一去不复返，则必有

$$\frac{1}{2}m{v_0}^2\geqslant Rgm$$

即

$$v_0\geqslant\sqrt{2Rg}$$

将$g=9.8\ \mathrm{m/s^2}$，地球半径$R=6.370\times10^6\ \mathrm{m}$，代入上式得

$$v_0 \geqslant \sqrt{2\times 6.370\times 10^6\times 9.8}\text{m/s}=11.2\,\text{km/s}$$

故火箭上升初速度至少为 11.2km/s.

两点说明：

（1）人造卫星发射的初速度为 7.9km/s，它被称为第一宇宙速度，此时卫星刚摆脱地球的引力；

（2）火箭进入太阳系的初速度为 11.2km/s，它被称为第二宇宙速度，即为火箭应有的发射初速度.

习题 6.3

习题 6.3 答案

1．有一弹簧，用 5N 的力可以把它拉长 0.01m，求把它拉长 0.1m 所做的功.

2．一弹簧原长 0.3m，每压缩 0.01m 需力 2N，求把弹簧从 0.25m 压缩到 0.2m 所做的功.

3．一质点做直线运动的方程为$x=t^3$，其中 x 是位移，t 是时间. 已知运动过程中介质的阻力与运动速度成正比（比例系数为 k，$k>0$），求质点从$x=0$移动到$x=8$时外力克服阻力所做的功.

4．一物体按规律$x=ct^3$做直线运动，介质的阻力与速度的平方成正比，计算物体由$x=0$移至$x=a$时，克服介质阻力所做的功.

5．试在等温条件下，计算气体在体积由V_1膨胀至V_2时，气体膨胀力所做的功（设气体是符合玻-马定律的理想气体，当气体体积为V_1时，气缸内压强为p_1），如图 6-29 所示.

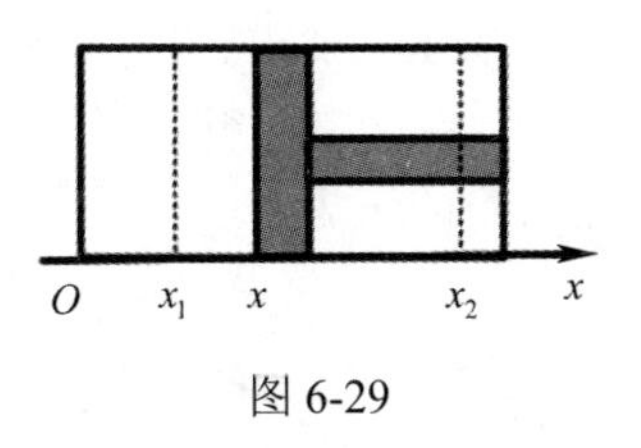

图 6-29

6．直径为 20cm，高为 80cm 的圆筒内充满压强为10N/cm^2的蒸汽，设温度保持不变，要使蒸汽体积变为原来的一半，需要做多少功？

7．汽锤将圆柱形的水泥桩击入土中，设每次撞击汽锤所做的功相等，假定水泥桩在土中前进时所受的阻力和水泥桩与土的接触面积成正比，即与水泥桩已经进入土中的深度成正比. 已知汽锤第一次撞击将水泥桩击入土中的深度为 1m，第二次又能将水泥桩击入多深？

8．某建筑工地打地基时，需用汽锤将桩打入土层．汽锤每次击打，都要克服土层对桩的阻力做功．设土层对桩的阻力的大小与桩被打进地下的深度成正比（比例系数为k，$k>0$）．汽锤第一次击打将桩打进地下的距离为a．根据设计方案，要求汽锤每次击打桩时所做的功与前一次击打时所做的功之比为常数r（$0<r<1$）．问：

（1）汽锤击打桩3次后，可将桩打进地下多深？

（2）若击打次数不限，则汽锤至多能将桩打进地下多深？

9．如图6-30所示，有一锥形贮水池，深15m，口径20m，盛满水，欲将水吸尽，要做多少功？

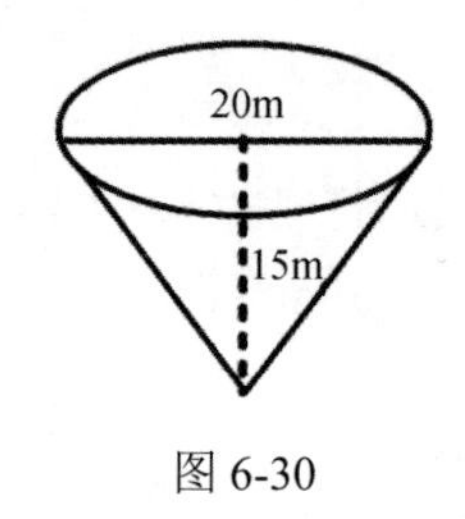

图6-30

10．有一横截面积为$S=20\text{m}^2$，深为5m的圆柱形水池，现要将池中盛满的水全部抽到高为10m的水塔顶上去，需要做多少功？

11．某水库闸门呈半圆形，半径为3m，求当水面与闸门的顶边平齐时，水对闸门一侧的压力．

12．有一等腰梯形闸门，它的两条底边各长10m和6m，高为20m，较长的底边与水面相齐，计算闸门的一侧所受的水压力．

13．一底为8cm，高为6cm的等腰三角形片，铅直地沉没在水中，顶在上底在下且与水面平行，而顶离水面3cm，试求它每面所受的压力．

14．洒水车上的水箱是一个横放的椭圆柱体，尺寸如图6-31所示，当水箱装满水时，计算水箱的一个端面所受的压力．

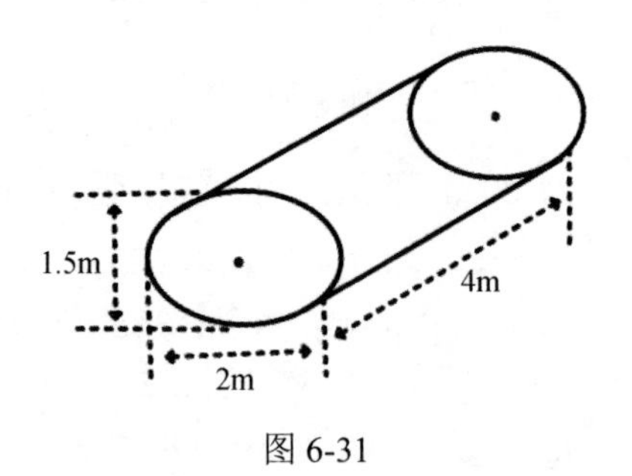

图6-31

15．已知$U(t)=U_{\text{m}}\sin\omega t$，其中电压最大值为$U_{\text{m}}=220\sqrt{2}\text{V}$，角频率$\omega=$

100π rad/s，电阻为 R，求平均功率.

16．一颗人造地球卫星的质量为173kg，在高于地面 630km 处进入轨道，把这颗卫星从地面送到 630km 的高空处，克服地球引力要做多少功？已知，$g = 9.8\text{m/s}^2$，地球半径 $R = 6370\text{km}$.

17．设一质量分布均匀的半径为 R 的圆盘，其面密度为 μ，如图 6-32 所示，在过圆盘中心且与圆盘垂直的直线上并与圆盘中心相距为 a 的点 A 有一质量为 1 的质点，求圆盘对点 A 的引力.

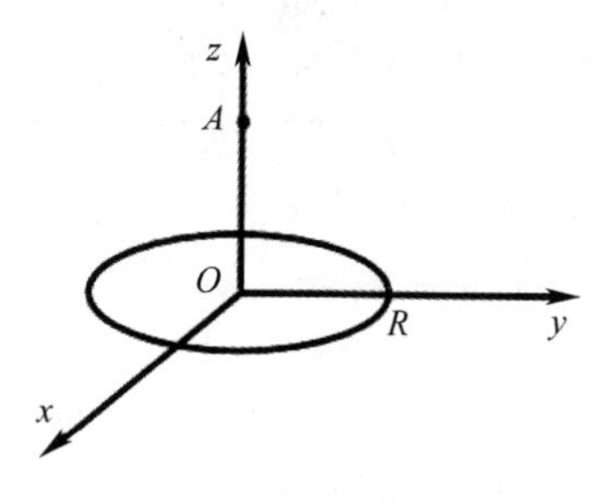

图 6-32

18．设有一长度为 l、线密度为 μ 的均匀细直棒，在其中垂线上距棒 a 单位处有一质量为 m 的质点 M，求该棒对质点 M 的引力.

第 6 章测试题

第 7 章　微分方程

在初等数学中，我们已经学过一些代数方程，并用它们解决了一些有趣的应用问题，使我们初步体会到方程论（主要是设未知量、列方程和求解方程的方法）对于解决实际问题的重要性．但是在实际工作中，常常出现一些特点和以上方程完全不同的问题．比如：物质在一定条件下的运动变化，要寻求它的运动、变化的规律；某个物体在重力作用下自由下落，要寻求下落距离随时间变化的规律；火箭在发动机推动下在空间飞行，要寻求它飞行的轨道；等等．解决这类问题，要用到微分和导数的知识．这种联系着自变量、未知函数以及未知函数的导数（或微分）的关系式，在数学上称为微分方程．由微分方程能够求出未知函数的解析表达式，从而掌握所研究客观现象的变化规律和发展趋势．因此，掌握这方面的知识，用之分析解决问题是非常重要的．

本章主要介绍微分方程的一些基本概念和几种常用的微分方程的解法．

7.1　微分方程的概念

首先通过具体实例来引入微分方程的概念．

7.1.1　引例

例 1　设某一平面曲线上任意一点 (x,y) 处的切线斜率等于该点处横坐标 x 的 2 倍，且曲线通过点 $(1,2)$，求该曲线的方程．

解　设所求的曲线方程为 $y=f(x)$，由导数的几何意义，可知未知函数 $y=f(x)$ 应满足关系式

$$\frac{\mathrm{d}y}{\mathrm{d}x}=2x \tag{7-1}$$

上式是一个含未知函数 $y=f(x)$ 的导数的方程，同时还满足条件 $y|_{x=1}=2$，把式（7-1）两端积分，得

$$y=\int 2x\mathrm{d}x=x^2+C \tag{7-2}$$

其中 C 是任意常数．

将 $y|_{x=1}=2$ 代入 $y=x^2+C$，即

$$2=1^2+C \Rightarrow C=1$$

由此解出 C 并代入式（7-2），得到所求曲线方程：

$$y=x^2+1$$

例 2　设质点以匀加速度 a 做直线运动，且 $t=0$ 时 $s=0$，$v=v_0$．求质点运动的位移与时间 t 的关系.

解　这是一个物理上的运动问题，设质点运动的位移与时间的关系为 $s=s(t)$，则由二阶导数的物理意义，知

$$\frac{\mathrm{d}^2 s}{\mathrm{d}t^2}=a \tag{7-3}$$

这是一个含有二阶导数的方程，同时满足条件 $\begin{cases} s|_{t=0}=0 \\ v|_{t=0}=v_0 \end{cases}$．要解这个问题，我们可以将式（7-3）两边连续积分两次，即

$$\frac{\mathrm{d}s}{\mathrm{d}t}=at+C_1 \tag{7-4}$$

再积分得 $s=a\int t\mathrm{d}t+\int C_1\mathrm{d}t+C_2$，即

$$s=a\frac{t^2}{2}+C_1 t+C_2 \tag{7-5}$$

其中 C_1、C_2 为任意常数．因为 $s|_{t=0}=0$，代入式（7-5），得 $C_2=0$；再由 $v|_{t=0}=v_0$，代入式（7-4），得 $C_1=v_0$．故所求位移与时间的关系为 $s=\dfrac{at^2}{2}+v_0 t$．

下面我们将通过分析这两个具体实例，给出微分方程的一些基本概念.

7.1.2　微分方程的基本概念

总结所给出的两个具体实例，我们看到：

（1）例 1 的式（7-1）和例 2 的式（7-3）都是含有未知函数的导数的等式（例 1 含一阶导数，例 2 含二阶导数）；

（2）通过积分可以解出满足这些等式的函数；

（3）所求函数除满足等式外，还满足约束条件（例 1 有一个约束条件，例 2 有两个）.

由此，我们给出如下概念.

1．微分方程的概念

定义 1　一般地，凡表示未知函数、未知函数的导数与自变量之间的关系的

方程，都叫作**微分方程**．未知函数是一元函数的方程叫作**常微分方程**；未知函数是多元函数的方程，叫作**偏微分方程**（本章不研究）．

例如，例 1 中的式（7-1）与例 2 中的式（7-3）都是微分方程，且属于常微分方程，再如，$x^3y'''+x^2y''+xy'=3x^2$ 也是常微分方程；而 $y=xe^x$ 不是微分方程．

这里需要注意的是：

（1）方程中含有未知函数的导数．在微分方程中未知函数、自变量可以不单独出现，但必须出现未知函数的导数．

（2）微分方程中的自变量由问题而定．如 $\frac{dy}{dx}=2x$ 的自变量是 x，$\frac{ds}{dt}=at^2$ 的自变量是 t，$\frac{dx}{dy}=x+y$ 的自变量是 y．

2．微分方程的阶

定义 2 微分方程中出现的未知函数的最高阶导数的阶数叫作**微分方程的阶**．

例如，例 1 中 $\frac{dy}{dx}=2x$ 是一阶微分方程；例 2 中 $\frac{d^2s}{dt^2}=a$ 是二阶微分方程；$x^3y'''+x^2y''+xy'=3x^2$ 是三阶微分方程．

一般地，$F(x,y,y')=0$ 是**一阶微分方程**的一般形式．n **阶微分方程**的一般形式为

$$F(x,y,y',\cdots,y^{(n)})=0 \tag{7-6}$$

这里必须指出，在式（7-6）中，$y^{(n)}$ 是必须出现的，而 $x,y,y',\cdots,y^{(n-1)}$ 等变量则可以不出现．

例如，n 阶微分方程 $y^{(n)}+1=0$ 中，除 $y^{(n)}$ 外，其他变量都没有出现．

如果能从式（7-6）中解出最高阶导数，得微分方程：

$$y^{(n)}=f(x,y,y',\cdots,y^{(n-1)}) \tag{7-7}$$

以后我们讨论的微分方程都是已解出最高阶导数的方程或能解出最高阶导数的方程，且式（7-7）右端的函数 f 在所讨论的范围内连续．

3．微分方程的解

定义 3 如果把某函数 $y=\varphi(x)$ 代入微分方程，能使方程成为恒等式，那么称此函数为**微分方程的解**．

确切地说，设函数 $y=\varphi(x)$ 在区间 I 上有 n 阶连续导数，如果在区间 I 上，$F[x,\varphi(x),\varphi'(x),\cdots,\varphi^{(n)}(x)]\equiv 0$，那么函数 $y=\varphi(x)$ 就叫作微分方程式（7-6）在区间 I 上的解．

如例 1 中① $y=x^2+C$ 是 $\dfrac{dy}{dx}=2x$ 的解，② $y=x^2+1$ 也是 $\dfrac{dy}{dx}=2x$ 的解；例 2 中③ $s=a\dfrac{t^2}{2}+C_1t+C_2$ 是 $\dfrac{ds}{dt}=at^2$ 的解，④ $s=\dfrac{at^2}{2}+v_0t$ 也是 $\dfrac{ds}{dt}=at^2$ 的解.

定义 4　如果微分方程的解中含有任意常数，且任意常数的个数与微分方程的阶数相同，这样的解叫作微分方程的**通解**.

确定了通解中的任意常数，就得到了微分方程的**特解**.

如上文中①、③是通解；②、④是特解.

7.1 微分方程的解

4. *微分方程的初始条件*

在例 1 中，当 $x=1$ 时，$y=2$，通常记为 $y|_{x=1}=2$ 或 $f(1)=2$；在例 2 中，当 $t=0$ 时，$s=0$，即 $s|_{t=0}=0$，当 $t=0$ 时，$\dfrac{ds}{dt}=v_0$，即 $s'|_{t=0}=v_0$.

这些用来确定任意常数的条件称为**初始条件**.

一般来说，一阶微分方程 $F(x,y,y')=0$ 有一个初始条件，$y|_{x=x_0}=y_0$.

二阶微分方程 $F(x,y,y',y'')=0$ 有两个初始条件，$y|_{x=x_0}=y_0$ 与 $y'|_{x=x_0}=y_1$.

…………

n 阶微分方程 $F(x,y,y',\cdots,y^{(n)})=0$ 有 n 个初始条件.

5. *初值问题*

求微分方程满足初始条件的特解的问题，称为**初值问题**. 如求微分方程 $y'=f(x,y)$ 满足初始条件 $y|_{x=x_0}=y_0$ 的解的问题，记作

$$\begin{cases} y'=f(x,y) \\ y|_{x=x_0}=y_0 \end{cases}$$

一般地，一阶微分方程的初值问题记作

$$\begin{cases} F(x,y,y')=0 \\ y|_{x=x_0}=y_0 \end{cases} \tag{7-8}$$

二阶微分方程的初值问题记作

$$\begin{cases} F(x,y,y',y'')=0 \\ y|_{x=x_0}=y_0 \\ y'|_{x=x_0}=y_1 \end{cases} \tag{7-9}$$

6. *微分方程解的几何意义*

常微分方程的特解的图形为一条曲线，叫作微分方程的积分曲线.

微分方程的通解的图形是以 C 为参数的**曲线族**，且同一自变量 x 对应的曲线

上点的切线的斜率相同.

式（7-8）的解的几何意义是微分方程通过点(x_0, y_0)的那条积分曲线.

式（7-9）的解的几何意义是微分方程通过点(x_0, y_0)且在该点的斜率为y_1的那条积分曲线.

例 3 验证：函数$x = C_1\cos kt + C_2\sin kt$是微分方程$\dfrac{\mathrm{d}^2x}{\mathrm{d}t^2} + k^2x = 0$的解.

解 求出所给函数的导数为

$$\frac{\mathrm{d}x}{\mathrm{d}t} = -kC_1\sin kt + kC_2\cos kt$$

$$\frac{\mathrm{d}^2x}{\mathrm{d}t^2} = -k^2C_1\cos kt - k^2C_2\sin kt = -k^2(C_1\cos kt + C_2\sin kt)$$

把$\dfrac{\mathrm{d}^2x}{\mathrm{d}t^2}$及$x$的表达式代入微分方程得

$$-k^2(C_1\cos kt + C_2\sin kt) + k^2(C_1\cos kt + C_2\sin kt) \equiv 0$$

因此，函数$x = C_1\cos kt + C_2\sin kt$是微分方程$\dfrac{\mathrm{d}^2x}{\mathrm{d}t^2} + k^2x = 0$的解.

习题 7.1

习题 7.1 答案

1．选择题.

（1）下列方程中是一阶微分方程的有（　　）.

A．$x(y')^2 - 2yy' + x = 0$　　B．$(y'')^2 + 5(y')^4 - y^5 + x^7 = 0$

C．$(x^2 - y^2)\mathrm{d}x + (x^2 + y^2)\mathrm{d}y = 0$　　D．$xy'' + y' + y = 0$

（2）下列方程中是微分方程的有（　　）.

A．$u'v + uv' = (uv)'$　　B．$y' = \mathrm{e}^x + \sin x$

C．$\dfrac{\mathrm{d}y}{\mathrm{d}x} + \mathrm{e}^x = \dfrac{\mathrm{d}(y + \mathrm{e}^x)}{\mathrm{d}x}$　　D．$y'' + 3y' + 4y = 0$

2．指出下列微分方程的阶数：

（1）$x(y')^2 - 2yy' + x = 0$；　　（2）$(y'')^3 + 5(y')^4 - y^5 + x^6 = 0$；

（3）$xy''' + 2y'' + x^2y = 0$；　　（4）$(x^2 - y^2)\mathrm{d}x + (x^2 + y^2)\mathrm{d}y = 0$.

3．验证微分方程后所列的函数是否为微分方程的解.

（1）$xy' = 2y$，$y = 5x^2$；　　（2）$(y')^2 - y' - xy' + y = 0$，$y = cx$；

（3）$y'' - 2y' + y = 0$，$y = x\mathrm{e}^x$；　　（4）$y'' + y = 0$，$y = 3\sin x - 4\cos x$.

4．确定下列各函数关系式中所含参数，使满足所给的定解条件：

（1）$x^2 - y^2 = C$，$y\big|_{x=0} = 5$；

（2）$y = (C_1 + C_2 x)\mathrm{e}^{2x}$，$y(0) = 0$，$y'(0) = 1$．

5．写出由下列条件确定的曲线所满足的微分方程：

（1）曲线在点 $P(x, y)$ 处的法线与 x 轴的交点为 Q，且线段 PQ 被 y 轴平分；

（2）曲线在点 $M(x, y)$ 处的切线的斜率等于该点横坐标的平方．

7.2　几种常见的一阶微分方程

微分方程的求解是按微分方程的特点分不同类型进行的，下面就几种特殊类型的一阶微分方程讨论其求解方法．

7.2.1　可分离变量的微分方程

我们先讨论一阶微分方程：

$$y' = f(x, y) \tag{7-10}$$

的一些解法．

例如，求微分方程 $y' = 2x$ 的通解，由前面的学习知，把方程两边积分，得 $y = x^2 + C$．

但求微分方程 $y' = 2xy^2$ 的通解时，我们发现，y 是未知的，积分 $\int 2xy^2 \mathrm{d}x$ 无法进行，方程两边直接积分不能求出通解，怎样解决这个问题呢？

一阶微分方程有时也写成如下对称形式：

$$P(x, y)\mathrm{d}x + Q(x, y)\mathrm{d}y = 0 \tag{7-11}$$

在式（7-11）中，变量 x 与 y 对称，既可以看作是以 x 为自变量、y 为未知函数的方程：

$$\frac{\mathrm{d}y}{\mathrm{d}x} = -\frac{P(x, y)}{Q(x, y)}\ [Q(x, y) \neq 0]$$

也可以看作是以 y 为自变量、x 为未知函数的方程：

$$\frac{\mathrm{d}x}{\mathrm{d}y} = -\frac{Q(x, y)}{P(x, y)}\ [P(x, y) \neq 0]$$

因此，为求微分方程 $y' = 2xy^2$ 的通解，可将方程变形为 $\frac{1}{y^2}\mathrm{d}y = 2x\mathrm{d}x$，两边积分，得

$$\int \frac{1}{y^2}\mathrm{d}y = \int 2x\mathrm{d}x$$

于是得到

$$-\frac{1}{y} = x^2 + C \text{ 或 } y = -\frac{1}{x^2 + C}$$

可以验证，函数 $y = -\dfrac{1}{x^2 + C}$ 是原方程的通解.

一般地，如果一个一阶微分方程能写成

$$g(y)\mathrm{d}y = f(x)\mathrm{d}x \tag{7-12}$$

的形式，即把微分方程写成一端只含 y 的函数和 $\mathrm{d}y$，另一端只含 x 的函数和 $\mathrm{d}x$，那么称原方程为**可分离变量**的微分方程.

假定式（7-12）中的函数 $g(y)$ 和 $f(x)$ 是连续的，设 $y = \varphi(x)$ 是方程的解，将它代入式（7-12）中，得到恒等式：

$$g(\varphi(x))\varphi'(x)\mathrm{d}x = f(x)\mathrm{d}x$$

将上式两端积分，并由 $y = \varphi(x)$ 引入变量 y，得

$$\int g(y)\mathrm{d}y = \int f(x)\mathrm{d}x$$

设 $G(y)$ 及 $F(x)$ 依次为 $g(y)$ 和 $f(x)$ 的原函数，于是有

$$G(y) = F(x) + C \tag{7-13}$$

因此，式（7-12）满足式（7-13）. 反之，如果 $y = \Phi(x)$ 是由式（7-13）所确定的隐函数，那么在 $g(y) \neq 0$ 的条件下，$y = \Phi(x)$ 也是式（7-12）的解. 事实上，由隐函数的求导法可知，当 $g(y) \neq 0$ 时，有

$$\Phi'(x) = \frac{F'(x)}{G'(y)} = \frac{f(x)}{g(y)}$$

这就表示函数 $y = \Phi(x)$ 满足式（7-12）. 所以如果可分离变量的方程，即式（7-12）中 $g(y)$ 和 $f(x)$ 是连续的，且 $g(y) \neq 0$，那么式（7-12）两端积分后得到的关系式（7-13）就叫作微分方程式（7-12）的隐式解. 又由于式（7-13）中含有任意常数，因此式（7-13）所确定的隐函数是式（7-12）的通解，所以式（7-13）叫作微分方程式（7-12）的**隐式通解**.

例 1 讨论下列哪些是可分离变量的微分方程.

（1）$y' = 2xy$；（2）$3x^2 + 5x - y' = 0$；（3）$(x^2 + y^2)\mathrm{d}x - xy\mathrm{d}y = 0$.

解 （1）是，$\dfrac{\mathrm{d}y}{y} = 2x\mathrm{d}x$；（2）是，$\mathrm{d}y = (3x^2 + 5x)\mathrm{d}x$；（3）不是.

例 2 求微分方程 $y' = x\sqrt{1 - y^2}$ 的通解.

解　所给微分方程是可分离变量的，分离变量后可得

$$\frac{\mathrm{d}y}{\sqrt{1-y^2}}=x\mathrm{d}x$$

两端积分，得

$$\int\frac{1}{\sqrt{1-y^2}}\mathrm{d}y=\int x\mathrm{d}x$$

即

$$\arcsin y=\frac{1}{2}x^2+C$$

故所求通解为

$$y=\sin\left(\frac{1}{2}x^2+C\right)$$

例 3　求微分方程$\frac{\mathrm{d}y}{\mathrm{d}x}=1+x+y^2+xy^2$的通解.

解　所给微分方程是可分离变量的，即

$$\frac{\mathrm{d}y}{\mathrm{d}x}=(1+x)(1+y^2)$$

分离变量后可得

$$\frac{1}{1+y^2}\mathrm{d}y=(1+x)\mathrm{d}x$$

两端积分，得

$$\int\frac{1}{1+y^2}\mathrm{d}y=\int(1+x)\mathrm{d}x$$

即

$$\arctan y=\frac{1}{2}x^2+x+C$$

故原方程的通解为

$$y=\tan\left(\frac{1}{2}x^2+x+C\right)$$

例 4　求微分方程$x\mathrm{d}y+2y\mathrm{d}x=0$满足初始条件$y|_{x=2}=1$的特解.

解　分离变量得$\frac{\mathrm{d}y}{y}=-2\frac{\mathrm{d}x}{x}$，再两边积分，得

$$\int\frac{1}{y}\mathrm{d}y=-\int 2\frac{1}{x}\mathrm{d}x$$

于是，$\ln|y| = -2\ln|x| + \ln C$，即 $\ln|y| = \ln C|x|^{-2}$，$y = \pm C_1 x^{-2}$，故所求方程的通解为

$$y = Cx^{-2}\ (C = \pm C_1)$$

由 $y|_{x=2}=1$，代入上式，得 $C = 4$．所以，$y = 4x^{-2}$（或 $x^2 y = 4$）为所求微分方程的一个特解．

7.2 积分常数的选取

例 5 设降落伞从跳伞塔下落后，所受空气阻力与速度成正比，并设降落伞离开跳伞塔时速度为零．求降落伞下落速度与时间的函数关系．

解 设降落伞下落速度与时间的函数为 $v = v(t)$．由已知，降落伞所受空气阻力与速度成正比，设空气阻力为 f，则 $f = kv$（k 为比例系数）．所以，降落伞所受外力为

$$F = mg - kv$$

根据牛顿第二运动定律 $F = ma$，得函数 $v(t)$ 应满足的方程为

$$m\frac{\mathrm{d}v}{\mathrm{d}t} = mg - kv$$

初始条件为

$$v(0) = 0$$

方程分离变量，得

$$\frac{\mathrm{d}v}{mg - kv} = \frac{\mathrm{d}t}{m}$$

两边积分，得

$$\int\frac{\mathrm{d}v}{mg - kv} = \int\frac{\mathrm{d}t}{m},\quad -\frac{1}{k}\ln(mg - kv) = \frac{t}{m} + C_1$$

即

$$v = \frac{mg}{k} + C\mathrm{e}^{-\frac{k}{m}t}\left(C = -\frac{\mathrm{e}^{-kC_1}}{k}\right)$$

将初始条件 $v(0) = 0$ 代入通解得

$$C = -\frac{mg}{k}$$

于是降落伞下落速度与时间的函数关系为

$$v = \frac{mg}{k}(1 - \mathrm{e}^{-\frac{k}{m}t}).$$

例 6 有高为 1m 的半球形容器（见图 7-1），水从它的底部小孔流出，小孔横截面面积为 $1\mathrm{cm}^2$．开始时容器内盛满了水，求水从小孔流出过程中容器里水面

高度 h 随时间 t 变化的规律.

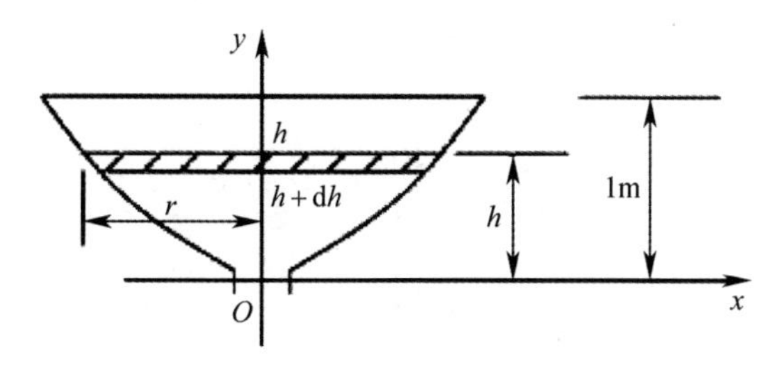

图 7-1

解　由力学知道，水从孔口流出的流量（即通过孔口横截面的水的体积对时间的变化率）Q 可用下列公式计算：

$$Q=\frac{\mathrm{d}V}{\mathrm{d}t}=0.62S\sqrt{2gh}$$

式中：0.62 为流量系数（由实验测得）；S 为孔口横截面面积；g 为重力加速度. 现在孔口横截面面积 $S=1\mathrm{cm}^2$，故

$$\frac{\mathrm{d}V}{\mathrm{d}t}=0.62\sqrt{2gh} \text{ 或 } \mathrm{d}V=0.62\sqrt{2gh}\mathrm{d}t$$

另外，设在微小时间间隔 $[t,t+\mathrm{d}t]$ 内，水面高度由 h 降至 $h+\mathrm{d}h(\mathrm{d}h<0)$，则又可得到

$$\mathrm{d}V=-\pi r^2\mathrm{d}h$$

其中 r 是时刻 t 的水面半径，右端置负号是由于 $\mathrm{d}h<0$ 而 $\mathrm{d}V>0$ 的缘故. 又 $r=\sqrt{100^2-(100-h)^2}=\sqrt{200h-h^2}$，所以

$$\mathrm{d}V=-\pi(200h-h^2)\mathrm{d}h$$

通过比较得到

$$0.62\sqrt{2gh}\mathrm{d}t=-\pi(200h-h^2)\mathrm{d}h$$

这就是未知函数 $h=h(t)$ 应满足的微分方程.

此外，开始时容器内的水是满的，所以未知函数 $h=h(t)$ 还应满足下列初始条件：

$$h\big|_{t=0}=100$$

将方程 $0.62\sqrt{2gh}\mathrm{d}t=-\pi(200h-h^2)\mathrm{d}h$ 分离变量后得

$$\mathrm{d}t=-\frac{\pi}{0.62\sqrt{2g}}(200h^{\frac{1}{2}}-h^{\frac{3}{2}})\mathrm{d}h$$

两端积分，得

$$t=-\frac{\pi}{0.62\sqrt{2g}}\int(200h^{\frac{1}{2}}-h^{\frac{3}{2}})\mathrm{d}h$$

即

$$t=-\frac{\pi}{0.62\sqrt{2g}}\left(\frac{400}{3}h^{\frac{3}{2}}-\frac{2}{5}h^{\frac{5}{2}}\right)+C$$

其中 C 是任意常数.

由初始条件得

$$t=-\frac{\pi}{0.62\sqrt{2g}}\left(\frac{400}{3}\times100^{\frac{3}{2}}-\frac{2}{5}\times100^{\frac{5}{2}}\right)+C$$

$$C=\frac{\pi}{0.62\sqrt{2g}}\left(\frac{400000}{3}-\frac{200000}{5}\right)=\frac{\pi}{0.62\sqrt{2g}}\times\frac{14}{15}\times10^{5}$$

因此

$$t=\frac{\pi}{0.62\sqrt{2g}}\cdot\frac{2}{15}(7\times10^{5}-10^{3}h^{\frac{3}{2}}+3h^{\frac{5}{2}})$$

上式表达了水从小孔流出的过程中容器内水面高度 h 与时间 t 之间的函数关系.

7.2.2 齐次微分方程

如果一阶微分方程 $\frac{\mathrm{d}y}{\mathrm{d}x}=f(x,y)$ 中的函数 $f(x,y)$ 可写成 $\frac{y}{x}$ 的函数，即 $f(x,y)=\varphi\left(\frac{y}{x}\right)$，则称该方程为**齐次微分方程**.

例如，$(x^2-y^2)\mathrm{d}x+2xy\mathrm{d}y=0$ 就是齐次微分方程，而 $(x^2-y^2)\mathrm{d}x+2xy^2\mathrm{d}y=0$ 不是齐次微分方程.

要解齐次微分方程，需要引入新的未知函数 $u=\frac{y}{x}$，将其化为关于新未知函数 u 的可分离变量的微分方程. 即在齐次方程 $\frac{\mathrm{d}y}{\mathrm{d}x}=\varphi\left(\frac{y}{x}\right)$ 中，令 $u=\frac{y}{x}$，则 $y=ux$，有 $u+x\frac{\mathrm{d}u}{\mathrm{d}x}=\varphi(u)$，分离变量，当 $\varphi(u)-u\neq0$ 时，有

$$\frac{\mathrm{d}u}{\varphi(u)-u}=\frac{\mathrm{d}x}{x}$$

两端积分，得

$$\int \frac{\mathrm{d}u}{\varphi(u)-u} = \int \frac{\mathrm{d}x}{x}$$

求出积分后，再用 $\frac{y}{x}$ 代替 u，便得所给齐次微分方程的通解.

例 7　解方程 $y^2 + x^2 \frac{\mathrm{d}y}{\mathrm{d}x} = xy \frac{\mathrm{d}y}{\mathrm{d}x}$.

解　原方程可写成

$$\frac{\mathrm{d}y}{\mathrm{d}x} = \frac{y^2}{xy-x^2} = \frac{\left(\frac{y}{x}\right)^2}{\frac{y}{x}-1}$$

因此原方程是齐次方程．令 $\frac{y}{x} = u$，则

$$y = ux\text{，}\quad \frac{\mathrm{d}y}{\mathrm{d}x} = u + x\frac{\mathrm{d}u}{\mathrm{d}x}$$

于是原方程变为

$$u + x\frac{\mathrm{d}u}{\mathrm{d}x} = \frac{u^2}{u-1}$$

即

$$x\frac{\mathrm{d}u}{\mathrm{d}x} = \frac{u}{u-1}$$

分离变量，得

$$\left(1-\frac{1}{u}\right)\mathrm{d}u = \frac{\mathrm{d}x}{x}$$

两边积分，得

$$u - \ln|u| + C_1 = \ln|x|$$
$$\ln|xu| = u + C_1$$

以 $\frac{y}{x}$ 代替上式中的 u，得

$$\ln|y| = \frac{y}{x} + C_1,\qquad |y| = \mathrm{e}^{\frac{y}{x}+C_1} = \mathrm{e}^{C_1}\mathrm{e}^{\frac{y}{x}}$$

便得所给方程的通解为

$$y = \pm\mathrm{e}^{C_1}\cdot\mathrm{e}^{\frac{y}{x}}$$

即

$$y = C\mathrm{e}^{\frac{y}{x}}（C = \pm C_1）$$

例 8 如图 7-2 所示，曲线 L 上的一点 $P(x,y)$ 的切线与 y 轴交于 A 点，OA、OP、AP 构成一个以 AP 为底边的等腰三角形，求曲线 L 的方程.

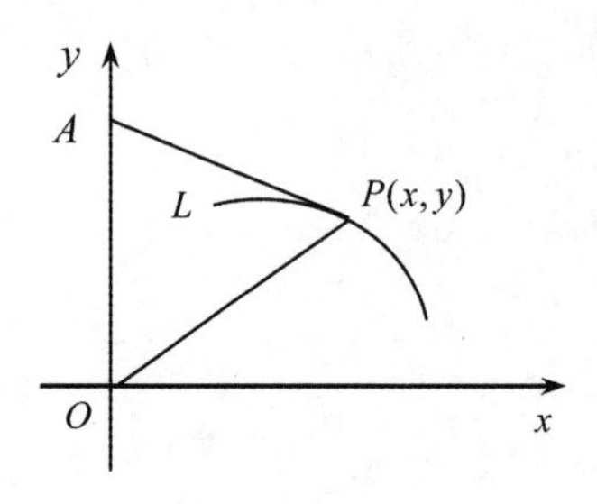

图 7-2

解 设曲线 L 的方程为 $y=f(x)$，其上任意一点 $P(x,y)$ 的切线 AP 的方程为

$$Y-y=y'(X-x)$$

该切线 AP 交 y 轴于点 $A(0,y-xy')$，由题意知，$|OP|=|OA|$，即有

$$x^2+y^2=(y-xy')^2$$

即

$$\frac{\mathrm{d}y}{\mathrm{d}x}=\frac{y}{x}\pm\frac{\sqrt{x^2+y^2}}{x}$$

对方程 $\frac{\mathrm{d}y}{\mathrm{d}x}=\frac{y}{x}+\frac{\sqrt{x^2+y^2}}{x}$，即 $\frac{\mathrm{d}y}{\mathrm{d}x}=\frac{y}{x}+\sqrt{1+\left(\frac{y}{x}\right)^2}$，令 $u=\frac{y}{x}$，则

$$u+x\frac{\mathrm{d}u}{\mathrm{d}x}=u+\sqrt{1+u^2}$$

整理后，分离变量得

$$\frac{\mathrm{d}u}{\sqrt{1+u^2}}=\frac{\mathrm{d}x}{x}$$

两边积分，得

$$\ln\left|u+\sqrt{1+u^2}\right|=\ln|x|+\ln C_1$$

即

$$u+\sqrt{1+u^2}=Cx \quad (C=\pm C_1)$$

将 $u=\frac{y}{x}$ 代入，得

$$\frac{y}{x}+\sqrt{1+\left(\frac{y}{x}\right)^2}=Cx$$

所以，曲线 L 的方程为

$$y+\sqrt{x^2+y^2}=Cx^2$$

同理，对于方程 $\frac{\mathrm{d}y}{\mathrm{d}x}=\frac{y}{x}-\frac{\sqrt{x^2+y^2}}{x}$，类似可得曲线 L 的方程为 $y+\sqrt{x^2+y^2}=C$. 所以曲线 L 的方程为

$$y+\sqrt{x^2+y^2}=Cx^2 \quad 和 \quad y+\sqrt{x^2+y^2}=C$$

7.2.3　一阶线性微分方程

1. 一阶线性微分方程

形如

$$\frac{\mathrm{d}y}{\mathrm{d}x}+P(x)y=Q(x) \tag{7-14}$$

的微分方程称为**一阶线性微分方程**，其中 $P(x)$、$Q(x)$ 是自变量的已知函数，这里的线性是指 y 及 $\frac{\mathrm{d}y}{\mathrm{d}x}$ 的次数都是一次.

若 $Q(x)\equiv 0$，称方程

$$\frac{\mathrm{d}y}{\mathrm{d}x}+P(x)y=0 \tag{7-15}$$

为**一阶齐次线性微分方程**，简称齐次线性方程.

若 $Q(x)\neq 0$，称式（7-14）为**一阶非齐次线性微分方程**. 通常称式（7-15）为式（7-14）所对应的齐次线性方程. 为了求一阶非齐次线性微分方程的解，先来求它对应的齐次线性方程的解.

对于一阶齐次线性微分方程：

$$\frac{\mathrm{d}y}{\mathrm{d}x}+P(x)y=0$$

显然它是可分离变量微分方程，分离变量得

$$\frac{\mathrm{d}y}{y}=-P(x)\mathrm{d}x$$

两端积分可得齐次线性方程的通解为

$$y=C\mathrm{e}^{-\int p(x)\mathrm{d}x} \tag{7-16}$$

下面我们用**常数变易法**求解非齐次线性方程的通解. 即将齐次线性方程通解中的任意常数 C 换成 x 的未知函数 $u(x)$，即作变换

7.3 常数变易法概述

$$y = u(x)\mathrm{e}^{-\int P(x)\mathrm{d}x} \tag{7-17}$$

于是得

$$\frac{\mathrm{d}y}{\mathrm{d}x} = u'(x)\mathrm{e}^{-\int P(x)\mathrm{d}x} - u(x)P(x)\mathrm{e}^{-\int P(x)\mathrm{d}x} \tag{7-18}$$

将式（7-17）和式（7-18）代入式（7-14）并化简，得 $u'(x) = Q(x)\mathrm{e}^{\int P(x)\mathrm{d}x}$．两端积分得

$$u(x) = \int Q(x)\mathrm{e}^{\int P(x)\mathrm{d}x}\mathrm{d}x + C$$

再将上式代入式（7-17）可得一阶非齐次线性微分方程 $\frac{\mathrm{d}y}{\mathrm{d}x} + P(x)y = Q(x)$ 的通解公式为

$$y = \mathrm{e}^{-\int P(x)\mathrm{d}x}\left(\int Q(x)\mathrm{e}^{\int P(x)\mathrm{d}x}\mathrm{d}x + C\right)$$

$$= \mathrm{e}^{-\int P(x)\mathrm{d}x}\int Q(x)\mathrm{e}^{\int P(x)\mathrm{d}x}\mathrm{d}x + C\mathrm{e}^{-\int P(x)\mathrm{d}x} \tag{7-19}$$

由式（7-19）可以看出，一阶非齐次线性微分方程的**通解结构**为对应的齐次线性微分方程的通解与非齐次线性微分方程的一个特解之和．

例 9 求方程 $\frac{\mathrm{d}y}{\mathrm{d}x} - \frac{2y}{x+1} = (x+1)^{\frac{5}{2}}$ 的通解．

解 方法一：利用常数变易法．方程所对应的齐次线性微分方程为

$$\frac{\mathrm{d}y}{\mathrm{d}x} = \frac{2y}{x+1}$$

分离变量，得

$$\frac{\mathrm{d}y}{y} = 2\frac{\mathrm{d}x}{x+1}$$

两边积分，得 $\int \frac{1}{y}\mathrm{d}y = \int \frac{2}{x+1}\mathrm{d}x$，即 $\ln|y| = 2\ln|x+1| + \ln C_1$．所以

$$y = C_2(x+1)^2 (C_2 = \pm C_1)$$

令 $y = C_2(x)\cdot(x+1)^2$，则 $\frac{\mathrm{d}y}{\mathrm{d}x} = C_2'(x)\cdot(x+1)^2 + C_2(x)\cdot 2(x+1)$，代入原方程得

$$C_2'(x)(x+1)^2 + 2C_2(x)(x+1) - \frac{2C_2(x)(x+1)^2}{x+1} = (x+1)^{\frac{5}{2}}$$

化简得 $C_2'(x) = (x+1)^{\frac{1}{2}}$，两边积分，得 $C_2(x) = \frac{2}{3}(x+1)^{\frac{3}{2}} + C$，故原方程的通解为

$$y=C(x+1)^2+\frac{2}{3}(x+1)^{\frac{3}{2}}$$

方法二：由 $\frac{\mathrm{d}y}{\mathrm{d}x}-\frac{2y}{x+1}=(x+1)^{\frac{5}{2}}$ 知

$$P(x)=-\frac{2}{x+1},\quad Q(x)=(x+1)^{\frac{5}{2}}$$

一阶非齐次线性微分方程的通解为 $y=\mathrm{e}^{-\int P(x)\mathrm{d}x}\left(\int Q(x)\mathrm{e}^{\int P(x)\mathrm{d}x}\mathrm{d}x+C\right)$，所以

$$\begin{aligned}
y&=\mathrm{e}^{\int\frac{2}{x+1}\mathrm{d}x}\left(\int(x+1)^{\frac{5}{2}}\mathrm{e}^{-\int\frac{2}{x+1}\mathrm{d}x}\mathrm{d}x+C\right)\\
&=\mathrm{e}^{2\int\frac{1}{x+1}\mathrm{d}(x+1)}\left(\int(x+1)^{\frac{5}{2}}\mathrm{e}^{-2\int\frac{1}{x+1}\mathrm{d}(x+1)}\mathrm{d}x+C\right)\\
&=\mathrm{e}^{2\ln(x+1)}\left(\int(x+1)^{\frac{5}{2}}\mathrm{e}^{-2\ln(x+1)}\mathrm{d}x+C\right)\\
&=(x+1)^2\left(\int(x+1)^{\frac{5}{2}}(x+1)^{-2}\mathrm{d}x+C\right)\\
&=C(x+1)^2+\frac{2}{3}(x+1)^{\frac{3}{2}}
\end{aligned}$$

可见，用式（7-19）求解更为简便一些．这里需要注意的是，在用式（7-19）求通解的过程中，积分 $\int\frac{1}{x+1}\mathrm{d}x$ 的结果不加绝对值，以后遇到类似情况也可以直接使用这个结果．

例 10　求方程 $xy'+y=x\mathrm{e}^x$ 的通解．

解　将方程 $xy'+y=x\mathrm{e}^x$ 变形为 $y'+\frac{y}{x}=\mathrm{e}^x$，则方程便是一个非齐次线性微分方程，其中 $P(x)=\frac{1}{x}$，$Q(x)=\mathrm{e}^x$，利用式（7-19）可得所给方程的通解为

$$\begin{aligned}
y&=\mathrm{e}^{-\int\frac{1}{x}\mathrm{d}x}\left(\int\mathrm{e}^x\mathrm{e}^{\int\frac{1}{x}\mathrm{d}x}\mathrm{d}x+C\right)=\mathrm{e}^{-\ln x}\left(\int\mathrm{e}^x\mathrm{e}^{\ln x}\mathrm{d}x+C\right)\\
&=\frac{1}{x}\left(\int x\mathrm{e}^x\mathrm{d}x+C\right)=\frac{1}{x}(x\mathrm{e}^x-\mathrm{e}^x+C)
\end{aligned}$$

例 11　求微分方程 $(y^2-6x)y'+2y=0$ 的通解．

解 将方程变形为$\frac{dx}{dy}-\frac{3x}{y}=-\frac{y}{2}$，这里$P(y)=-\frac{3}{y}$，$Q(y)=-\frac{y}{2}$，根据一阶非齐次线性微分方程的通解公式有

$$x=e^{\int\frac{3}{y}dy}\left(\int-\frac{y}{2}e^{\int-\frac{3}{y}dy}dy+C\right)=y^3\left(\int-\frac{1}{2}yy^{-3}dy+C\right)$$

$$=y^3\left(\frac{1}{2}y^{-1}+C\right)=\frac{1}{2}y^2+Cy^3$$

2*. 伯努利方程

形如

$$\frac{dy}{dx}=P(x)y+Q(x)y^n \quad (n\neq 0,1) \tag{7-20}$$

的方程，称为**伯努利方程**.

这里$P(x)$、$Q(x)$为x的连续函数，利用变量变换可将伯努利方程化为线性方程来求解．事实上，对于$y\neq 0$，用y^{-n}乘式（7-20）两边，得到

$$y^{-n}\frac{dy}{dx}=y^{1-n}P(x)+Q(x) \tag{7-21}$$

$$z=y^{1-n} \tag{7-22}$$

用$z=y^{1-n}$进行变量变换得

$$\frac{dz}{dx}=(1-n)y^{-n}\frac{dy}{dx} \tag{7-23}$$

将式（7-21）、式（7-22）代入式（7-23），得到

$$\frac{dz}{dx}=(1-n)P(x)z+(1-n)Q(x) \tag{7-24}$$

这是一阶线性微分方程，用前面介绍的方法求得它的通解，然后再代回原来的变量，便得到式（7-20）的通解．此外，当$n>0$时，方程还有解$y=0$．

例 12 求方程$\frac{dy}{dx}=6\frac{y}{x}-xy^2$的通解.

解 这是$n=2$时的伯努利方程，令$z=y^{-1}$，得

$$\frac{dz}{dx}=-y^{-2}\frac{dy}{dx}$$

代入原方程得到

$$\frac{dz}{dx}=-\frac{6}{x}z+x$$

这是一阶线性微分方程，求得它的通解为

$$z=\frac{C}{x^6}+\frac{x^2}{8}$$

代回原来的变量 y，得到

$$\frac{1}{y}=\frac{C}{x^6}+\frac{x^2}{8}$$

或者

$$\frac{x^6}{y}-\frac{x^8}{8}=C$$

这是原方程的通解．此外，方程还有解 $y=0$．

习题 7.2

1．求下列微分方程的通解：

（1）$3x^2+5x-5y'=0$；（2）$\sqrt{1-x^2}y'=\sqrt{1-y^2}$；

（3）$y'=2xy+2x$；（4）$y'=\frac{y}{x}-y$；

（5）$\cos x\sin y\mathrm{d}x+\sin x\cos y\mathrm{d}y=0$；（6）$\sec^2 x\tan y\mathrm{d}x+\sec^2 y\tan x\mathrm{d}y=0$；

（7）$\frac{\mathrm{d}y}{\mathrm{d}x}=\frac{xy}{x^2+y^2}$；

（8）$\left(2x\sin\frac{y}{x}+3y\cos\frac{y}{x}\right)\mathrm{d}x-3x\cos\frac{y}{x}\mathrm{d}y=0$；

（9）$y'=\frac{x+y}{x-y}$；（10）$y'=\frac{y}{x}\ln\frac{y}{x}$；

（11）$(x^2+y^2)\mathrm{d}x-xy\mathrm{d}y=0$；（12）$(x^3+y^3)\mathrm{d}x-3xy^2\mathrm{d}y=0$；

（13）$y'+2xy=4x$；（14）$y'+\frac{1}{x\ln x}y=\frac{1}{x}$；

（15）$y'+y\cos x=\mathrm{e}^{-\sin x}$；（16）$y'+y\tan x=\sin x$；

（17）$xy'+y=x^2+3x+2$；（18）$(x^2-1)y'+2xy=\cos x$．

2．指出下列微分方程满足所给初始条件的特解：

（1）$y'=\mathrm{e}^{2x-y}$，$y|_{x=0}=0$；（2）$y'\sin x=y\ln y$，$y|_{x=\frac{\pi}{2}}=\mathrm{e}$；

（3）$x\mathrm{d}y+2y\mathrm{d}x=0$，$y|_{x=2}=1$；（4）$\mathrm{e}^y\mathrm{d}x+\mathrm{e}^x\mathrm{d}y=0$，$y|_{x=0}=1$；

（5）$x^2\mathrm{d}y+(y^2-2xy-2x^2)\mathrm{d}x=0$，$y|_{x=1}=0$；

（6）$\frac{dy}{dx}=2\sqrt{\frac{y}{x}}+\frac{y}{x}$，$y|_{x=1}=4$；　　（7）$y'+\frac{1}{x}y=\frac{\sin x}{x}$，$y|_{x=\frac{\pi}{2}}=2$；

（8）$\frac{dy}{dx}+2xy+x=e^{-x^2}$，$y|_{x=0}=2$．

3．一曲线通过点$(2,3)$，它在两坐标轴间的任一切线线段均被切点所平分，求该曲线方程．

4．求一曲线方程，该曲线通过原点，并且在点(x,y)处的切线斜率等于$2x+y$．

5．质量为 1g 的质点受外力作用做直线运动，该外力和时间成正比，和质点运动的速度成反比．在$t=10\text{s}$时，速度等于50cm/s，外力为$4\text{g}\cdot\text{cm/s}^2$，从运动开始经过了 1min 后质点的速度是多少？

6．质量为 m 的质点做直线运动，从速度等于零的时刻起，有一个与运动方向一致、大小与时间成正比（比例系数为k_1）的力作用于它，此外其还受一与速度成正比（比例系数为k_2）的阻力作用．求质点运动的速度与时间的函数关系．

7．设$f(x)$为连续函数且满足$f(x)=e^x+\int_0^x f(t)dt$，求$f(x)$．

8．设$f(x)$为连续函数且满足$f(x)+2\int_0^x f(t)dt=x^2$，求$f(x)$．

7.3 可降阶的高阶微分方程

这一节，我们将讨论二阶及二阶以上的微分方程，即**高阶微分方程**．对于高阶微分方程，我们考虑通过代换将其化为较低阶的方程来求解．以二阶微分方程而言，如果我们可以设法将其降至一阶，那么就有可能应用前一节所讲的方法求解出来．

这里介绍三种容易降阶的高阶微分方程的求解方法．

7.3.1 $y^{(n)}=f(x)$型

微分方程

$$y^{(n)}=f(x) \tag{7-25}$$

的右端只含有自变量x．容易看出，左端是未知函数$y^{(n-1)}$的一阶微分方程，两边积分就可以得到一个$n-1$阶的微分方程

$$y^{(n-1)}=\int f(x)dx=F(x)+C_1$$

同理可得

$$y^{(n-2)} = \int [F(x) + C_1] \mathrm{d}x = G(x) + C_1 x + C_2$$

依次进行下去，积分 n 次，便可得式（7-25）的含有 n 个任意常数的通解.

例 1　求微分方程 $y''' = \mathrm{e}^{2x} - \cos x$ 的通解.

解　对所给方程连续积分三次，得

$$y'' = \int (\mathrm{e}^{2x} - \cos x) \mathrm{d}x = \frac{1}{2}\mathrm{e}^{2x} - \sin x + C_1$$

$$y' = \int \left(\frac{1}{2}\mathrm{e}^{2x} - \sin x + C_1 \right) \mathrm{d}x = \frac{1}{4}\mathrm{e}^{2x} + \cos x + C_1 x + C_2$$

$$y = \int \left(\frac{1}{4}\mathrm{e}^{2x} + \cos x + C_1 x + C_2 \right) \mathrm{d}x = \frac{1}{8}\mathrm{e}^{2x} + \sin x + \frac{1}{2}C_1 x^2 + C_2 x + C_3$$

即所给方程的通解为

$$y = \frac{1}{8}\mathrm{e}^{2x} + \sin x + \frac{1}{2}C_1 x^2 + C_2 x + C_3$$

7.3.2　$y'' = f(x, y')$ 型

微分方程

$$y'' = f(x, y') \tag{7-26}$$

的右端不明显地含有未知函数 y. 如果我们设 $y' = P(x)$，那么

$$y'' = \frac{\mathrm{d}P}{\mathrm{d}x} = P'$$

此时，式（7-26）可化为 $P' = f(x, P)$. 这是关于变量 x、P 的一阶微分方程，设其通解为

$$P = \varphi(x, C_1)$$

又 $P = \frac{\mathrm{d}y}{\mathrm{d}x}$，因此得到一个新的一阶微分方程

$$\frac{\mathrm{d}y}{\mathrm{d}x} = \varphi(x, C_1)$$

对它进行积分，便得到式（7-26）的通解为

$$y = \int \varphi(x, C_1) \mathrm{d}x + C_2$$

例 2　求微分方程 $y'' = y' + x$ 的通解.

解　所给方程为 $y'' = f(x, y')$ 型，设 $y' = P(x)$，那么 $y'' = \frac{\mathrm{d}P}{\mathrm{d}x}$，于是方程可化为

$$\frac{\mathrm{d}P}{\mathrm{d}x} = P + x$$

这是一阶线性微分方程，其对应的齐次线性微分方程为$\frac{\mathrm{d}P}{\mathrm{d}x}=P$，分离变量并积分得其通解为$P=C\mathrm{e}^x$，由常数变易法，设方程$\frac{\mathrm{d}P}{\mathrm{d}x}=P+x$的通解为$P=C(x)\mathrm{e}^x$，则$P'=C'(x)\mathrm{e}^x+C(x)\mathrm{e}^x$，代入方程$\frac{\mathrm{d}P}{\mathrm{d}x}=P+x$，得$C'(x)=x\mathrm{e}^{-x}$，即$C(x)=-x\mathrm{e}^{-x}-\mathrm{e}^{-x}+C_1$，从而有$y'=P=C(x)\mathrm{e}^x=-x-1+C_1\mathrm{e}^x$，即

$$\frac{\mathrm{d}y}{\mathrm{d}x}=-x-1+C_1\mathrm{e}^x$$

对上式两端积分，得原方程的通解为$y=-\frac{1}{2}x^2-x+C_1\mathrm{e}^x+C_2$.

例 3 求微分方程$(1+x^2)y''=2xy'$满足初值条件$y|_{x=0}=1$，$y'|_{x=0}=3$的特解.

解 所给方程是$y''=f(x,y')$型的. 设$y'=P(y)$，代入方程并分离变量后，有$\frac{\mathrm{d}P}{p}=\frac{2x}{1+x^2}\mathrm{d}x$，将其两端积分，得$\ln|P|=\ln(1+x^2)+C$，即

$$P=y'=C_1(1+x^2)(C_1=\pm\mathrm{e}^C)$$

由条件$y'|_{x=0}=3$，得$C_1=3$，所以$y'=3(1+x^2)$. 两端再积分，得$y=x^3+3x+C_2$. 又由条件$y|_{x=0}=1$，得$C_2=1$. 于是所求的特解为$y=x^3+3x+1$.

7.3.3 $y''=f(y,y')$型

微分方程

$$y''=f(y,y') \tag{7-27}$$

的右端不明显地含有自变量x. 如果我们设$y'=P(y)$，那么利用复合函数的求导法则知

$$y''=\frac{\mathrm{d}P}{\mathrm{d}x}=\frac{\mathrm{d}P}{\mathrm{d}y}\cdot\frac{\mathrm{d}y}{\mathrm{d}x}=P\frac{\mathrm{d}P}{\mathrm{d}y}$$

此时，式（7-27）可化为$P\frac{\mathrm{d}P}{\mathrm{d}y}=f(y,P)$. 这是关于变量$y$、$P$的一阶微分方程，设其通解为

$$y'=P=\varphi(y,C_1)$$

分离变量并积分，便得到式（7-27）的通解为

$$\int\frac{1}{\varphi(y,C_1)}\mathrm{d}y=x+C_2$$

例 4　求微分方程 $3y'y''-2y=0$ 满足初值条件 $y\big|_{x=0}=1$，$y'\big|_{x=0}=1$ 的特解.

解　所给方程为 $y''=f(y,y')$ 型，设 $y'=P(y)$，那么 $y''=P\dfrac{\mathrm{d}P}{\mathrm{d}y}$，于是方程可化为 $3P^2\dfrac{\mathrm{d}P}{\mathrm{d}y}-2y=0$，即 $3P^2\mathrm{d}P=2y\mathrm{d}y$，两边积分有 $P^3=y^2+C_1$，即 $\left(\dfrac{\mathrm{d}y}{\mathrm{d}x}\right)^3=y^2+C_1$．将 $y\big|_{x=0}=1$，$y'\big|_{x=0}=1$ 代入 $\left(\dfrac{\mathrm{d}y}{\mathrm{d}x}\right)^3=y^2+C_1$ 得 $C_1=0$，于是 $\left(\dfrac{\mathrm{d}y}{\mathrm{d}x}\right)^3=y^2$，即 $\dfrac{\mathrm{d}y}{\mathrm{d}x}=y^{\frac{2}{3}}$．分离变量并积分得 $3y^{\frac{1}{3}}=x+C_2$，由 $y\big|_{x=0}=1$ 得 $C_2=3$，故所求方程满足初始条件的特解为 $3y^{\frac{1}{3}}=x+3$，即 $y=\left(\dfrac{x}{3}+1\right)^3$.

例 5　求微分方程 $yy''-y'^2=0$ 的通解.

解　所给方程为 $y''=f(y,y')$ 型，设 $y'=P(y)$，那么 $y''=P\dfrac{\mathrm{d}P}{\mathrm{d}y}$，于是方程可化为

$$yP\frac{\mathrm{d}P}{\mathrm{d}y}-P^2=0$$

当 $y\neq 0$，$P\neq 0$ 时，分离变量并积分得 $\ln|P|=\ln|y|+C$，即 $y'=P=C_1y$（$C_1=\pm\mathrm{e}^C$），于是 $\dfrac{\mathrm{d}y}{\mathrm{d}x}=C_1y$．再分离变量并积分得 $\ln|y|=C_1x+C_2'$，即得 $y=C_2\mathrm{e}^{C_1x}$（$C_2=\pm\mathrm{e}^{C_2'}$），故所求方程的通解为 $y=C_2\mathrm{e}^{C_1x}$.

习题 7.3

习题 7.3 答案

1．求下列微分方程的通解或满足初始条件的特解：

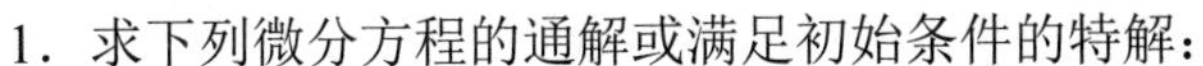

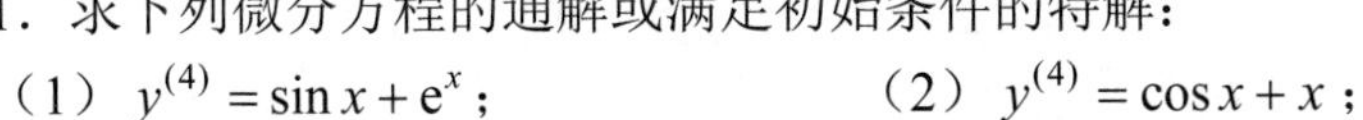

（1）$y^{(4)}=\sin x+\mathrm{e}^x$；　　（2）$y^{(4)}=\cos x+x$；

（3）$y'''=x\mathrm{e}^x$；　　（4）$y'''=\dfrac{1}{1+x^2}$；

（5）$y''=y'+x$；　　（6）$xy''+y'=0$；

（7）$y''=(y')^3+y'$；　　（8）$yy''-(y')^2=y^2y'$；

（9）$y''=\mathrm{e}^{2y}$，$y\big|_{x=0}=y'\big|_{x=0}=0$；　　（10）$y''=3\sqrt{y}$，$y\big|_{x=0}=1$，$y'\big|_{x=0}=2$；

（11）$y''+(y')^2=1$，$y\big|_{x=0}=0$，$y'\big|_{x=0}=0$；

（12） $3y'y''-2y=0$，$y|_{x=0}=1$，$y'|_{x=0}=1$；

（13） $y''(1-y)+2(y')^2=0$；

（14） $y''+\sqrt{1+(y')^2}=0$；

（15） $yy''-(y')^2=y^4$，$y|_{x=0}=1$，$y'|_{x=0}=0$；

（16） $y''(x+(y')^2)=y'$，$y|_{x=1}=1$，$y'|_{x=1}=1$．

2．试求 $y''=x$ 的经过点 $M(0,1)$ 且在此点与直线 $y=\frac{x}{2}+1$ 相切的积分曲线．

3．设有一质量为 m 的物体在空中由静止开始下落，如果空气阻力 $R=cv$（其中 c 为常数，v 为物体运动的速度），试求物体下落的距离 s 与时间 t 的函数关系．

7.4 高阶线性微分方程

这一节，我们将讨论在实际问题中应用较多的高阶线性微分方程．这里讨论时以二阶线性微分方程为主．

7.4.1 二阶线性微分方程举例

例 1 设有一个弹簧，上端固定，下端挂一个质量为 m 的物体．取 X 轴铅直向下，并取物体的平衡位置为坐标原点．给物体一个初始速度 $v_0\neq 0$ 后，物体在平衡位置附近上下振动．在振动过程中，物体的位置 x 是 t 的函数：$x=x(t)$．设弹簧的劲度系数为 c，则恢复力 $f=-cx$．又设物体在运动过程中受到的阻力的大小与速度成正比，比例系数为 μ，则阻力为

$$R=-\mu\frac{\mathrm{d}x}{\mathrm{d}t}$$

由牛顿第二定律得

$$m\frac{\mathrm{d}^2x}{\mathrm{d}t^2}=-cx-\mu\frac{\mathrm{d}x}{\mathrm{d}t}$$

移项，并记 $2n=\frac{\mu}{m}$，$k^2=\frac{c}{m}$，则上式化为 $\frac{\mathrm{d}^2x}{\mathrm{d}t^2}+2n\frac{\mathrm{d}x}{\mathrm{d}t}+k^2x=0$，这就是在有阻尼的情况下，物体**自由振动的微分方程**．

如果振动物体还受到铅直扰力 $F=H\sin pt$ 的作用，则有

$$\frac{\mathrm{d}^2x}{\mathrm{d}t^2}+2n\frac{\mathrm{d}x}{\mathrm{d}t}+k^2x=h\sin pt \tag{7-28}$$

其中 $h=\dfrac{H}{m}$. 这就是**强迫振动的微分方程**.

式（7-28）可归结为如下形式：

$$\frac{d^2y}{dx^2}+P(x)\frac{dy}{dx}+Q(x)y=f(x) \tag{7-29}$$

我们称式（7-29）为**二阶线性微分方程**，其中 $P(x)$、$Q(x)$、$f(x)$ 都为 x 的已知连续函数.

当 $f(x)\equiv 0$ 时，称

$$\frac{d^2y}{dx^2}+P(x)\frac{dy}{dx}+Q(x)y=0 \tag{7-30}$$

为**二阶齐次线性微分方程**.

当 $f(x)\neq 0$ 时，则称

$$\frac{d^2y}{dx^2}+P(x)\frac{dy}{dx}+Q(x)y=f(x)$$

为**二阶非齐次线性微分方程**. 通常称式（7-30）为非齐次线性微分方程式（7-29）对应的齐次线性微分方程.

7.4.2　二阶线性微分方程解的结构

定理 1　若 y_1 与 y_2 是式（7-30）的两个解，则 $y=C_1y_1+C_2y_2$（C_1、C_2 是任意常数）也是式（7-30）的解.

证明　将 $y=C_1y_1+C_2y_2$ 代入式（7-30）左端，得

$$\begin{aligned}&[C_1y_1''+C_2y_2'']+P(x)[C_1y_1'+C_2y_2']+Q(x)[C_1y_1+C_2y_2]\\&=C_1[y_1''+P(x)y_1'+Q(x)y_1]+C_2[y_2''+P(x)y_2'+Q(x)y_2]\end{aligned}$$

由于 y_1 与 y_2 是式（7-30）的解，上式右端方括号中的表达式都恒等于零，因而整个式子恒等于零，所以 $y=C_1y_1+C_2y_2$（C_1、C_2 是任意常数）也是式（7-30）的解.

这里 $y=C_1y_1+C_2y_2$（C_1、C_2 是任意常数）是式（7-30）的解，但不一定是通解. 比如，y_1 是式（7-30）的解，$y_2=3y_1$ 也是式（7-30）的解，但此时 $y=C_1y_1+C_2y_2=C_1y_1+3C_2y_1=Cy_1(C=C_1+3C_2)$（$C_1$、$C_2$ 是任意常数）显然不是式（7-30）的通解. 那么在什么情况下 $y=C_1y_1+C_2y_2$（C_1、C_2 是任意常数）才会是式（7-30）的通解？要解决这个问题，还需要引入一个新的概念，即函数组的线性相关与线性无关.

设 $y_1(x),y_2(x),\cdots,y_n(x)$ 为定义在区间 I 上的 n 个函数. 如果存在 n 个不全为

零的常数$k_1,k_2,\cdots,k_n$使得当$x\in I$时有恒等式

$$k_1y_1(x)+k_2y_2(x)+\cdots+k_ny_n(x)=0$$

成立，那么称这n个函数在区间I上**线性相关**；否则称为**线性无关**.

判别两个函数线性相关性的方法：如果函数$\dfrac{f(x)}{g(x)}\neq k$（k为常数），则$f(x)$与$g(x)$是线性无关的函数.

定理 2 若y_1与y_2是式（7-30）的两个线性无关的特解，则$y=C_1y_1+C_2y_2$（C_1、C_2是任意常数）就是式（7-30）的通解.

例如，$y_1=\cos x$和$y_2=\sin x$是方程$y''+y=0$的两个解，且$\dfrac{y_1}{y_2}=\tan x\neq$常数，所以该方程的通解为$y=C_1\cos x+C_2\sin x$.

推论 若$y_1(x),y_2(x),\cdots,y_n(x)$是$n$阶齐次线性微分方程

$$y^{(n)}+a_1(x)y^{(n-1)}+\cdots+a_{n-1}(x)y'+a_n(x)y=0$$

的n个线性无关的解，那么，此方程的通解为

$$y=C_1y_1(x)+C_2y_2(x)+\cdots+C_ny_n(x)$$

其中$C_1,C_2,\cdots,C_n$是任意常数.

下面讨论二阶非齐次线性微分方程. 在 7.2 节我们已经看到，一阶非齐次线性微分方程的通解由两部分构成：一部分是对应的齐次线性微分方程的通解，另一部分是非齐次线性微分方程本身的一个特解. 实际上，不仅一阶非齐次线性微分方程的通解具有这样的结构，二阶及更高阶的非齐次线性微分方程的通解也具有同样的结构.

定理3 设y^*是二阶非齐次线性微分方程式(7-29)的一个特解，Y是式(7-29)对应的齐次线性微分方程式（7-30）的通解，则$y=Y+y^*$是式（7-29）的通解.

证明 把$y=Y+y^*$代入式（7-29）的左端，得

$$\begin{aligned}&(Y''+y^{*''})+P(x)(Y'+y^{*'})+Q(x)(Y+y^*)\\&=[Y''+P(x)Y'+Q(x)Y]+[y^{*''}+P(x)y^{*'}+Q(x)y^*].\end{aligned}$$

由于Y是式（7-30）的解，y^*是式（7-29）的解，可知$Y''+P(x)Y'+Q(x)Y=0$，$y^{*''}+P(x)y^{*'}+Q(x)y^*\equiv f(x)$，即$y=Y+y^*$是式（7-29）的解.

又因为对应的齐次线性微分方程式（7-30）的通解$Y=C_1y_1+C_2y_2$中含有两个任意常数，所以$y=Y+y^*$中也含有两个任意常数，从而它就是二阶非齐次线性方程式（7-29）的通解.

习题 7.4

1．下列函数组在其定义区间内哪些是线性无关的？

（1）x，x^2；　　（2）x，$2x$；

（3）e^{2x}，$5e^{2x}$；　　（4）e^x，e^{-x}；

（5）$\sin 2x$，$\sin x\cos x$；　　（6）$e^x\sin x$，$e^x\cos x$．

2．验证 $y_1=\cos\omega x$，$y_2=\sin\omega x$ 都是 $y''+\omega^2y=0$ 的解，并写出该方程的通解．

3．验证：

（1）$y=C_1e^x+C_2e^{2x}+\dfrac{1}{12}e^{5x}$（$C_1$、$C_2$ 是任意常数）是方程 $y''-3y'+2y=e^{5x}$ 的通解；

（2）$y=\dfrac{1}{x}(C_1e^x+C_2e^{-x})+\dfrac{e^x}{2}$（$C_1$、$C_2$ 是任意常数）是方程 $xy''+2y'-xy=e^x$ 的通解．

7.5　二阶常系数线性微分方程

在二阶线性微分方程 $\dfrac{d^2y}{dx^2}+P(x)\dfrac{dy}{dx}+Q(x)y=f(x)$ 中，如果 y'、y 的系数 $P(x)$、$Q(x)$ 均为常数，即

$$\frac{d^2y}{dx^2}+p\frac{dy}{dx}+qy=f(x) \tag{7-31}$$

其中 p、q 是常数，则称式（7-31）为二阶常系数非齐次线性微分方程．特别地，如果 $f(x)\equiv 0$，即

$$\frac{d^2y}{dx^2}+p\frac{dy}{dx}+qy=0 \tag{7-32}$$

则称式（7-32）为**二阶常系数齐次线性微分方程**．

7.5.1　二阶常系数齐次线性微分方程的解

要求式（7-32）的通解，可以先找出它的两个线性无关的解 y_1 和 y_2，那么由 7.4 节的定理 2 知，式（7-32）的通解可表示为 $y=C_1y_1+C_2y_2$（C_1、C_2 是任意常数）．

对于指数函数$y=\mathrm{e}^{rx}$，当r为常数时，它的各阶导数与其都只差一个常数因子．因此，我们尝试用$y=\mathrm{e}^{rx}$，通过选取适当的常数r，使$y=\mathrm{e}^{rx}$满足式（7-32）.

令$y=\mathrm{e}^{rx}$，则$y'=r\mathrm{e}^{rx}$，$y''=r^2\mathrm{e}^{rx}$．代入式（7-32）得

$$(r^2+pr+q)\mathrm{e}^{rx}=0$$

由于$\mathrm{e}^{rx}\neq 0$，因此

$$r^2+pr+q=0 \tag{7-33}$$

于是，只要r满足代数方程式（7-33），函数$y=\mathrm{e}^{rx}$就是微分方程式（7-32）的解．这里，我们称式（7-33）为式（7-32）的**特征方程**．特征方程的根称为**特征根**．将求二阶常系数齐次线性微分方程的解，转化为求其特征方程根的问题.

对于式（7-33），它的根有三种不同的情形．相应地，式（7-32）的通解也有三种不同的情形，分别讨论如下.

（1）当$p^2-4q>0$时，特征方程有两个不等的实根r_1、r_2，此时$y_1=\mathrm{e}^{r_1x}$，$y_2=\mathrm{e}^{r_2x}$是式（7-32）的两个线性无关的特解，因此二阶常系数齐次线性微分方程式（7-32）的通解为

$$y=C_1\mathrm{e}^{r_1x}+C_2\mathrm{e}^{r_2x}$$

（2）当$p^2-4q=0$时，特征方程有两个相等的实根$r_1=r_2$，此时只能求得式（7-32）的一个特解为$y_1=\mathrm{e}^{r_1x}$．下面求另一个与y_1线性无关的特解，设$\dfrac{y_2}{y_1}=u(x)$，即$y_2=y_1u(x)$，接下来只需要求出$u(x)$即可．由$y_2=y_1u(x)=\mathrm{e}^{r_1x}u(x)$可得

$$y_2'=\mathrm{e}^{r_1x}(u'(x)+r_1u(x)),\ y_2''=\mathrm{e}^{r_1x}(u''(x)+2r_1u'(x)+r_1^2u(x))$$

代入式（7-32）得$u''(x)=0$，不妨设$u(x)=x$，此时可得到与y_1线性无关的另一个特解$y_2=x\mathrm{e}^{r_1x}$，因此二阶常系数齐次线性微分方程式（7-32）的通解为

$$y=(C_1+C_2x)\mathrm{e}^{r_1x}$$

（3）当$p^2-4q<0$时，特征方程有一对共轭复根$r_1=\alpha+\mathrm{i}\beta$，$r_2=\alpha-\mathrm{i}\beta$（$\beta\neq 0$），两个复数形式的特解为$y_1=\mathrm{e}^{(\alpha+\mathrm{i}\beta)x}$，$y_2=\mathrm{e}^{(\alpha-\mathrm{i}\beta)x}$，利用**欧拉公式**$\mathrm{e}^{\mathrm{i}z}=\cos z+\mathrm{i}\sin z$可得

$$y_1=\mathrm{e}^{\alpha x}(\cos\beta x+\mathrm{i}\sin\beta x)$$

$$y_2=\mathrm{e}^{\alpha x}(\cos\beta x-\mathrm{i}\sin\beta x)$$

7.4 欧拉公式

由7.4节的定理1知

$$y_1^*=\frac{y_1+y_2}{2}=\mathrm{e}^{\alpha x}\cos\beta x$$

$$y^*_2 = \frac{y_1 - y_2}{2\mathrm{i}} = \mathrm{e}^{\alpha x}\sin\beta x$$

也是式（7-32）的两个特解，且它们是线性无关的．于是式（7-32）的**通解**为

$$y = \mathrm{e}^{\alpha x}(C_1\cos\beta x + C_2\sin\beta x)$$

综上所述，求二阶常系数齐次线性微分方程式（7-32）的通解的**步骤如下**．

①写出微分方程 $y'' + py' + qy = 0$ 的特征方程 $r^2 + pr + q = 0$.

②求出特征方程的两个根 r_1 与 r_2 .

③根据特征方程的两个根的不同情形，得出微分方程 $y'' + py' + qy = 0$ 的通解：

a．若特征方程有两个不相等实根 r_1、r_2，则通解 $y = C_1\mathrm{e}^{r_1 x} + C_2\mathrm{e}^{r_2 x}$；

b．若特征方程有两个相等实根 $r_1 = r_2$，则通解 $y = (C_1 + C_2 x)\mathrm{e}^{r_2 x}$；

c．若特征方程有一对共轭复根 $r_{1,2} = \alpha \pm \mathrm{i}\beta$，则通解为

$$y = \mathrm{e}^{\alpha x}(C_1\cos\beta x + C_2\sin\beta x)$$

例 1　求微分方程 $y'' - 4y' + 3y = 0$ 的通解．

解　由方程 $y'' - 4y' + 3y = 0$ 可写出其特征方程为

$$r^2 - 4r + 3 = 0$$

解得两个特征根 $r_1 = 1$，$r_2 = 3$，是两个不等实根，故所求微分方程的通解为

$$y = C_1\mathrm{e}^{r_1 x} + C_2\mathrm{e}^{r_2 x} = C_1\mathrm{e}^{x} + C_2\mathrm{e}^{3x}$$

例 2　求微分方程 $y'' + 6y' + 9y = 0$ 的解．

解　由微分方程 $y'' + 6y' + 9y = 0$ 可写出其特征方程为

$$r^2 + 6r + 9 = 0$$

解得特征根为 $r_1 = r_2 = -3$，为两个相等实根，故所求微分方程的通解为

$$y = (C_1 + C_2 x)\mathrm{e}^{-3x}$$

例 3　求微分方程 $y'' - 2y' + 5y = 0$ 的通解．

解　根据方程 $y'' - 2y' + 5y = 0$ 可写出其特征方程为

$$r^2 - 2r + 5 = 0$$

解得特征根 $r_1 = 1 + 2\mathrm{i}$，$r_2 = 1 - 2\mathrm{i}$，为一对共轭复根，$\alpha = 1$，$\beta = 2$，故所求微分方程的通解为

$$y = \mathrm{e}^{x}(C_1\cos 2x + C_2\sin 2x)$$

7.5.2　二阶常系数非齐次线性微分方程的解

对于二阶常系数非齐次线性微分方程 $y'' + py' + qy = f(x)$，只需求出它的一个特解 $y*$，再利用上面讲的二阶常系数齐次线性微分方程通解的求法，即可写出非

齐次方程对应的齐次方程的通解，然后利用 7.4 节的定理 3 即可写出方程 $y''+py'+qy=f(x)$ 的通解.

下面分两种情形来讨论 $y''+py'+qy=f(x)$ 的特解的求法.

1. $f(x)=\mathrm{e}^{\lambda x}P_m(x)$ 型

对于函数 $f(x)=\mathrm{e}^{\lambda x}P_m(x)$，$P_m(x)$ 是关于 x 的 m 次多项式．设 $y^*=Q(x)\mathrm{e}^{\lambda x}$ 满足式（7-31），用待定系数法求这类微分方程的解，则

$$y^{*'}=\mathrm{e}^{\lambda x}[\lambda Q(x)+Q'(x)]$$

$$y^{*''}=\mathrm{e}^{\lambda x}[\lambda^2Q(x)+2\lambda Q'(x)+Q''(x)]$$

将 $y*$、$y*'$、$y*''$ 代入式（7-31），整理得

$$Q''(x)+(2\lambda+p)Q'(x)+(\lambda^2+p\lambda+q)Q(x)=P_m(x) \tag{7-34}$$

（1）如果 λ 不是特征方程 $r^2+pr+q=0$ 的根，则 $\lambda^2+p\lambda+q\neq0$．要使式（7-34）成立，$Q(x)$ 应设为 m 次多项式 $Q_m(x)$：

$$Q(x)=Q_m(x)=b_mx^m+b_{m-1}x^{m-1}+\cdots+b_1x+b_0$$

通过比较式（7-34）两边同次项系数，可确定 $b_m,b_{m-1},\cdots,b_1,b_0$，并得**所求特解为**

$$y^*=Q_m(x)\mathrm{e}^{\lambda x}$$

（2）如果 λ 是特征方程 $r^2+pr+q=0$ 的单根，则 $\lambda^2+p\lambda+q=0$，但 $2\lambda+p\neq0$，要使式（7-34）成立，$Q(x)$ 应设为 $m+1$ 次多项式，可设：

$$Q(x)=xQ_m(x)，\quad Q_m(x)=b_mx^m+b_{m-1}x^{m-1}+\cdots+b_1x+b_0$$

通过比较式（7-34）两边同次项系数，可确定 $b_m,b_{m-1},\cdots,b_1,b_0$，并得**所求特解为**

$$y^*=xQ_m(x)\mathrm{e}^{\lambda x}$$

（3）如果 λ 是特征方程 $r^2+pr+q=0$ 的二重根，则 $\lambda^2+p\lambda+q=0$，$2\lambda+p=0$，要使式（7-34）成立，$Q(x)$ 应设为 $m+2$ 次多项式，可设：

$$Q(x)=x^2Q_m(x)，\quad Q_m(x)=b_mx^m+b_{m-1}x^{m-1}+\cdots+b_1x+b_0$$

通过比较式（7-34）两边同次项系数，可确定 $b_m,b_{m-1},\cdots,b_1,b_0$，并得**所求特解为**

$$y^*=x^2Q_m(x)\mathrm{e}^{\lambda x}$$

综上所述，我们有如下结论：

方程 $y''+py'+qy=P_m(x)\mathrm{e}^{\lambda x}$ 具有**形如 $\boldsymbol{y^*=x^kQ_m(x)\mathrm{e}^{\lambda x}}$ 的特解**，其中 $Q_m(x)$ 是与 $P_m(x)$ 同次的多项式，而 k 按 λ 不是特征方程 $r^2+pr+qy=0$ 的根、是特征方程

的单根或是特征方程的二重根依次取为 0、1 或 2.

例 4　求微分方程 $y''+5y'+4y=3-2x$ 的通解.

解　此二阶常系数非齐次线性微分方程中的 $f(x)$ 是 $P_m(x)\mathrm{e}^{\lambda x}$，其中 $P_m(x)=3-2x$，$\lambda=0$，方程对应的齐次线性微分方程为

$$y''+5y'+4y=0$$

它的特征方程为 $r^2+5r+4=0$，特征根为 $r_1=-1$，$r_2=-4$，故齐次方程通解为

$$Y=C_1\mathrm{e}^{-x}+C_2\mathrm{e}^{-4x}$$

由于 $\lambda=0$ 不是特征方程的根，故应设非齐次方程的特解为

$$y^*=b_1x+b_0$$

代入原非齐次线性微分方程，并化简得

$$4b_0+5b_1+4b_1x=3-2x$$

比较两端 x 的同次幂的系数，得

$$\begin{cases}4b_0+5b_1=3\\ 4b_1=-2\end{cases}$$

解得 $b_0=\dfrac{11}{8}$，$b_1=-\dfrac{1}{2}$. 故该非齐次线性微分方程的一个特解为 $y^*=\dfrac{11}{8}-\dfrac{1}{2}x$，其通解为

$$y=Y+y^*=C_1\mathrm{e}^{-x}+C_2\mathrm{e}^{-4x}-\frac{1}{2}x+\frac{11}{8}$$

2.　$f(x)=\mathrm{e}^{\lambda x}[P_l(x)\cos\omega x+P_n(x)\sin\omega x]$ 型

对于函数 $f(x)=\mathrm{e}^{\lambda x}[P_l(x)\cos\omega x+P_n(x)\sin\omega x]$，$P_l(x)$、$P_n(x)$ 都是关于 x 的多项式. 方程

$$y''+py'+qy=\mathrm{e}^{\lambda x}[P_l(x)\cos\omega x+P_n(x)\sin\omega x]$$

具有形如

$$y^*=x^k\mathrm{e}^{\lambda x}[R_m^{(1)}(x)\cos\omega x+R_m^{(2)}(x)\sin\omega x]$$

的特解，其中 $R_m^{(1)}(x)$、$R_m^{(2)}(x)$ 是 m 次多项式，$m=\max\{l,n\}$，而 k 按 $\lambda+\mathrm{i}\omega$（或 $\lambda-\mathrm{i}\omega$）不是特征方程的根或是特征方程的单根分别取为 0 或 1.

例 5　求微分方程 $y''+2y'+y=2\mathrm{e}^x\sin x$ 的通解.

解　二阶常系数非齐次线性微分方程中的 $f(x)$ 是 $\mathrm{e}^{\lambda x}[P_l(x)\cos\omega x+P_n(x)\sin\omega x]$ 型的，其中 $P_l(x)=0$，$P_n(x)=2$，$\lambda=1$，$\omega=1$. 其对应的齐次线性微分方程为 $y''+2y'+y=0$，它的特征方程为 $r^2+2r+1=0$，解得 $r_1=r_2=-1$，故齐次线性微分方程的通解为

$$Y=(C_1+C_2x)\mathrm{e}^{-x}$$

由于$\lambda\pm \mathrm{i}\omega=1\pm \mathrm{i}$不是特征方程的根，故该非齐次线性微分方程的特解可设为

$$y^*=\mathrm{e}^x[a\cos x+b\sin x]$$

则$y^{*\prime}=\mathrm{e}^x[(a+b)\cos x+(b-a)\sin x]$，$y^{*\prime\prime}=\mathrm{e}^x[2b\cos x-2a\sin x]$，代入所给方程得

$$(4b+3a)\mathrm{e}^x\cos x+(-4a+3b)\mathrm{e}^x\sin x=2\mathrm{e}^x\sin x$$

比较等式两端同次幂系数得

$$\begin{cases}4b+3a=0\\-4a+3b=2\end{cases}$$

解得$a=-\dfrac{8}{25}$，$b=\dfrac{6}{25}$．故该非齐次线性微分方程的一个特解为$y^*=\mathrm{e}^x\left(-\dfrac{8}{25}\cos x+\dfrac{6}{25}\sin x\right)$，其通解为

$$y=(C_1+C_2x)\mathrm{e}^{-x}+\mathrm{e}^x\left(-\frac{8}{25}\cos x+\frac{6}{25}\sin x\right)$$

习题 7.5

习题 7.5 答案

1．求下列微分方程的通解：

（1）$y''+y'-2y=0$；（2）$y''+2y'-3y=0$；

（3）$y''+2y'+y=0$；（4）$y''+6y'+9y=0$；

（5）$y''+4y'+5y=0$；（6）$y''+8y'+20y=0$；

（7）$y''-2y'-3y=3x+1$；（8）$2y''+y'-y=2\mathrm{e}^x$；

（9）$y''+3y'+2y=3x\mathrm{e}^{-x}$；（10）$2y''+5y'=5x^2-2x-1$；

（11）$y''-5y'+6y=x\mathrm{e}^{2x}$；（12）$y''-5y'+4y=x^2-2x+1$；

（13）$y''-6y'+9y=(x+1)\mathrm{e}^{3x}$；（14）$y''-4y'+4y=(2x+1)\mathrm{e}^{2x}$；

（15）$y''+4y=x\cos x$；（16）$y''-2y'+5y=\mathrm{e}^x\sin 2x$；

（17）$y''+y=x\cos 2x$；（18）$y''-3y'=2\mathrm{e}^{2x}\sin x$．

2．求下列各微分方程满足已知初始条件的特解：

（1）$y''-3y'-4y=0$，$y|_{x=0}=0$，$y'|_{x=0}=-5$；

（2）$y''-4y'+3y=0$，$y|_{x=0}=6$，$y'|_{x=0}=10$；

（3）$y''-4y'+13y=0$，$y|_{x=0}=0$，$y'|_{x=0}=3$；

（4）$y''+4y'+29y=0$，$y|_{x=0}=0$，$y'|_{x=0}=15$；

（5）$4y''+4y'+y=0$，$y|_{x=0}=2$，$y'|_{x=0}=0$；

（6）$y''+25y=0$，$y|_{x=0}=2$，$y'|_{x=0}=5$；

（7）$y''-y=4x\mathrm{e}^{x}$，$y|_{x=0}=0$，$y'|_{x=0}=1$；

（8）$y''+y=-\sin 2x$，$y|_{x=\pi}=1$，$y'|_{x=\pi}=1$；

（9）$y''+4y=2\cos 2x$，$y|_{x=0}=0$，$y'|_{x=0}=2$；

（10）$y''-10y'+9y=\mathrm{e}^{2x}$，$y|_{x=0}=\dfrac{6}{7}$，$y'|_{x=0}=\dfrac{33}{7}$.

3．设圆柱形浮筒的底面直径为 0.5m，将它铅直地放在水中，当稍向下压后突然放开，浮筒在水中上下振动的周期为 2s，求浮筒的质量.

4．大炮以仰角 α 、初速度 v_0 发射炮弹，若不计空气阻力，求弹道曲线.

第 7 章测试题

参考文献

[1] 同济大学数学系．高等数学[M]．7 版．北京：高等教育出版社，2014.

[2] 蒋兴国，吴延东．高等数学（经济类）[M]．3 版．北京：机械工业出版社，2015.

[3] 朱福臣．高等数学[M]．北京：中国水利水电出版社，2013.

[4] 陈纪修，於崇华，金路．数学分析[M]．北京：高等教育出版社，2004.

[5] 费定晖，周学圣．吉米多维奇数学分析习题集题解[M]．济南：山东科学技术出版社，2012.

[6] ROGAWSKI J, CANNON R. Calculus for AP[M]. New YORK: W.H.Freeman and Company, 2012.

附录　几种常用的曲线

（1）三次抛物线

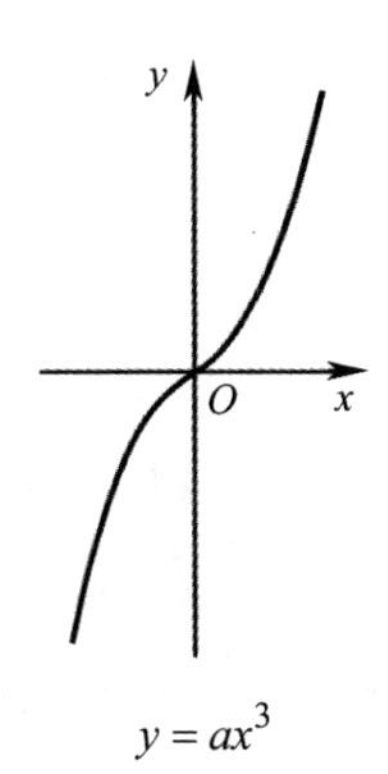

$y = ax^3$

（2）半立方抛物线

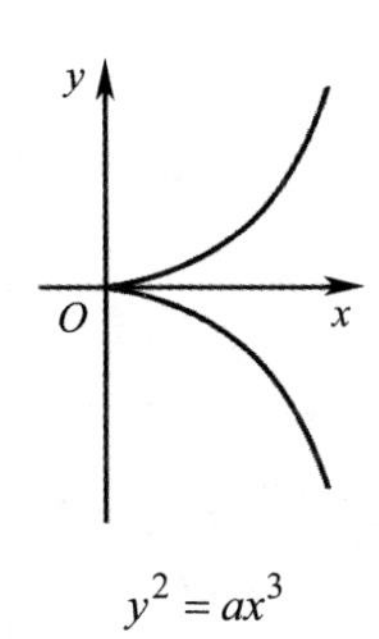

$y^2 = ax^3$

（3）概率曲线

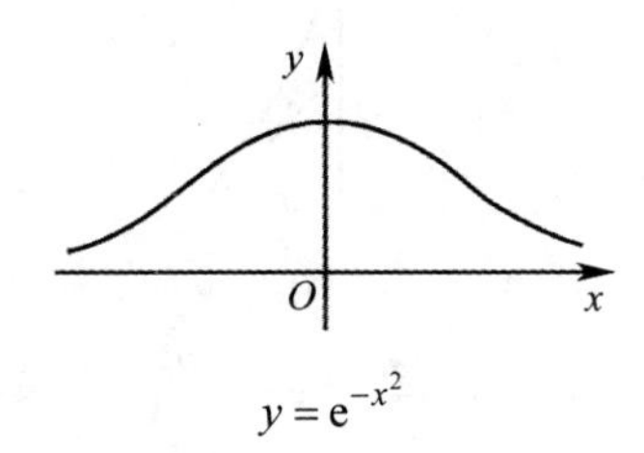

$y = \mathrm{e}^{-x^2}$

（4）箕舌线

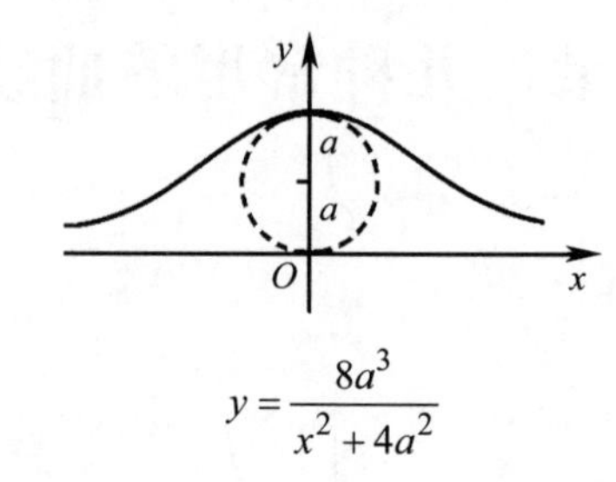

$$y=\frac{8a^3}{x^2+4a^2}$$

（5）蔓叶线

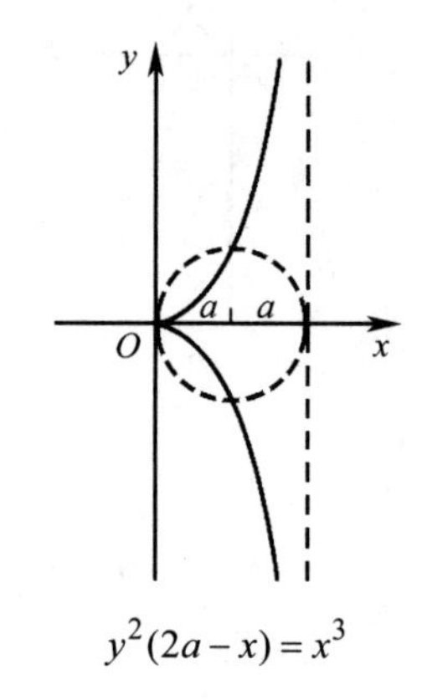

$$y^2(2a-x)=x^3$$

（6）笛卡儿叶形线

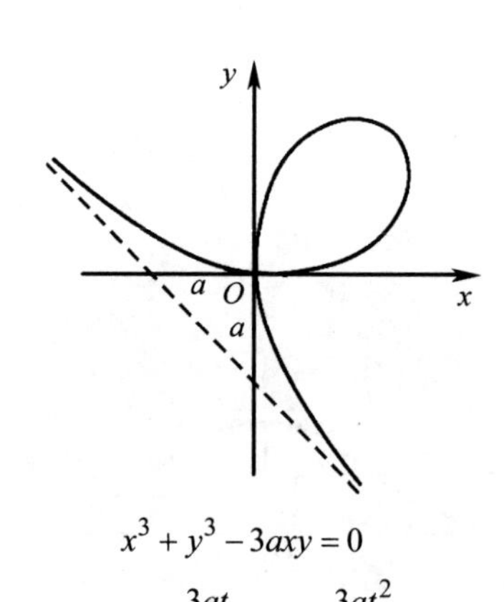

$$x^3+y^3-3axy=0$$

$$x=\frac{3at}{1+t^3},\ y=\frac{3at^2}{1+t^3}$$

（7）星形线（内摆线的一种）

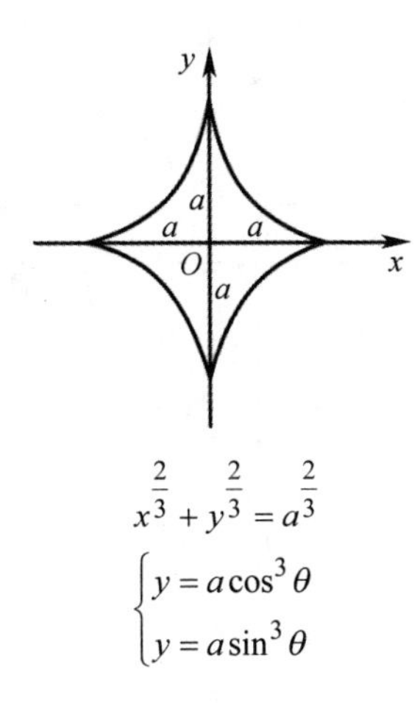

$$x^{\frac{2}{3}}+y^{\frac{2}{3}}=a^{\frac{2}{3}}$$

$$\begin{cases} y=a\cos^3\theta \\ y=a\sin^3\theta \end{cases}$$

（8）摆线

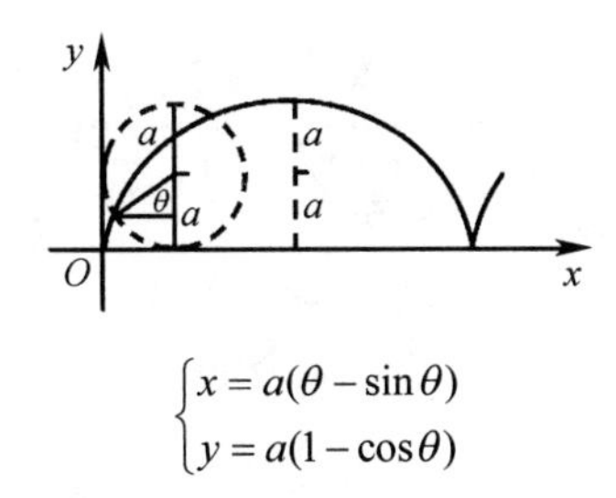

$$\begin{cases} x=a(\theta-\sin\theta) \\ y=a(1-\cos\theta) \end{cases}$$

（9）心形线（外摆线的一种）

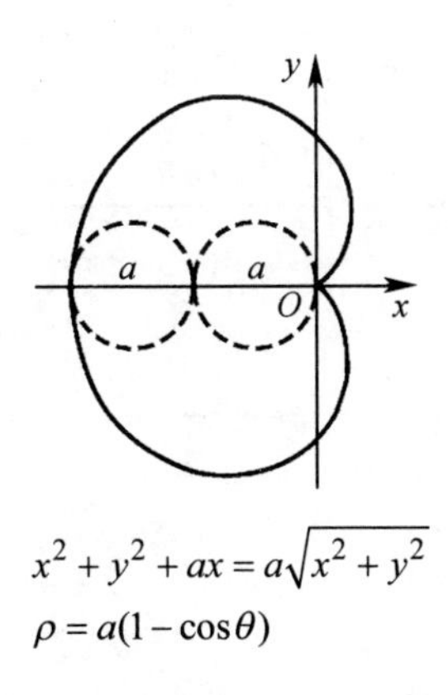

$$x^2+y^2+ax=a\sqrt{x^2+y^2}$$

$$\rho=a(1-\cos\theta)$$

（10）阿基米德螺线

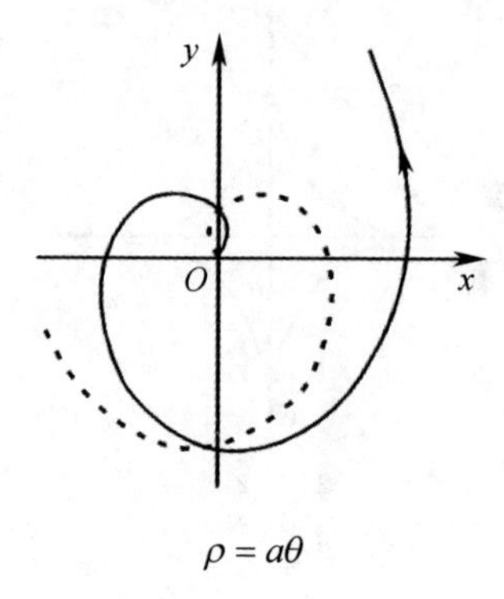

$\rho = a\theta$

（11）对数螺线

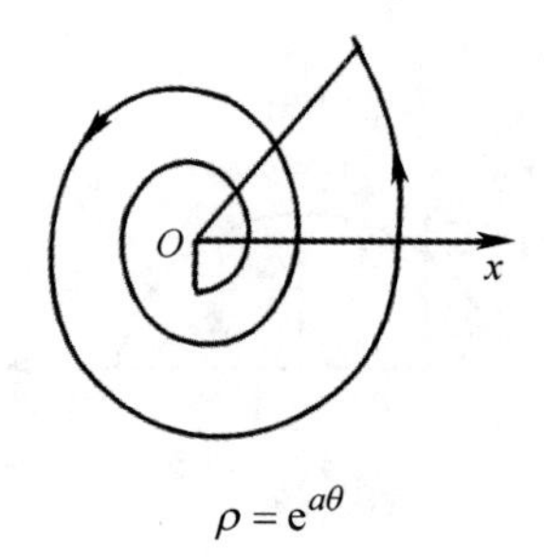

$\rho = e^{a\theta}$

（12）双曲螺线

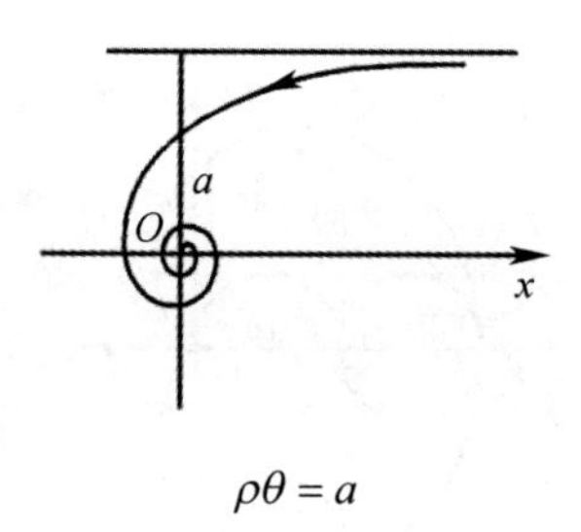

$\rho\theta = a$

（13）伯努利双纽线①

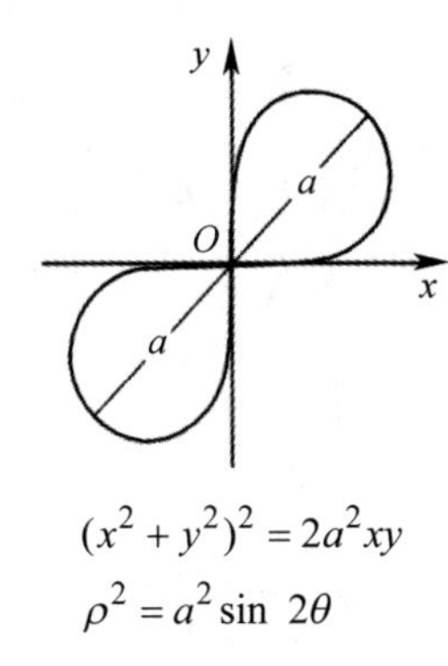

$$(x^2+y^2)^2=2a^2xy$$

$$\rho^2=a^2\sin 2\theta$$

（14）伯努利双纽线②

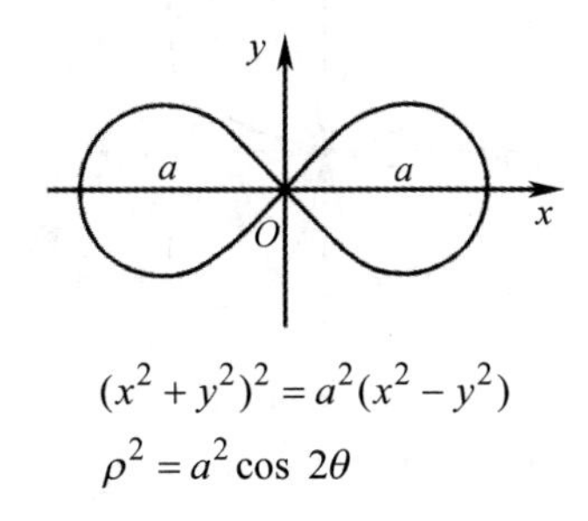

$$(x^2+y^2)^2=a^2(x^2-y^2)$$

$$\rho^2=a^2\cos 2\theta$$

（15）三叶玫瑰线①

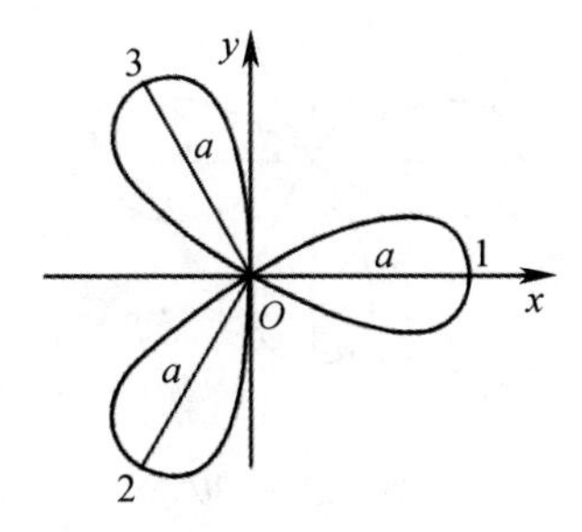

$$\rho=a\cos 3\theta$$

（16）三叶玫瑰线②

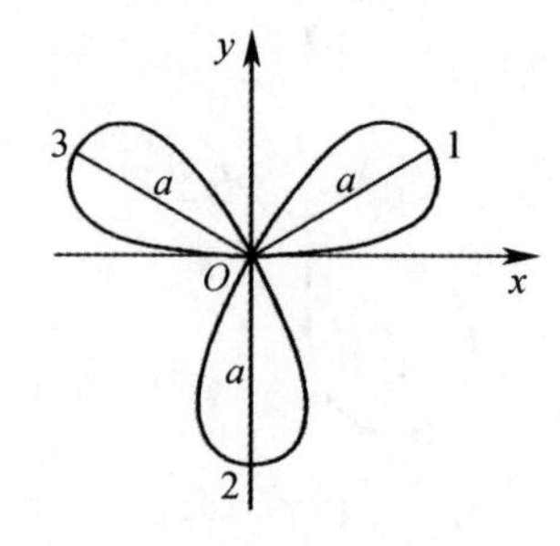

$\rho = a\sin 3\theta$

（17）四叶玫瑰线①

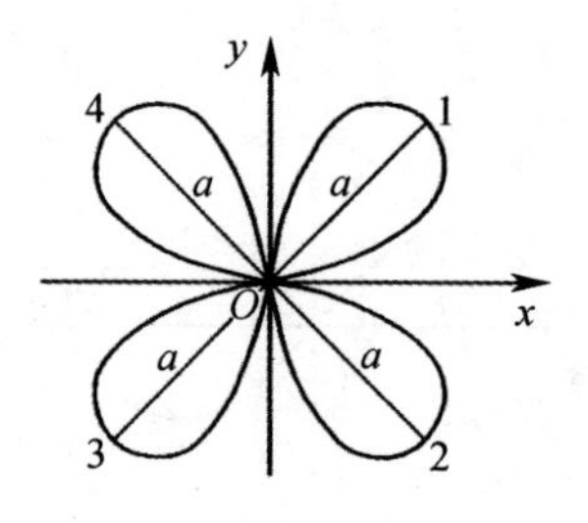

$\rho = a\sin 2\theta$

（18）四叶玫瑰线②

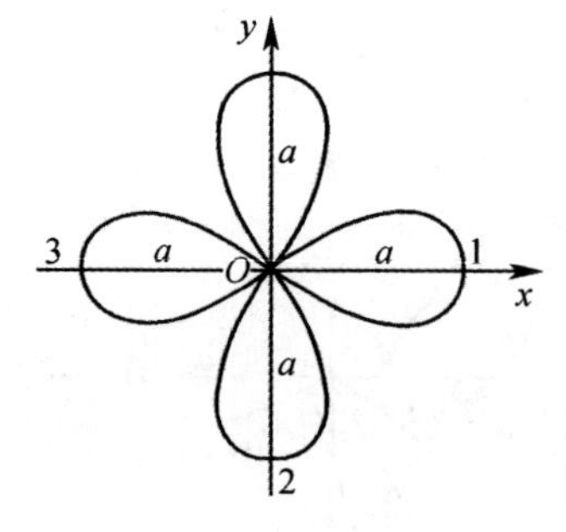

$\rho = a\cos 2\theta$